“十四五”高等职业教育城市智能管理专业群系列教材

数字建模与应用

SHUZI JIANMO YU YINGYONG

勾　鹏　杨一兴　黄　岩◎主　编
张智明　黄　瑞　齐昕彤◎副主编

中国铁道出版社有限公司
CHINA RAILWAY PUBLISHING HOUSE CO., LTD.

内 容 简 介

本书为“十四五”高等职业教育城市智能管理专业群系列教材之一，共七个模块，包括数字建模基础、建模软件基础、数字建模方法、数字模型应用、族建模、体量建模、交互应用。

本书基于小别墅数字建模与应用，由浅入深、循序渐进地讲述，每个模块先进行知识讲解，再进行技能训练，最后完成习题巩固和学习评价。本书配有丰富的视频资源，学生可以通过扫描书中的二维码获取相关信息。

本书适合作为高等职业院校计算机类、电子信息类、建筑类和管理类等城市智能管理专业群的教材，也可作为相关从业人员的参考书。

图书在版编目（CIP）数据

数字建模与应用 / 勾鹏, 杨一兴, 黄岩主编. -- 北京 : 中国铁道出版社有限公司, 2024. 8. -- (“十四五”高等职业教育城市智能管理专业群系列教材). -- ISBN 978-7-113-30812-4

Ⅰ. N945.12

中国国家版本馆CIP数据核字第2024SL1673号

书　　名：数字建模与应用
作　　者：勾　鹏　杨一兴　黄　岩

策　　划：何红艳
责任编辑：何红艳　包　宁　　　**编辑部电话：**（010）63560043
编辑助理：郭馨宇
封面设计：刘　颖
责任校对：苗　丹
责任印制：赵星辰

出版发行：中国铁道出版社有限公司（100054，北京市西城区右安门西街8号）
网　　址：https://www.tdpress.com/51eds
印　　刷：北京联兴盛业印刷股份有限公司
版　　次：2024年8月第1版　2024年8月第1次印刷
开　　本：787 mm × 1 092 mm　1/16　**印张：**13.25　**字数：**315千
书　　号：ISBN 978-7-113-30812-4
定　　价：65.00元

前言

党的二十大报告指出，要加快建设网络强国、数字中国。建设数字中国是数字时代推进中国式现代化的重要引擎，是构筑国家竞争新优势的有力支撑，其中基于BIM技术应用的数字模型智能建造是一种新动能、新形态、新方向。因此，我们应坚持创新发展、数字赋能，将数字建模等科技创新工作进一步融入国家整体创新发展战略，在全面建设社会主义现代化国家新征程中奋力谱写数字中国建设新篇章。

视频

走进数字建模世界

数字建模以计算机软件、硬件作为创作工具，进行立体对象的创造，所创造出的立体对象可以是由数码虚拟的影像，也可以是由真实物质材料构成的实体。通过数字建模技术，可加强对新兴科技的探索，促使虚拟、实体、现实相融合。

数字模型广泛应用于各种领域：建筑业将它们用于展示建筑物或者风景表现；医疗行业使用它们制作医疗设备的精确模型；电影行业将它们用于真实场景地形的布置；视频游戏产业将它们作为计算机与视频游戏中的资源；工程界将它们用于设计新设备、交通工具、结构以及应用分析。

本书基于小别墅数字建模与应用，由浅入深、循序渐进地讲述，每个模块先进行知识讲解，再进行技能训练，最后完成习题巩固和学习评价。本书配有丰富的视频资源，学生可以通过扫描书中的二维码获取相关信息。

本书共七个模块。模块1讲解了投影的形成过程和图纸识读的方法；模块2介绍了Revit软件的界面和基本操作命令工具；模块3讲解了模型创建的方法和流程；模块4详细讲解了颜色方案、渲染、漫游等模型应用操作；模块5介绍了建模软件中构件族创建的方法和技巧；模块6介绍了建模软件中更复杂的体量建模方法和技巧；模块7介绍了建模软件与多款软件的交互方法，发挥多软件协同优势，解决实际工程中的复杂问题。

本书主要特点如下：

（1）以职业能力为本位，以应用为目的，以必需、够用为度，满足职业要求，对接职业资格标准和行业技术等级标准，培养学生数字模型的创建能力和应用能力。

（2）体现“以学生为中心”的思想，采用新型活页形式，方便学生按需求增添新知识、新技能以及记录学习心得，书中的学习评价方便学生学习记录，更是多维度检验学习效果的阵地。

（3）配套丰富的数字化资源，教材内容立体呈现。本书配有视频教学资源，以便师生学习查阅。

本书适合作为高等职业院校计算机类、电子信息类、建筑类和管理类等城市智能管理专业群的教材，也可作为相关从业人员的参考书。

本书由天津城市建设管理职业技术学院勾鹏、杨一兴、黄岩任主编，天津城市建设管理职业技术学院张智明、黄瑞、齐昕彤任副主编，天津城市建设管理职业技术学院王新宇以及天津独秀科技有限公司总经理卢驰参与本书编写工作。

在本书编写过程中，团队成员努力付出，通力合作，使本书得以顺利完成。感谢天津城市建设管理职业技术学院的领导和相关老师对本书出版的支持和帮助。

尽管编者在探索职业教育特色教材的建设方面有了一定的突破，但限于水平，书中仍可能存在疏漏和不足之处，恳请广大读者批评指正。

编　者

2024年8月

目　录

模块1

数字建模基础

本模块培养学生识读建筑施工图的能力，并通过实践，养成独立思考、独立识图的习惯。同时培养学生认真负责的工作态度、严谨细致的工作作风。让学生具有一定的读图能力、图示能力、空间想象和思维能力。

学习笔记

学习目标

知识目标

1. 了解国家制图标准的规定；
2. 熟悉施工图投影的投影规律；
3. 掌握识读建筑工程施工图的基本方法。

能力目标

1. 能完成二维图纸到三维模型的转换，增强空间感；
2. 能独立识读建筑施工图基本图样；
3. 能独立识读建筑细部构造。

素质目标

1. 培养学生自主学习的能力；
2. 培养学生分析和解决工程问题的能力；
3. 培养学生一丝不苟、严肃认真的工作态度。

1.1 图纸基础知识

视频

走进CAD世界1-1

一、投影的概念

投影是物体在光源（如日光、灯、蜡烛等）的照射下，留在地面上的影子。把物体在投影面上的影子称为投影图，可依据投影原理形成工程图样。投影的形成如图1.1.1所示。

二、投影的分类

1. 中心投影法

投射线汇交于一点，汇交点用S表示，称为投影中心。令投射线都从投影中心出发，在投影面上作出物体图形的方法称为中心投影法［见图1.1.2（a）］。采用中心投影法绘制

学习笔记

的图形一般不反映物体的真实大小，但立体感较强，多用于绘制建筑物的透视图。

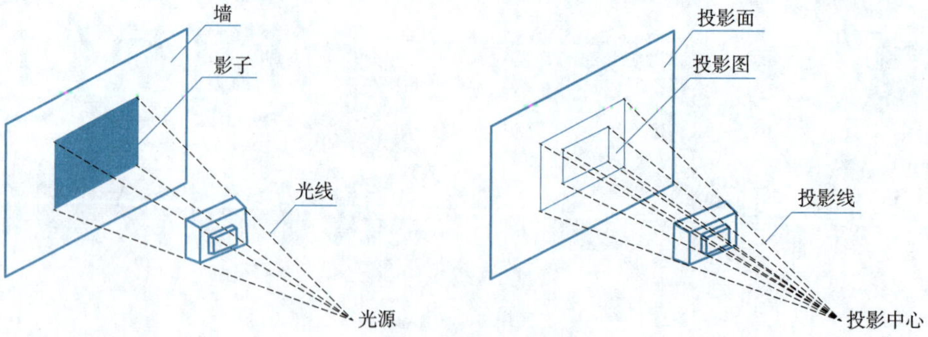

图1.1.1 投影的形成

2. 平行投影法

若将投射中心移至无穷远处，则所有投射线互相平行，用相互平行的投射线在投影面上作出物体图形的方法称为平行投影法。在平行投影法中，根据投射线是否垂直于投影面，又分为斜投影法和正投影法。

（1）斜投影法。投射线倾斜于投影面的平行投影法称为斜投影法［见图1.1.2（b）］，由斜投影法得到的投影称为斜投影。斜投影应用较少，但有时用该方法绘制出的图样具有很好的效果，如斜轴测投影，对某些物体既能显示主要面的形象又有立体感，还可以方便地绘出轴测图。

（2）正投影法。投射线垂直于投影面的平行投影法称为正投影法［见图1.1.2（c）］，由正投影法得到的投影称为正投影。采用正投影法绘制图样时，若将几何元素平行于投影面，其投影可以反映元素的真实形状和大小，不仅作图方便，而且度量性好。

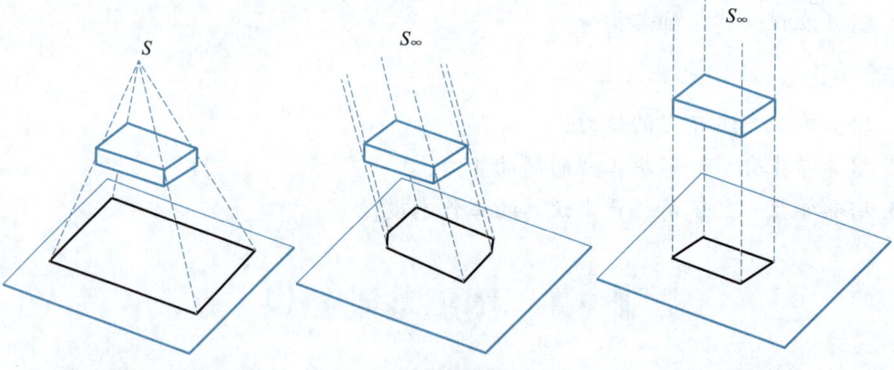

（a）中心投影法　（b）斜投影法　（c）正投影法

图1.1.2 投影的分类

正投影能准确表达出物体的形状结构，而且度量性好，因此在工程中得到广泛应用。一般设计图主要是用正投影法绘制的，但这种方法的缺点是立体感差，一般要用三个或三个以上的图形才能把物体的形状表达清楚。如图1.1.3所示，空间中三个不同形状的形体，它们在同一投影面上的投影却是相同的，因为一个投影面只能准确表现出形体一个侧面的形状，不能表现出形体的全部形状。

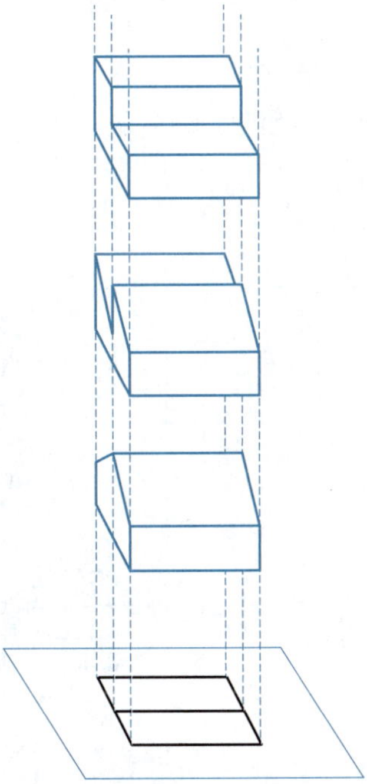

图1.1.3　三个不同形状形体的正投影

三、三面投影图的形成

一般来说，用三个相互垂直的平面作为投影面，用形体在这三个投影面上形成的三个投影，才能充分地表示出这个形体的空间形状，三面投影图的形成过程如图1.1.4所示。

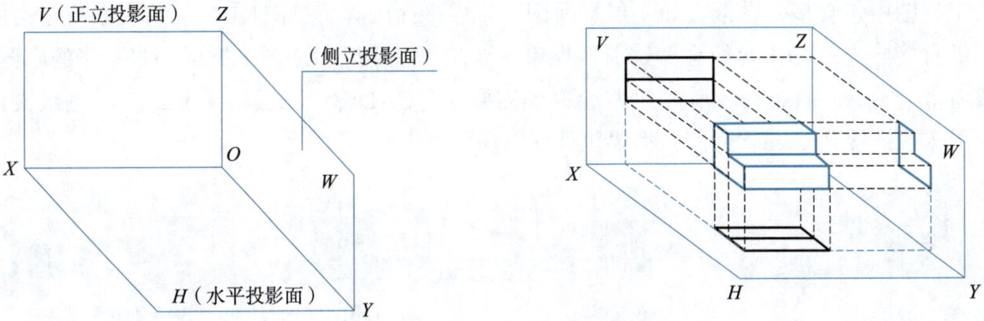

图1.1.4　三面投影图的形成过程

四、常用投影图

1. 正投影图

能反映形体的真实形状和大小，度量性好，作图简便，在工程制图中经常采用。

2. 轴测图

具有一定的立体感和直观性，常作为工程中的辅助用图。

3. 透视图

图形逼真，具有良好的立体感，常作为设计方案和展览使用的直观图。

学习笔记

4. 标高投影图

在一个水平投影面上标有高度数字的正投影图，常用于绘制地形图、道路和水利工程等方面的平面布置图样。常用投影图如图1.1.5所示。

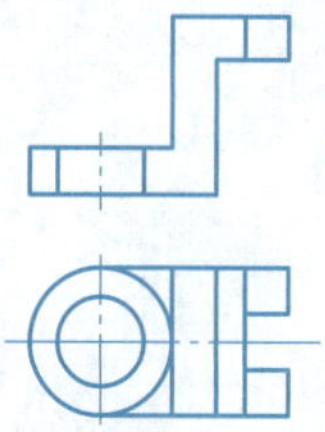

（a）正投影图

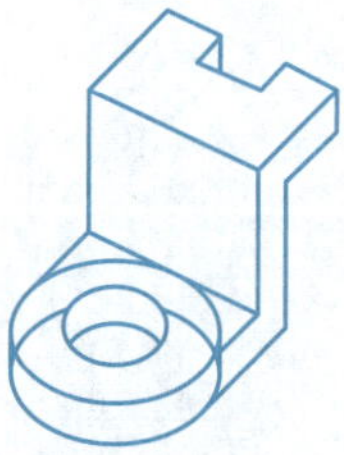

（b）轴测图

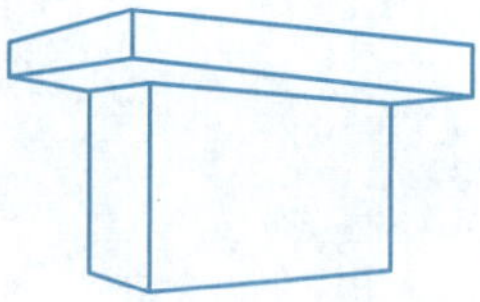

（c）透视图

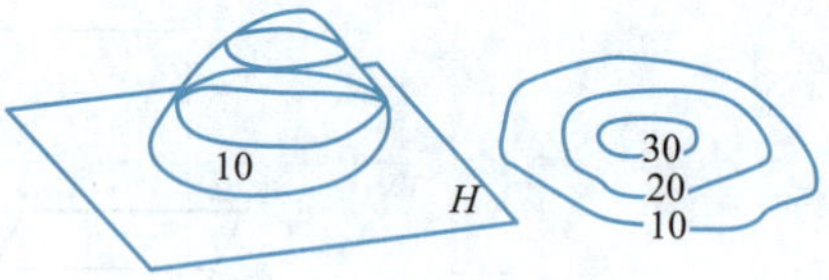

（d）标高投影图

图1.1.5 投影图

技能训练

在使用Revit软件工作的过程中，离不开和CAD图纸的配合，通常一套完整CAD项目的工程图中包含多张图纸，如一层平面图、二层平面图等（见图1.1.6），将复杂程度高的图纸直接导入Revit中可能会导致卡顿现象。因此，需要把CAD图纸拆成一张一张的底图，或者炸开成块。在实际工作中经常会碰到需要处理CAD图纸图层的情况，CAD图纸文件在导入或链接到Revit软件前，都要执行如下操作。

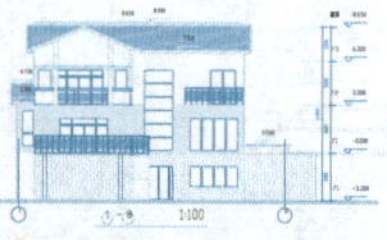

南立面图

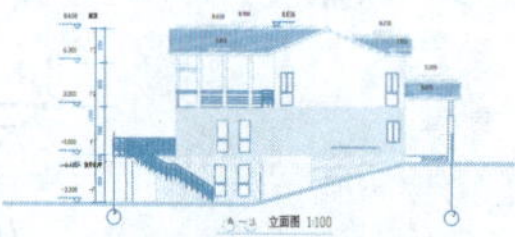

东立面图

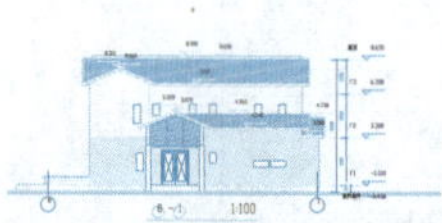

北立面图

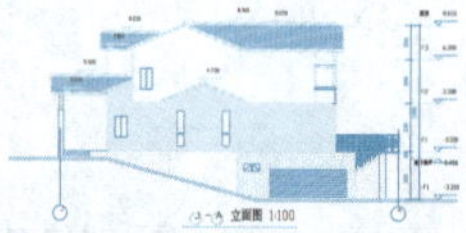

西立面图

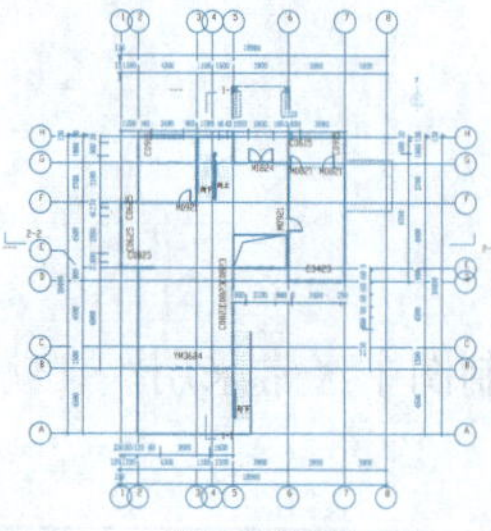

首层平面图

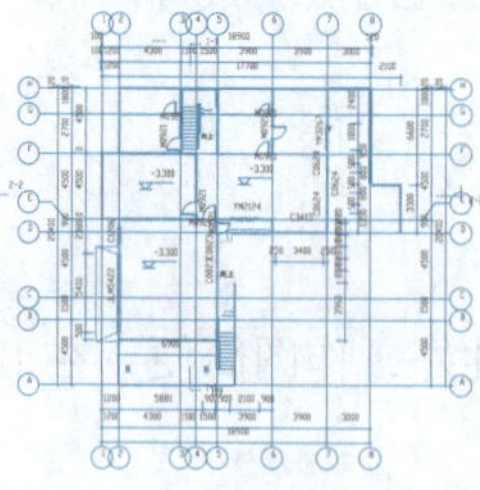

地下平面图

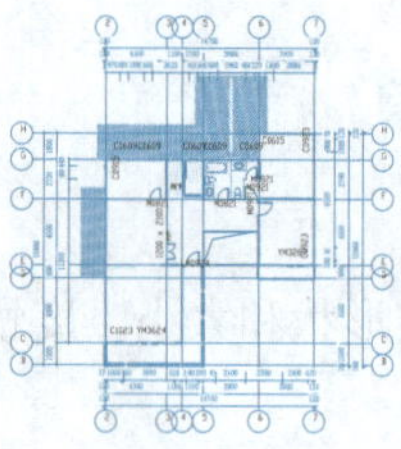

二层平面图

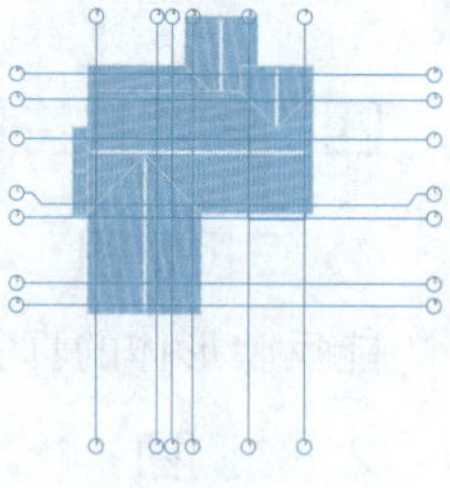

屋顶平面图

图1.1.6 CAD图纸

学习笔记

1. 炸开操作

很多CAD图纸完成后，都会组成块，不方便后期编辑，此时应使用分解命令EXPLODE（X）将块炸开，即将块分解为单一图元。

2. 清理操作

执行清理命令PURGE（PU），弹出“清理”对话框，将不需要的项目进行清除，并保存文件，如图1.1.7所示。

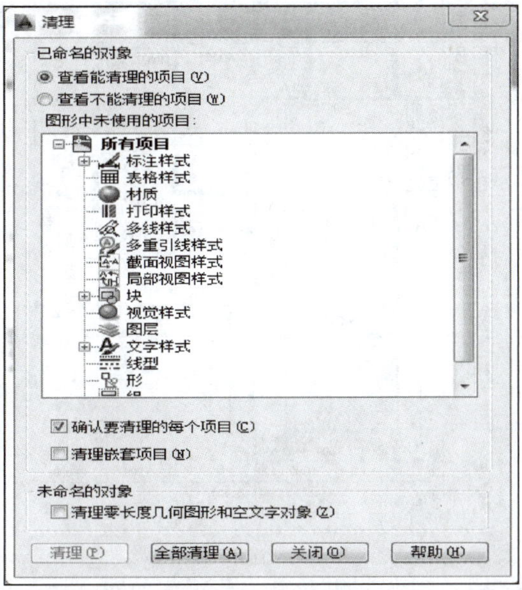

图1.1.7　“清理”对话框

3. 写块操作

通常一个项目文件中包含多张图纸，可以先选择要提取的图纸，然后执行写块命令WBLOCK（W），弹出“写块”对话框，进行提取并保存，如图1.1.8所示。

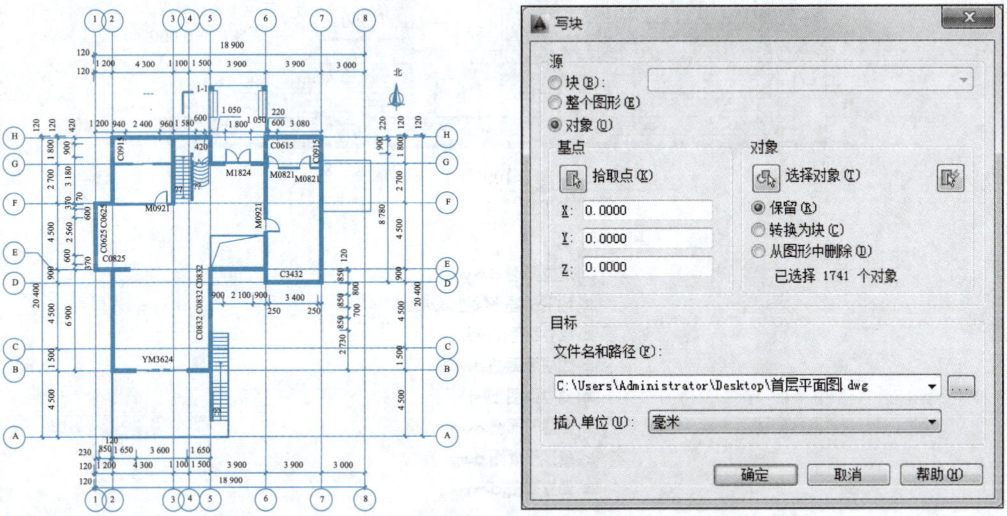

图1.1.8　“写块”对话框

学习笔记

4. 创建新文件操作

将处理好的图纸另存为新的文件，养成保护原文件的习惯，如图1.1.9所示。

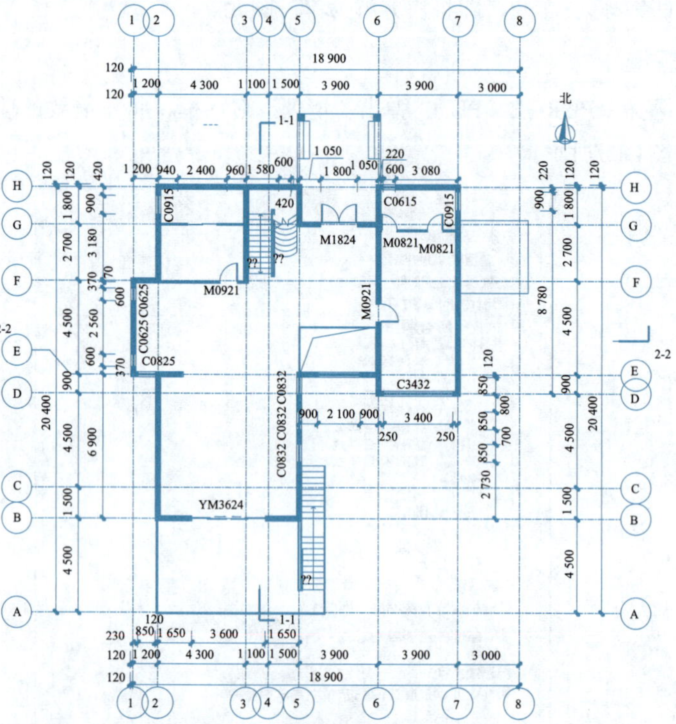

首层平面图

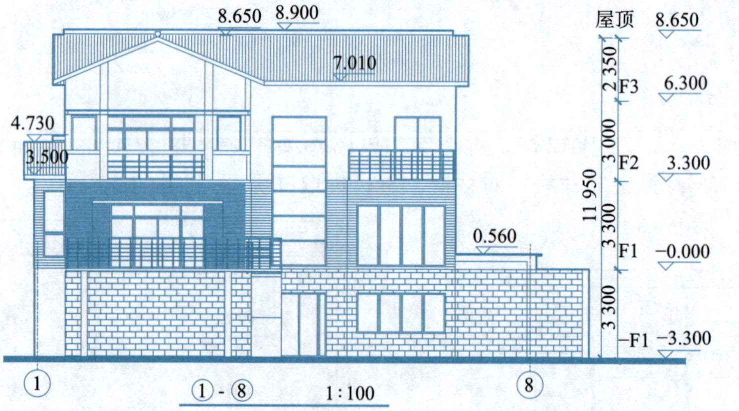

南立面图

- 北立面图.dwg
- 地下一层平面图.dwg
- 东立面图.dwg
- 二层平面图.dwg
- 南立面图.dwg
- 首层平面图.dwg
- 屋顶平面图.dwg
- 西立面图.dwg

图1.1.9 提取图纸后单独保存的图纸

学习笔记

习题巩固

1. 三视图是指主视图、侧视图和（　　）。

　A. 仰视图　　B. 俯视图　　C. 背视图　　D. 左视图

2. 按照三视图的原理，建筑工程图纸分为建筑平面图、立面图和（　　）。

　A. 主视图　　B. 楼层图　　C. 剖面图　　D. 俯视图

3. 剖面图主要表达建筑物内部的（　　）构造。

　A. 横向　　B. 竖向　　C. 水平　　D. 网状

4. 一栋楼房的建筑平面图应包括一层、中间层和（　　）图各若干张。

　A. 阳台层　　B. 楼板层　　C. 雨棚层　　D. 顶层

5. 把需要详细表达的建筑局部用较大比例画出，称为建筑的（　　）。

　A. 剖面图　　B. 平面图　　C. 详图　　D. 立面

学习笔记

学习评价

知识点：图纸基础知识			日期：	
评价内容		学生自评	组内互评	教师评价
理论知识	1. 了解投影和轴测投影的基础知识； 2. 了解点、直线、平面及平面立体的投影方法			
实践技能	能独立完成CAD底图导入或链接到Revit软件前的处理工作			
学生提出的问题				
教师答疑				
总结收获				
学生签字				

学习笔记

1.2　图纸识读方法

建筑工程施工图是指利用正向投影的方法将所设计房屋的大小、外部形状、内部布置和室内装修各部分的结构、构造、设备，按照建筑制图国家标准规定，用建筑专业的习惯方法详尽、准确地表达出来，并注写尺寸和文字说明，用于指导施工的图样。

建筑施工（简称建施）图主要表示建筑物的总体布局、外部造型、内部布置、细部构造、装修和施工要求等，包括建筑平面图、立面图和剖面图等。

视 频

走进CAD
世界1-2

一、建筑平面图

1. 建筑平面图的形成

建筑平面图是假想用一水平的剖切面沿门窗洞口位置将房屋剖切后，对剖切面以下部分所作的水平投影图，再加入相应的图例所组成的图纸，其形成过程如图1.2.1所示。

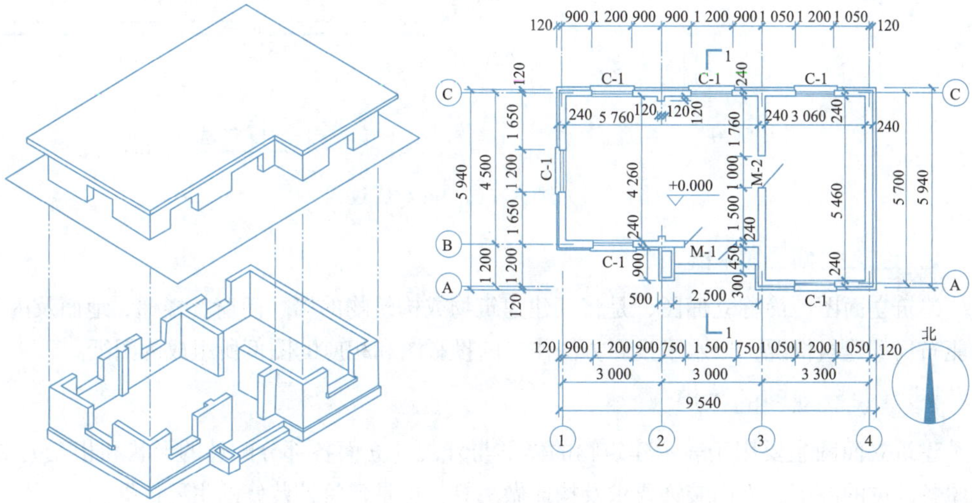

图1.2.1　建筑平面图的形成过程

2. 建筑平面图的概念

建筑平面图是指用新建建筑物或构筑物的墙、门窗、楼梯、地面及内部功能布局等建筑情况，反映房屋的平面形状、大小、布置以及各部分水平方向的组合关系。

3. 建筑平面图的作用

建筑平面图是放线、砌墙、安装门窗、室内装修及编制预算的重要依据。

4. 建筑平面图的识读方法

（1）阅读图名、比例、指北针，了解图名、比例、朝向。

（2）分析建筑平面的形状及各层的平面布置情况，从图中房间的名称可以了解各房间的使用性质；从内部尺寸可以了解房间的净长、净宽（或面积）、楼梯间的布置、楼梯段的踏步级数和楼梯的走向。

（3）读定位轴线及轴线间尺寸，了解墙体的厚度，门窗洞口的尺寸、位置和数量。

学习笔记

（4）掌握室外雨棚、台阶、散水等构造的尺寸、位置和数量。

（5）对图纸上的符号或者文字进行解读。

（6）对图纸涉及的详图或标准图集进行查阅。

（7）从屋顶平面图中分析并掌握屋面构造及排水情况。

二、建筑立面图

1. 建筑立面图的形成

在与建筑立面平行的铅直投影面上所做的正投影图称为建筑立面图，简称立面图，其形成过程如图1.2.2所示。

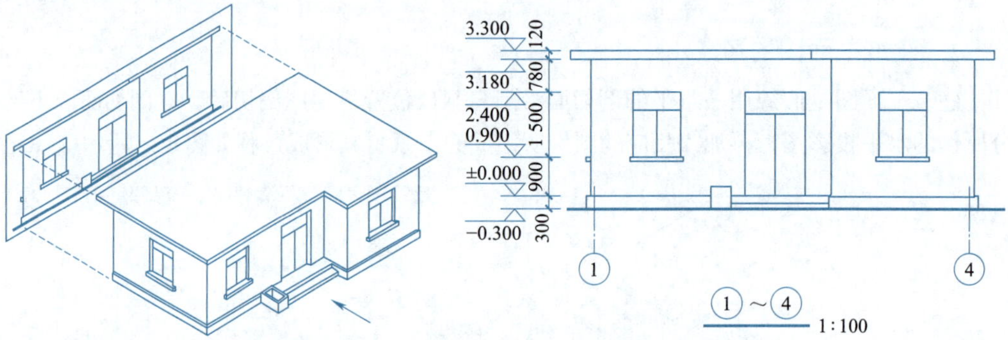

图1.2.2　建筑立面图的形成过程

2. 建筑立面图的概念

建筑立面图，简称立面图，是将新建建筑物或构筑物的墙、门窗、楼梯、地面及内部功能布局等建筑情况，以水平投影方法作出的投影图和相应的图例所组成的图纸。

3. 建筑立面图的作用

建筑立面图主要用于表示建筑物的体形与外貌、立面各部分配件的形状和相互关系、房屋各部位的高度、立面装饰要求及构造做法等，也是建筑外装修的主要依据。

4. 建筑立面图的识读方法

（1）阅读图名或定位轴线的编号，了解某一立面图的投影方向，并对照平面图了解其朝向。

（2）分析和阅读房屋的外轮廓线，了解房屋立面的造型、层数和层高的变化。

（3）了解外墙面上门窗的类型、数量、布置及水平高度的变化。

（4）了解房屋的屋顶、雨棚、阳台、台阶、花池及勒脚等细部构造的形式和位置。

（5）阅读标高，了解房屋室内外高差、各层高度尺寸和总高度。

（6）阅读文字说明和符号，了解外墙面装饰的做法、材料、要求及索引的详图。

三、建筑剖面图

1. 建筑剖面图的形成

假想用一个或多个垂直于外墙轴线的铅垂剖切面将房屋剖开，所得的投影图称为建筑剖面图，简称剖面图，其形成过程如图1.2.3所示。

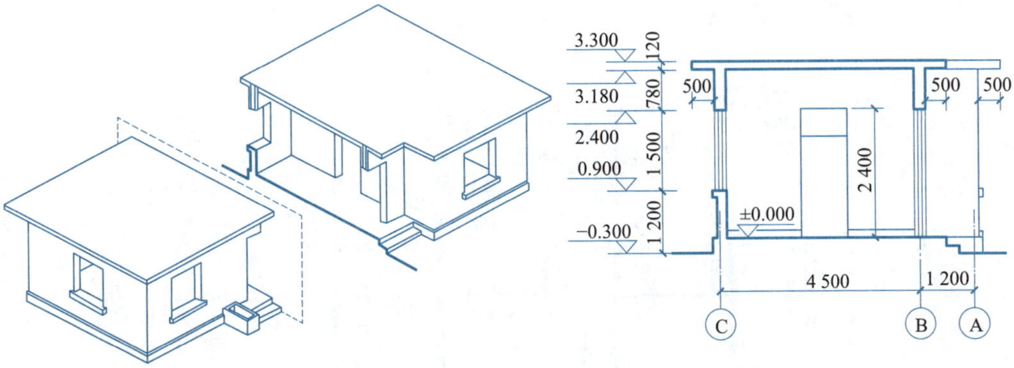

图1.2.3　建筑剖面图的形成过程

2. 建筑剖面图的概念

剖面图用于表示房屋内部的结构或构造形式、分层情况以及各部位的联系、材料及其高度等信息，是与平、立面图相互配合的不可缺少的重要图样之一。

3. 建筑剖面图的作用

对无法在平面图及立面图中表述清楚的局部剖切，结构工程师能够在剖面图中得到更为准确的层高信息及局部结构的高低变化，能更好地表达清楚建筑设计师对建筑物内部的处理。

4. 建筑剖面图的识读方法

（1）看平面图上的剖切面位置和剖面编号是否相同。

（2）阅读楼层的标高及竖向尺寸、外墙及内墙的门和窗的标高及竖向尺寸、最高处标高、屋顶的坡度，获取高度和定位。

（3）看地面、楼面、屋面的做法以及室内构筑物的布置，明确构造材料。

（4）认真查看剖面图上的详图索引标号，掌握相关细部的构造和做法。

技能训练

数字模型依据图纸建模，具体规定了实体的形状、尺寸、做法和技术等要求。能够识读图纸需要掌握图纸中会用到的基本知识，如各种线条、视图以及数字的读法等，读取图纸的参数，建立二维CAD图纸与三维模型空间对应。以建筑图纸为例，其基本识读步骤为：仔细阅读设计说明；看平面图；看立面图；看剖面图；看结构图等。

（1）识读小别墅首层建筑平面图（见图1.2.4）。

（2）识读小别墅南立面建筑立面图（见图1.2.5）。

（3）识读小别墅1-1建筑剖面图（见图1.2.6）。

（4）结合建筑平、立、剖面图，形成二维图纸与三维模型的转换，小别墅三维模型如图1.2.7所示。

学习笔记

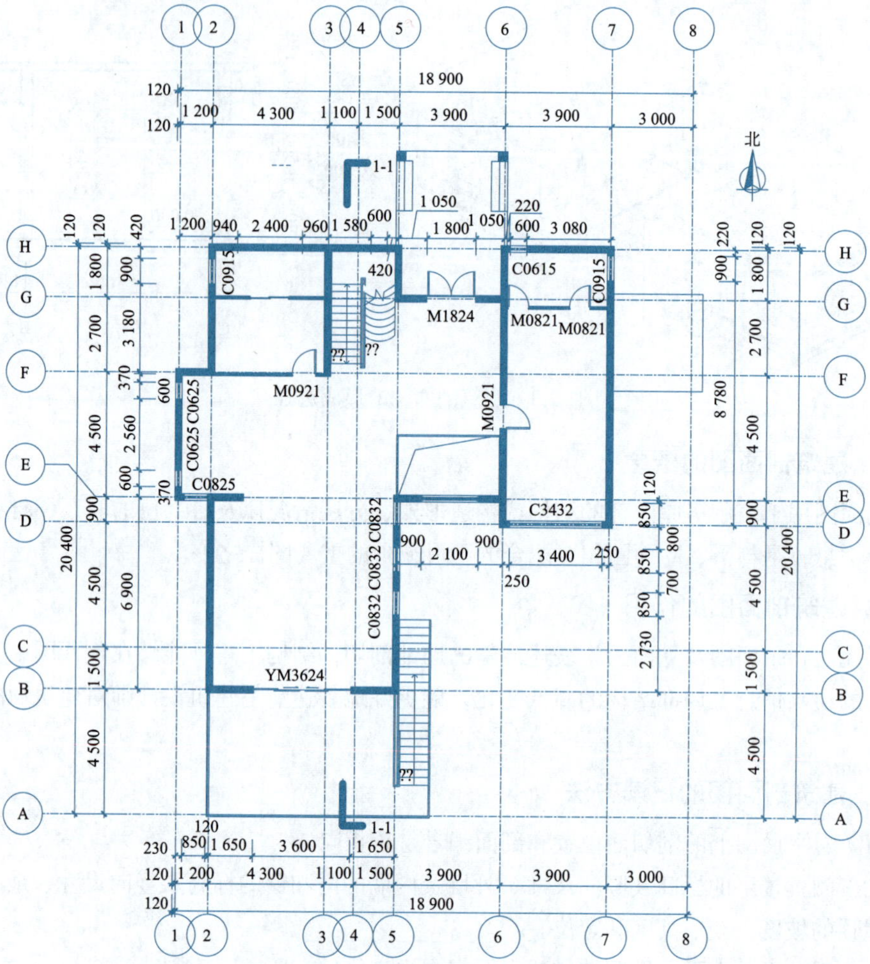

图1.2.4　小别墅首层建筑平面图

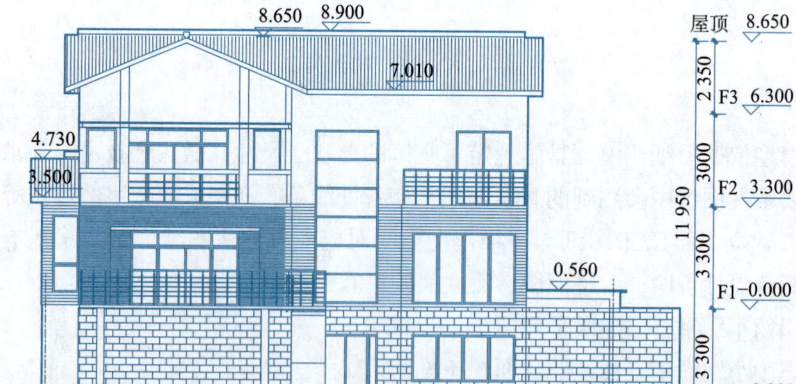

图1.2.5　小别墅南立面建筑立面图

学习笔记

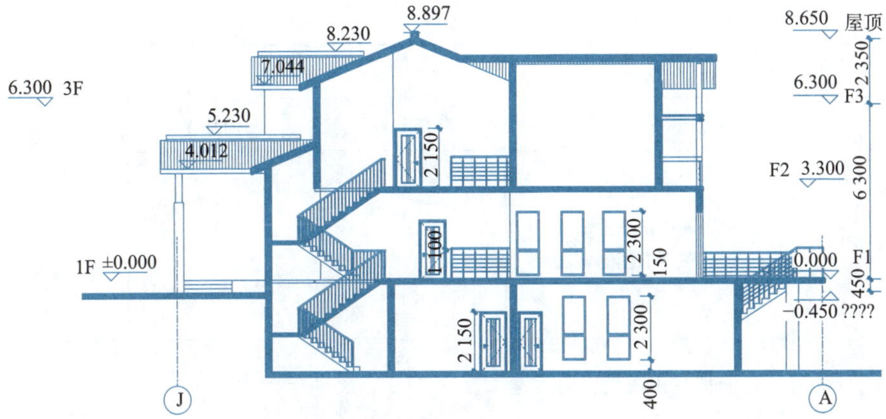

图1.2.6　小别墅1-1建筑剖面图

图1.2.7　小别墅三维模型

习题巩固

1. 平面图包括各楼层平面图和（　　）平面图。

A. 地下室　　B. 楼板　　C. 屋顶　　D. 地坪

2. 图纸幅面是指图纸的（　　）。

A. 尺寸　　B. 面积　　C. 厚度　　D. 颜色

3. 建筑工程图纸是用于表示建筑物内部的不明情况、外部形状，以及装修、构造、施工要求等内容的有关图纸，可分为（　　）。

A. 工程施工图　　B. 建筑施工图　　C. 结构施工图　　D. 设备施工图

4. 施工平面图中标注的尺寸只有数量没有单位，按国家标准规定单位应该是（　　）。

A. mm　　B. cm　　C. m　　D. km

学习笔记

学习评价

<table>
<tr><td colspan="3">知识点：图纸识读方法</td><td colspan="2">日期：</td></tr>
<tr><td colspan="2">评价内容</td><td>学生自评</td><td>组内互评</td><td>教师评价</td></tr>
<tr><td>理论知识</td><td>1. 掌握图纸识读的步骤；
2. 掌握图纸识读的方法</td><td></td><td></td><td></td></tr>
<tr><td>实践技能</td><td>1. 能梳理出图纸中的关键节点；
2. 能识读建筑平面图、立面图和剖面图</td><td></td><td></td><td></td></tr>
<tr><td>学生提出的问题</td><td colspan="4"></td></tr>
<tr><td>教师答疑</td><td colspan="4"></td></tr>
<tr><td>总结收获</td><td colspan="4"></td></tr>
<tr><td>学生签字</td><td colspan="4"></td></tr>
</table>

模块2 建模软件基础

本模块增强学生对Revit软件的认识，了解Revit软件的基本操作。使学生掌握Revit建模的基本原理和方法，熟悉建筑建模的流程和技巧，理解数字模型在项目实施中的重要性。

学习笔记

学习目标

知识目标

1. 了解建模软件的基本知识；
2. 熟练掌握Revit软件的使用方式。

能力目标

1. 能了解Revit软件的基本操作；
2. 能将Revit软件应用于实际工程。

素质目标

1. 具有较好的对新技能与知识进行自我学习的能力；
2. 具有较强的学习能力、逻辑思维能力和计算机素养；
3. 具有优良的职业道德修养，能够遵守职业道德规范。

2.1 建模软件初识

视频

走进项目建模世界

一、项目、族、样板的概念

1. 项目的含义

在Revit软件中，“项目”是项目模型文件的载体，在新建项目文件时需要引用样板文件。项目文件包含了建筑的所有设计信息，如模型、视图、图纸等。“项目”文件名称以rvt为扩展名。

2. 族的含义

“族”可以理解为组成“项目”的基本图元组。项目文件中用于构成模型的墙、屋顶、门窗，以及用于记录该模型的详图索引、标记等内容，都是通过“族”创建的。“族”文件名称以rfa为扩展名。

学习笔记

3. 样板的含义

Revit样板文件的理念类似于CAD中的样板文件，用以定义“项目”或者“族”的初始状态，是项目文件的模板，包含视图属性、项目单位等各种设置。其中“项目”的“样板”文件名称以rte为扩展名，“族”的“样板”文件名称以rft为扩展名。

二、Revit五种图元要素

图元包含族，但不是所有的图元都是族文件。

1. 主体图元

包括墙、楼板、屋顶、天花板、场地、楼梯和坡道等。

2. 构件图元

包括窗、门、家具、植物等三维模型构件。

3. 注释图元

包括尺寸标注、文字注释、标记和符号等。

4. 基准面图元

包括标高、轴网、参照平面等。

5. 视图图元

包括楼层平面图、天花板平面图、三维视图、立面图、剖面图以及明细表等。

三、类别、族、类型和实例的概念区分

1. 类别

用于对建筑模型图元、基准图元、视图专有图元做进一步分类。

2. 族

族是某一类别中图元的类，是Revit项目的基础。Revit的任何单一图元都由某一个特定的族产生。

3. 类型

除内建族外，每一个族包含一个或多个不同的类型，用于定义不同的对象特性。例如，对于墙来说，可以通过创建不同的族类型，定义不同的墙厚和墙构造。Revit通过类型属性参数控制图元的类型参数特征。

4. 实例

每个放置在项目中的实际图元，称为该类型的一个实例。Revit通过实例属性参数控制图元的实例参数特征。

类别、族、类型和实例的区别和联系如图2.1.1所示。

四、Revit文件格式

Revit提供四种基础的格式文件，其中包括项目文件格式（*.rvt）、样板文件格式（*.rte）、族文件保存格式（*.rfa）、族样板文件格式（*.rft）。

学习笔记

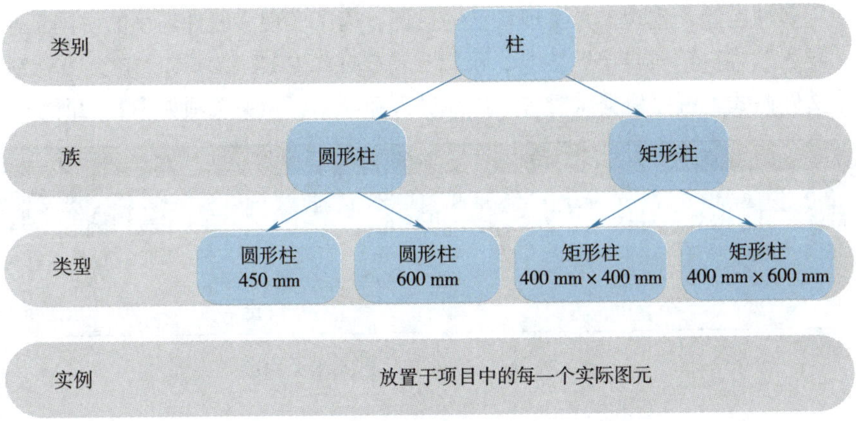

图2.1.1　类别、族、类型和实例的区别和联系

1. 项目文件格式

项目文件格式是基于Revit平台的建筑信息模型存储格式，是模型完成后保存的文件格式，涵盖整个工程项目的所有设计信息，包括结构模型、各视图、图纸及明细表等信息。

2. 样板文件的格式

样板文件会对项目信息、模型构件的规范、对象的属性等进行设置，起到了统一指导和规范项目的作用。在建立BIM模型的过程中，样板文件格式可以避免重复多次地设置通用要求，以规范设计标准。创建Revit项目模型时，Revit软件通过加载已经定义好初始参数的样板文件，如项目单位、标注样式、线型、文字样式、显示等内容，创建新的项目。在项目开始前，可以根据具体项目的标准和要求，对样板进行通用设置，并另存为新的项目样板文件。在以后类似的工程项目设计过程中，只需要在Revit软件中调用保存好的样板文件即可，大大节省了模型创建以及项目推进的时间。

3. 族文件保存格式

利用Revit软件建立建筑信息模型时，使用各种加载的族进行建筑模型设计。在设计的过程中将新建族保存在文件夹中，当其他项目需要建立相同的图元时，可以将该族加载进项目中完成相关模型创建。rfa即为可载入族文件保存格式的扩展名，通常梁、板、门窗、钢筋及图框等可载入族均以此格式存储。

4. 族样板文件格式

通常基于Revit建模过程中所载入的族都可以通过族样板文件进行绘制。族样板文件通过定义族的添加方式、参数设置、可见性等信息，使加载进入工程项目的族满足该工程项目中的需求。常用的族样板文件有公制常规模型、公制结构框架、钢筋形状样板等。

五、Revit支持的文件格式

Revit软件系统除了支持上述四种常用的基本文件格式外，用户还可以将其他格式的文件导入模块中，或将所创建的模型导出为相应的格式文件，在项目设计和管理时，用户

学习笔记

经常会使用多种设计、管理工具实现自己的目标，为了实现多软件环境的协同工作，Revit提供了“导入”“链接”“导出”工具，可以支持CAD、FBX、DWF、IFC、gbXMIL、图像格式等文件格式。可以根据需要有选择地导入和导出，相关选项如图2.1.2所示。

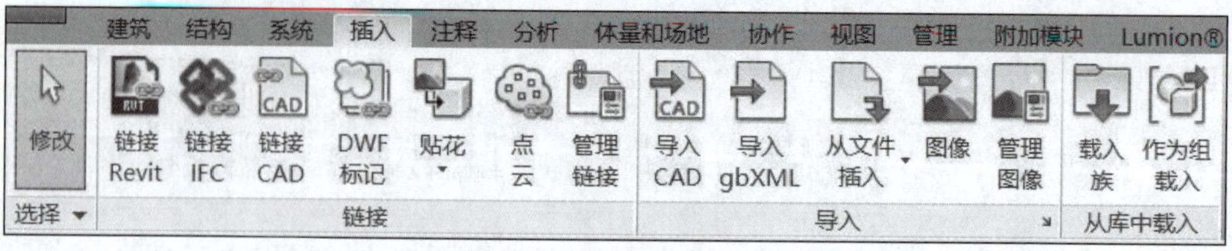

图2.1.2　Revit软件文件格式相关选项

技能训练

Revit中的模型可能包含大量元素，过滤器可以帮助用户快速准确地找到所需元素，简化模型视图。用户可以根据需要设置过滤器，筛选出一类或多类元素，用于显示、隐藏或删除等操作，以对元素进行控制。

使用过滤器的具体步骤如下：

（1）用鼠标框选所有模型对象，如图2.1.3所示。

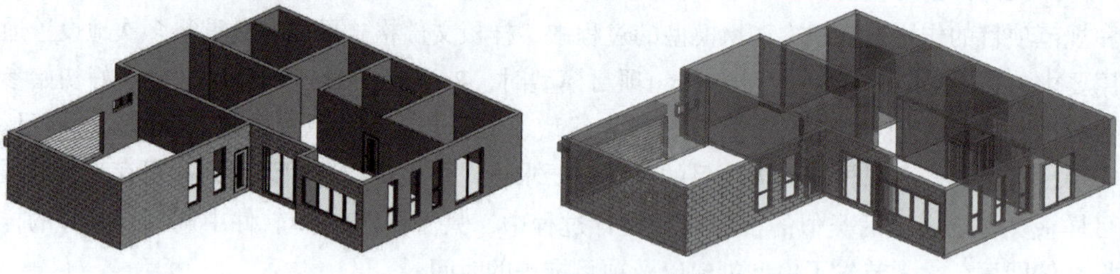

图2.1.3　框选Revit模型

（2）在“修改|选择多个”选项卡的“选择”面板中单击“过滤器”按钮，启动过滤器功能，如图2.1.4所示。

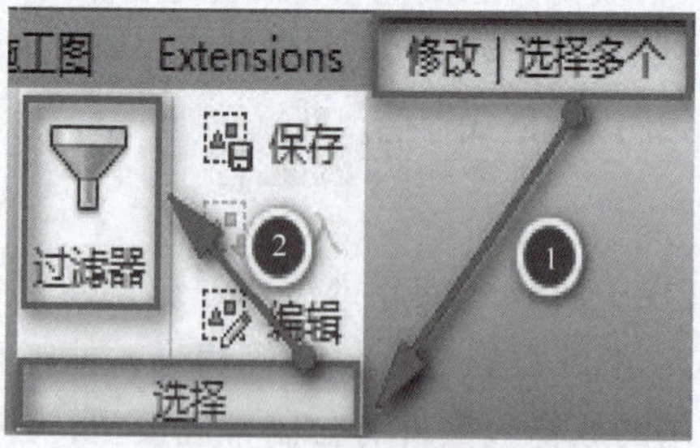

图2.1.4　启动过滤器功能

（3）在弹出的“过滤器”对话框中，选中“窗”和“门”复选框，单击“确定”按钮，即可将所有门窗都变成选中状态（见图2.1.5），接下来可根据需要对其进行相应操作。

学习笔记

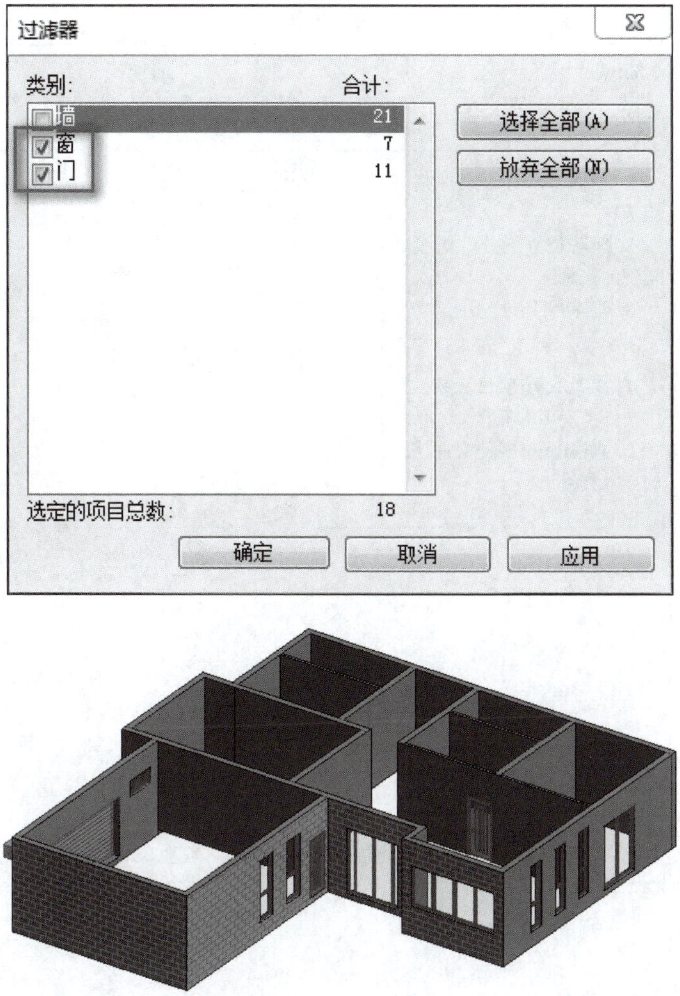

图2.1.5　“过滤器”对话框的具体设置操作

习题巩固

1. Revit样板文件的扩展名是（　　）。

   A. rvt　　B. rte　　C. rfa　　D. rft

2. 以下不属于Revit图元的是（　　）。

   A. 模型图元　　B. 视图图元　　C. 基准图元　　D. 显示图元

3. Revit族样板文件的扩展名为（　　）。

   A. rvt　　B. rte　　C. rfa　　D. rft

4. Revit软件不支持的文件类型有（　　）。

   A. rte　　B. rvt　　C. rft　　D. DWT

5. Revit族文件的扩展名为（　　）。

   A. rvt　　B. rte　　C. rfa　　D. rft

学习笔记

学习评价

知识点：Revit基本知识		日期：		
评价内容		学生自评	组内互评	教师评价
理论知识	1. 理解Revit的文件格式组成； 2. 理解类别、族、类型和实例的概念； 3. 理解项目、样板的含义			
实践技能	1. 掌握Revit项目、族、常用文件扩展名的概念； 2. 掌握Revit多种文件格式的导入和导出操作			
学生提出的问题				
教师答疑				
总结收获				
学生签字				

2.2　建模软件基本操作

一、操作界面

1. 欢迎界面

双击Revit图标后，进入图2.2.1所示欢迎界面。

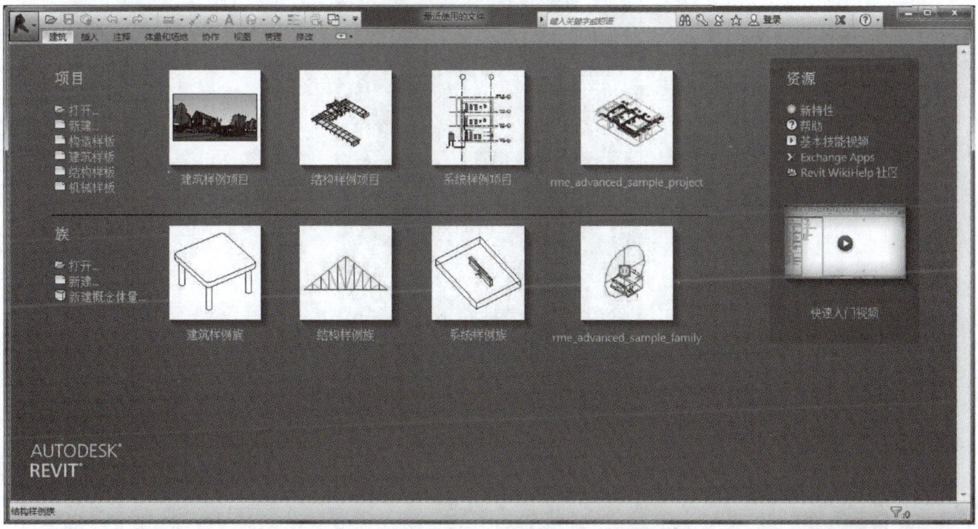

图2.2.1　欢迎界面

（1）文档缩略图。在界面中央显示最近打开文档的缩略图（见图2.2.2），单击它们可以快速打开最近编辑的文件。当初次使用软件时，这里将显示软件自带的案例文件。

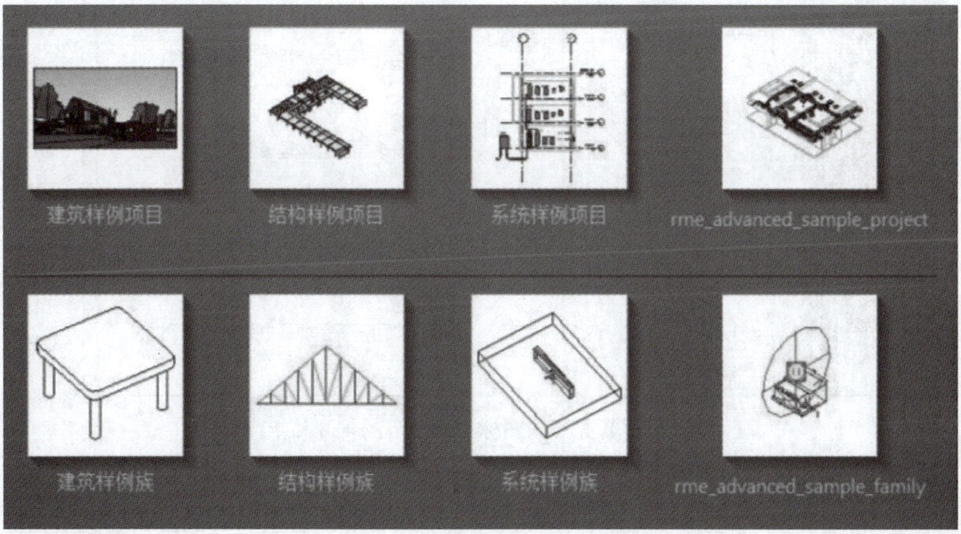

图2.2.2　文档缩略图界面

学习笔记

（2）项目新建和打开界面。在文档缩略图的左侧，是“新建”或“打开”文件的快捷方式（见图2.2.3）。新建或打开文件也可以通过单击左上角Revit图标的方式完成（见图2.2.4），但通过快捷方式操作能提高工作效率。

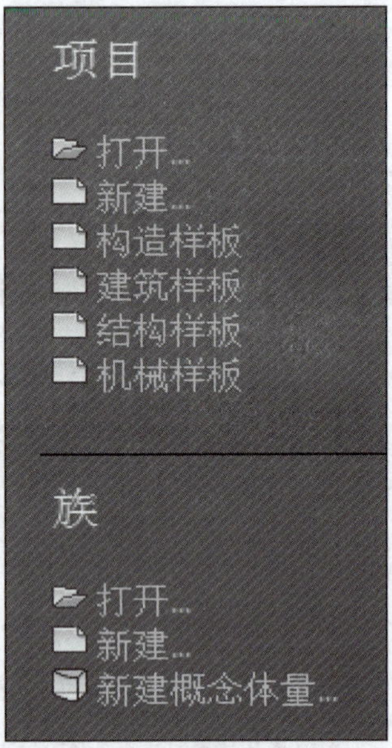

图2.2.3 “打开”和“新建”快捷方式

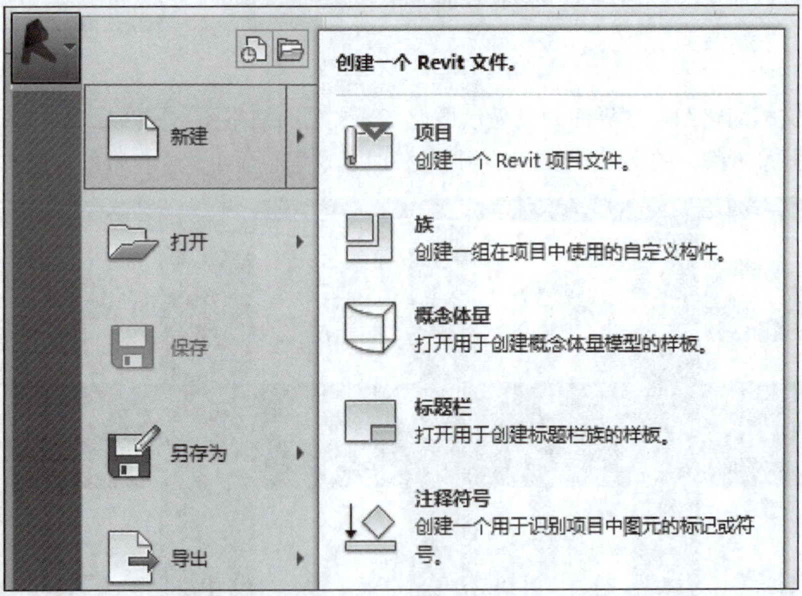

图2.2.4 单击Revit图标实现项目的打开和新建

2. 项目编辑界面

新建或打开一个项目后，项目的编辑界面及各区域功能如图2.2.5所示。下面介绍该界面的主要功能区与面板。

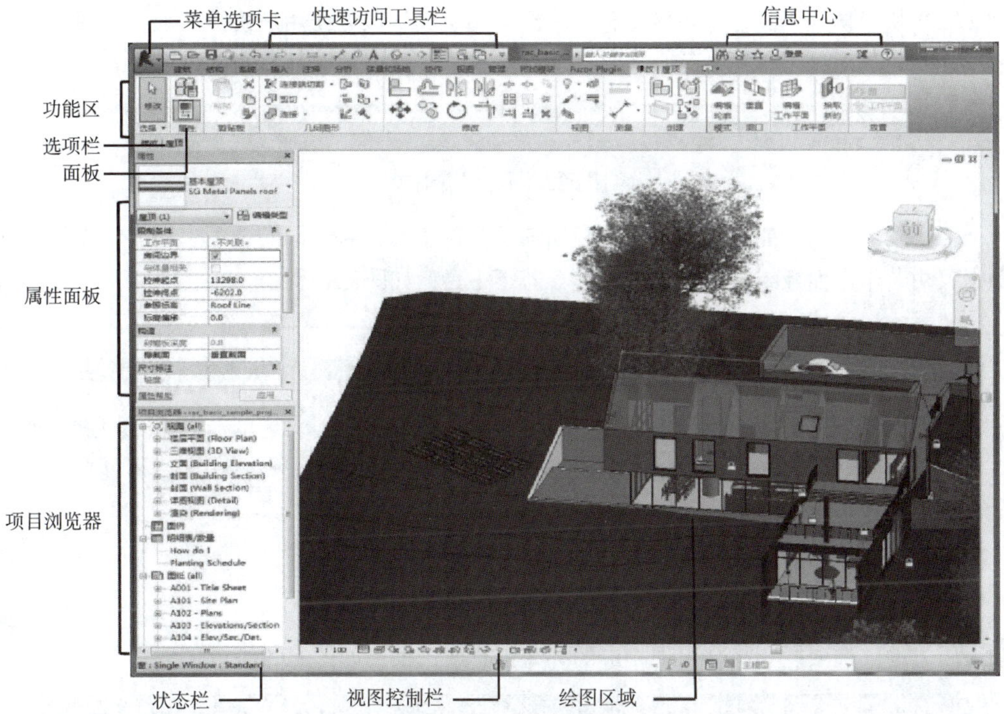

图2.2.5　项目编辑界面

（1）应用程序菜单。单击Revit图标，弹出应用程序菜单，此处提供对常用文件操作（如“新建”“打开”“保存”等）的访问，如图2.2.6所示。应用程序菜单还允许使用更高级的工具（如“导出”“发布等）管理文件。要查看每个菜单项的选择项，可单击其右侧的箭头，然后在弹出的下拉列表中单击所需的命令。

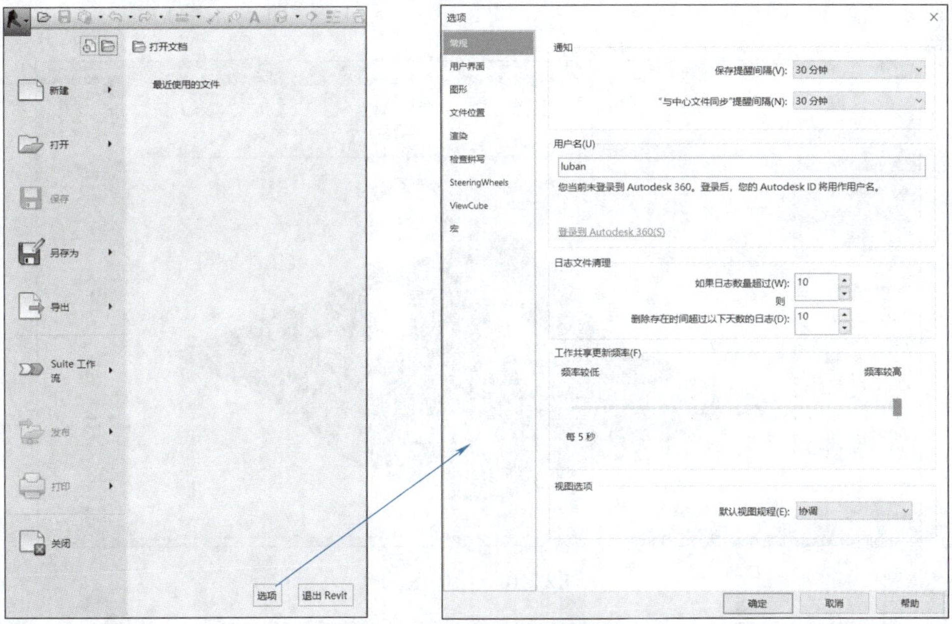

图2.2.6　应用程序菜单

学习笔记

（2）快速访问工具栏。该区域包含一组常用工具，以方便用户快捷选取，如图2.2.7所示。用户可以对该工具栏进行自定义，使其显示自己使用频率最高的工具。

图2.2.7 快速访问栏

（3）功能区。功能区提供创建项目所需的全部工具，由不同的选项卡构成，而每个选项卡又由若干个面板组成，面板中又包含若干工具，如图2.2.8所示。

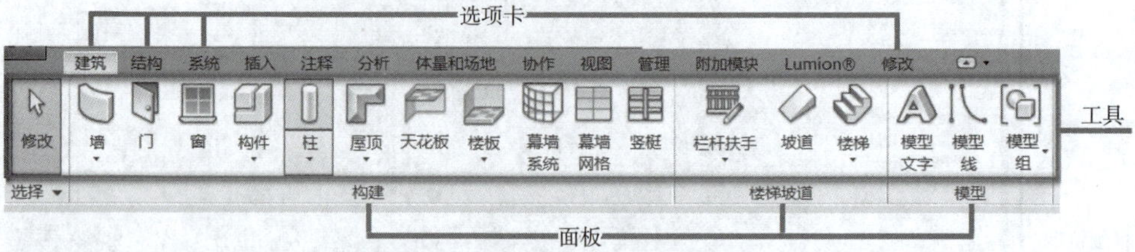

图2.2.8 功能区

（4）选项栏。单击功能区中的不同选项卡将会出现对应的“上下文选项卡”，此时选项卡下方的“选项栏”将会出现相应的补充工具或选项，如图2.2.9所示。

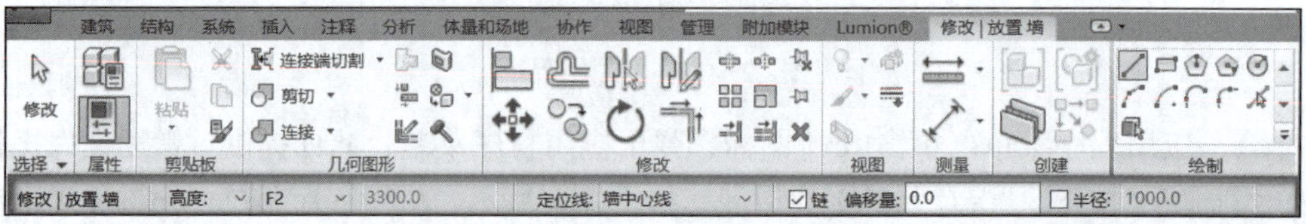

图2.2.9 选项栏

（5）绘图区域。绘图区域显示当前项目的视图（模型以及图纸和明细表），如图2.2.10所示。

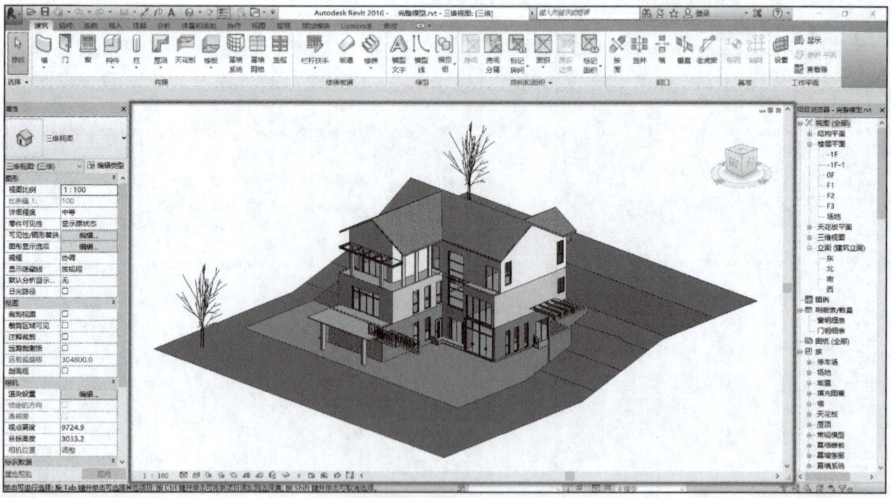

图2.2.10 绘图区域

（6）属性面板。属性面板位于绘图区域侧边，可以查看和修改选定图元的属性或参数，如图2.2.11所示。当绘图区域中没有图元被选择时，属性面板呈现的是活动视图的属性。

学习笔记

（7）项目浏览器。项目浏览器同样位于绘图区域侧边，用于显示当前项目中所有视图、明细表、图纸、组和其他部分的逻辑层次，如图2.2.12所示。

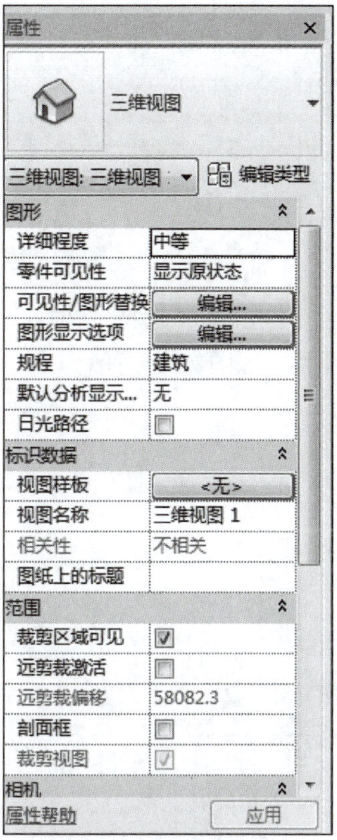

图2.2.11　属性面板

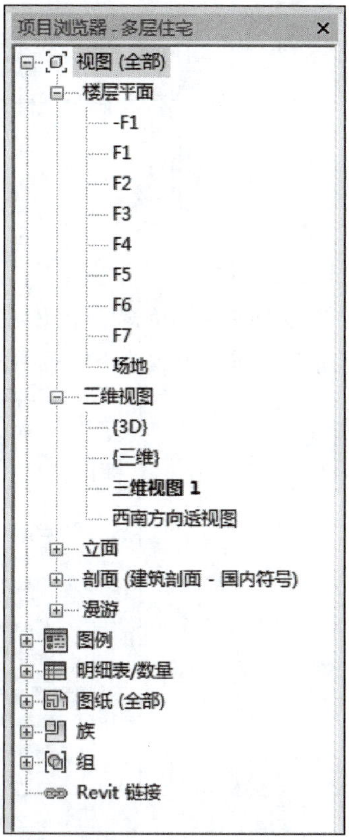

图2.2.12　项目浏览器

二、基本操作

1. 图元的选择

（1）单选。单击图元即可选中一个目标图元。

（2）多选。按住【Ctrl】键并单击图元增加选中，再按住【Shift】键单击图元可将其从选中的图元中删除。

（3）框选。按住鼠标左键，在视图区域从左向右拉框进行选择，在选择框范围之内的图元都会成为选择目标图元，如图2.2.13所示。

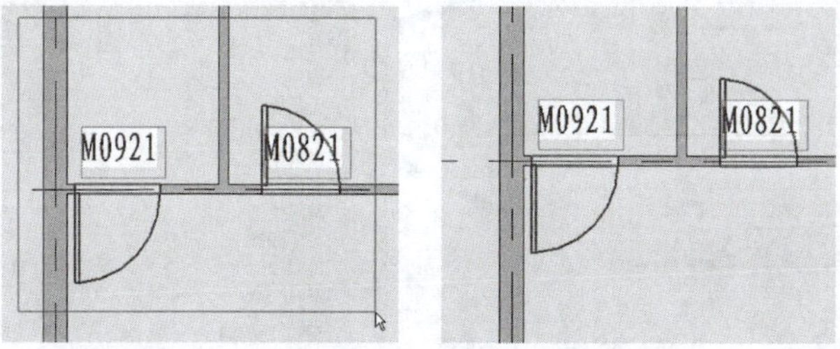

图2.2.13　框选操作

（4）触选。按住鼠标左键，在视图区域从右向左拉框进行选择，选择框接触到的图元

学习笔记

都会成为选择目标图元，如图2.2.14所示。

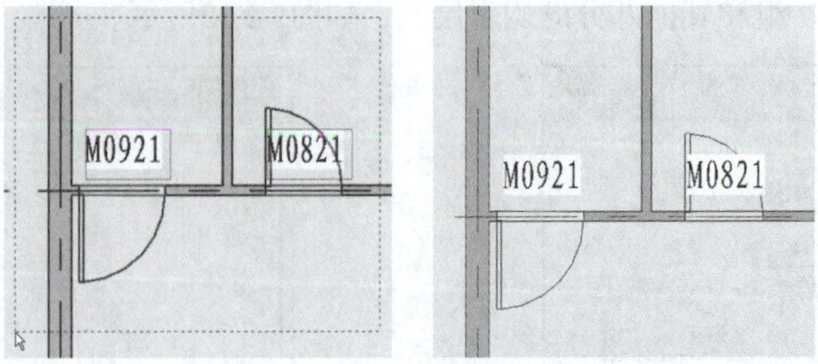

图2.2.14 触选操作

（5）按类型选择。单选一个图元并右击，在弹出的快捷菜单中选择“选择全部实例”命令，即可在当前视图或整个项目中选中同一类型的图元，如图2.2.15所示。

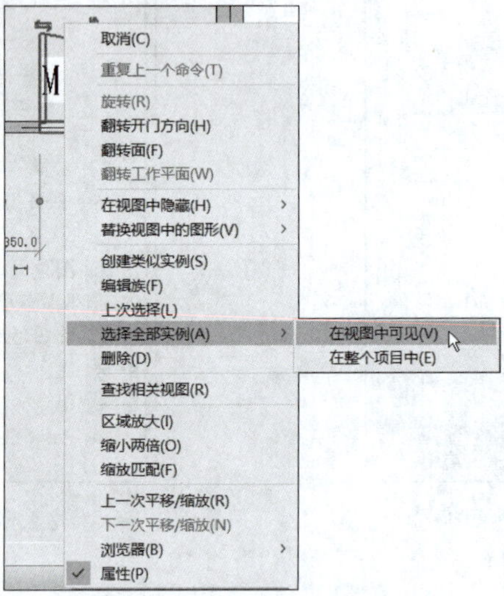

图2.2.15 按类型选择操作

（6）滤选。使用框选或触选后，多种类别的图元被选中，此时单击选项栏中的“过滤器”按钮，或在屏幕右下角状态栏中单击“过滤器”按钮，即可在弹出的“过滤器”对话框（见图2.2.16）中进行滤选，可单独选中其中某一类别的图元。

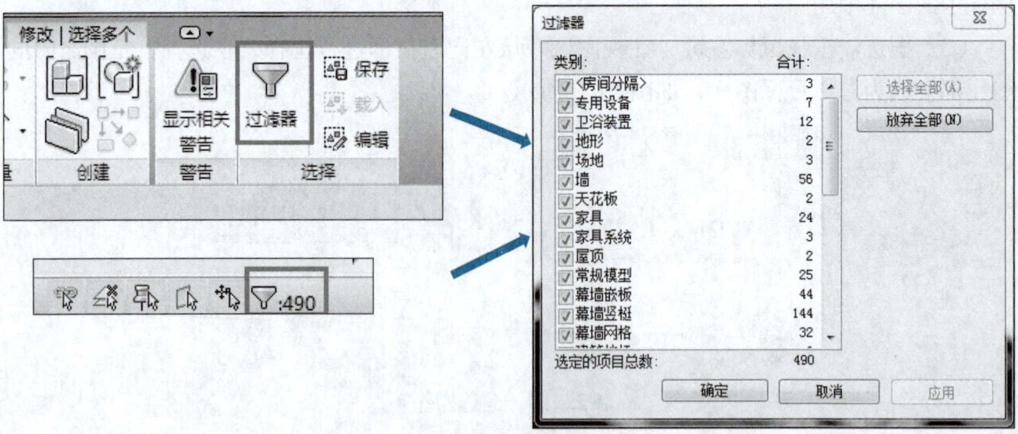

图2.2.16 滤选操作

学习笔记

2. 图元操控

利用鼠标、键盘和视立方等手段，对视图中的模型进行旋转、移动、缩放等操作。

1）用鼠标+键盘操作模型

（1）旋转。在三维视图下，按住【Shift】键，使用鼠标滚轮即可旋转模型。

（2）平移。按住鼠标滚轮，能将模型在视图中平移。

（3）缩放。滑动鼠标滚轮能控制视图的缩放；双击鼠标滚轮能将模型缩放并匹配至视图可见范围大小。

2）用视立方操作模型

在三维视图中，绘图区域的右上角有一个立方体称为视立方（viewcube），如图2.2.17所示，视立方的状态展示了当前模型的视点和方向。

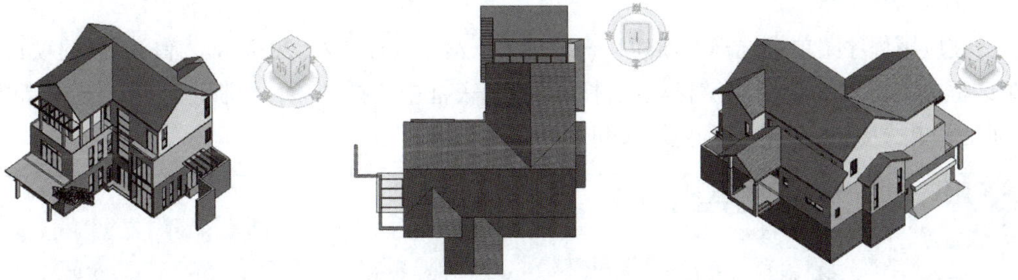

图2.2.17　视立方

视立方可用于在模型的标准视图和等轴测视图之间进行切换。将光标放置到视立方上时，该工具变为活动状态。用户可以单击视立方上的面、角或者方向，将视图切换至预设情况。

3）用导航栏操作模型

（1）控制盘。绘图区域右上方的面板称为导航栏，导航栏的上方是控制盘，单击后，鼠标旁将跟随一个圆形控制盘，将鼠标悬浮于其功能块上方并按住鼠标左键，可进行相应操作。单击控制盘下方下拉按钮，可选择控制盘类型，如图2.2.18所示。

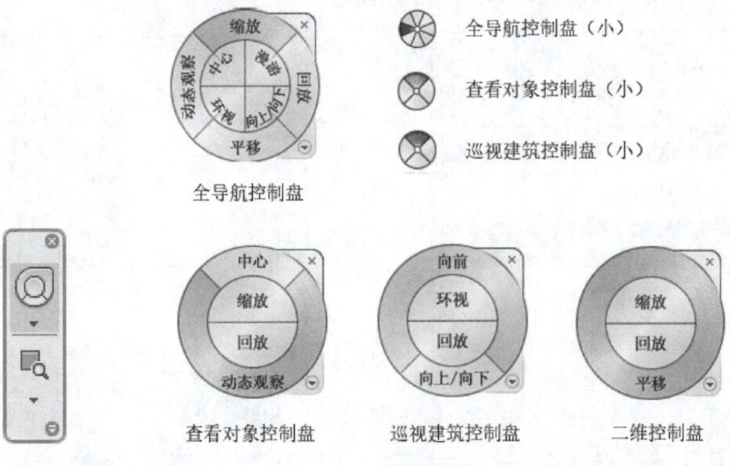

图2.2.18　控制盘

学习笔记

（2）缩放设置。导航栏下方的按钮是“缩放”选项，如图2.2.19所示。如果导航栏在视图中被隐藏，可单击“视图”选项卡“窗口”面板中的“用户界面”→“导航栏”按钮恢复显示。

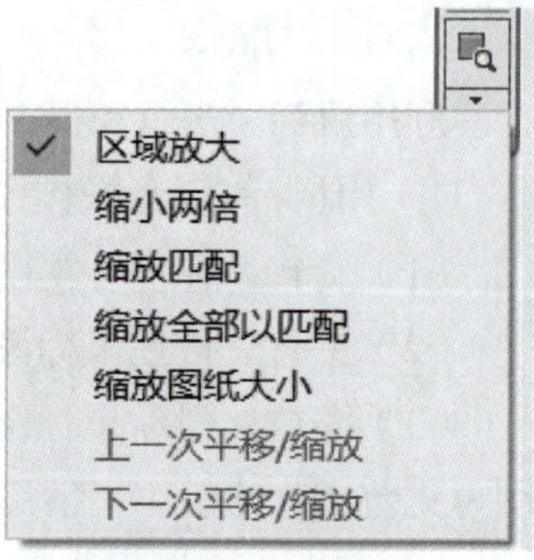

图2.2.19　缩放设置

技能训练

项目是一个联合文件，所有视图、模型、图表都包含在项目文件中，只要修改模型，项目所包含的元素都会随之自动更新。创建新的项目文件是开始设计的第一步，项目创建与设置的具体步骤如下：

1. 新建项目

在应用程序菜单中选择“新建”→“项目”命令，如图2.2.20所示。弹出“新建项目”对话框（见图2.2.21），在“样板文件”下拉列表框中选择“项目样板”文件，选中新建“项目”单选按钮，单击“确定”按钮即可完成新建。

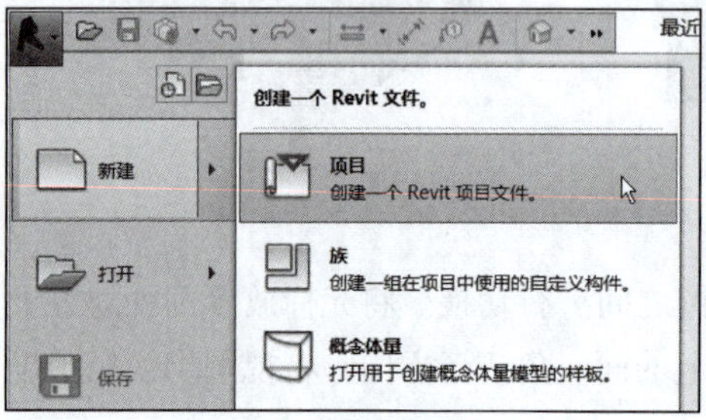

图2.2.20　新建项目

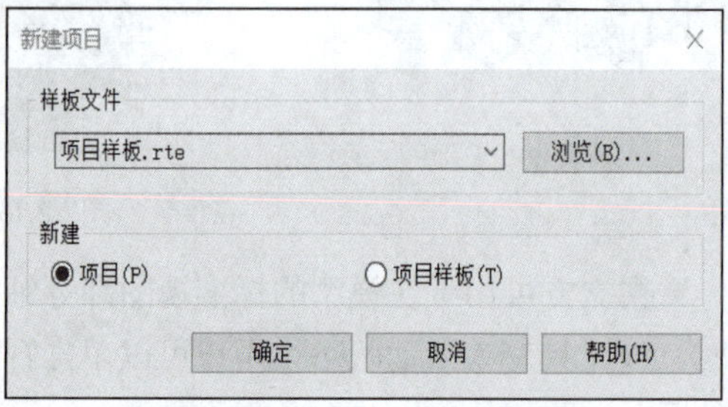

图2.2.21　选择项目样板文件

2. 项目设置与保存

在“管理”选项卡的“项目设置”面板中单击“项目属性”按钮，弹出图2.2.22所示的“项目属性”对话框，输入项目信息。继续在“项目设置”面板中单击“项目单位”按钮，弹出“项目单位”对话框，如图2.2.23所示。

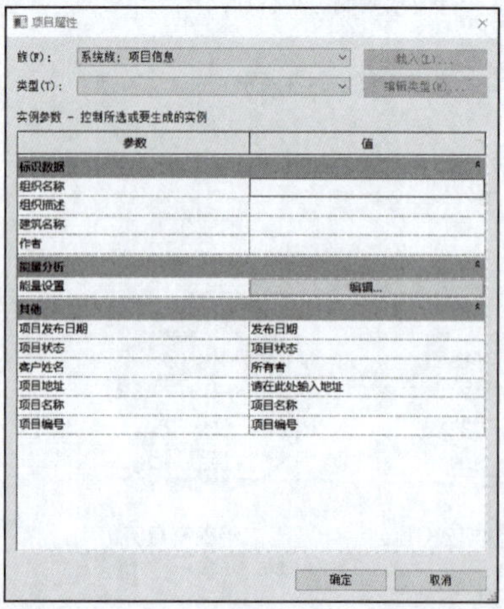

图2.2.22　“项目属性”对话框

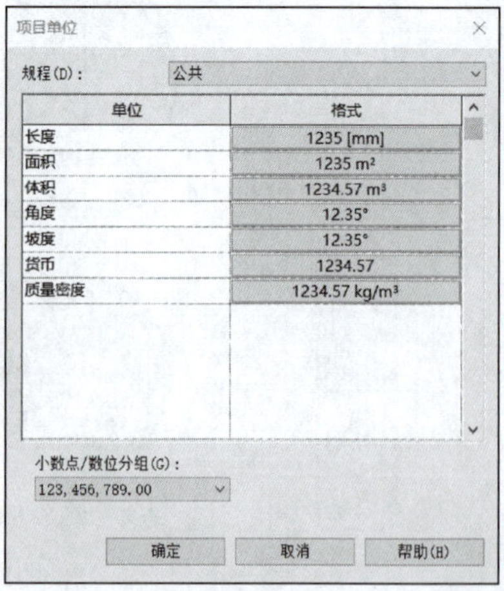

图2.2.23　“项目单位”对话框

学习笔记

在“项目单位”对话框中单击“长度”，在弹出的“格式”对话框中，将长度单位设置为毫米，如图2.2.24所示；单击“面积”，在弹出的“格式”对话框中，将面积单位设置为平方米，如图2.2.25所示；单击“体积”，在弹出的“格式”对话框中，将体积单位设置为立方米，如图2.2.26所示。

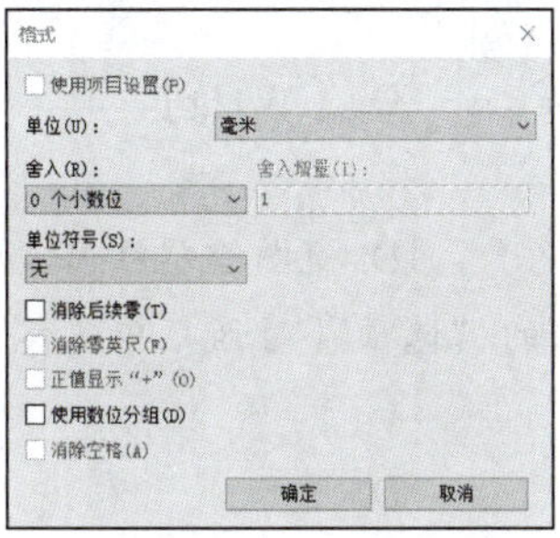

图2.2.24　长度格式

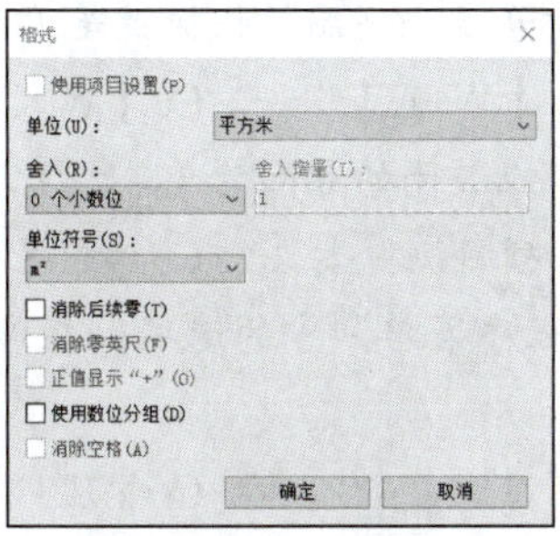

图2.2.25　面积格式

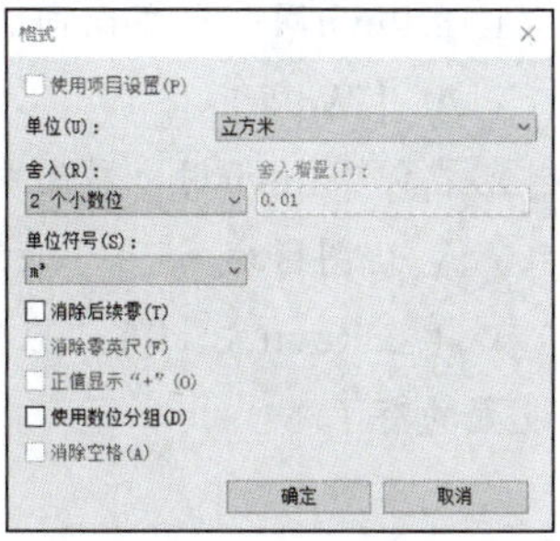

图2.2.26　体积格式

在应用程序菜单中选择“另存为”→“项目”命令，弹出“另存为”对话框，如图2.2.27所示。

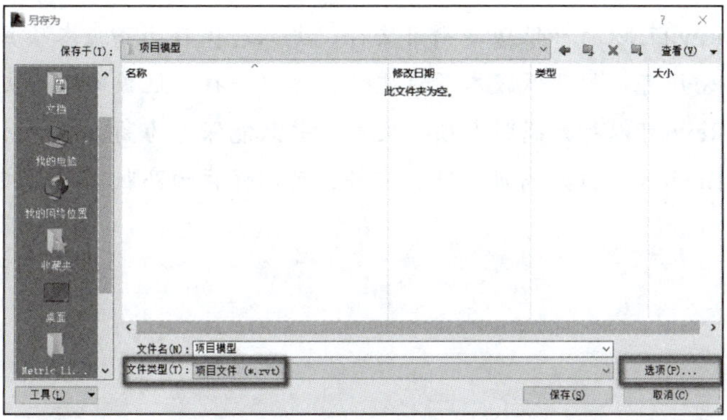

图2.2.27　“另存为”对话框

单击“另存为”对话框右下角的“选项”按钮，弹出“文件保存选项”对话框，设置最大备份数为3，如图2.2.8所示。设置保存路径，输入项目文件名为“项目模型”，单击“保存”按钮即可保存项目文件。

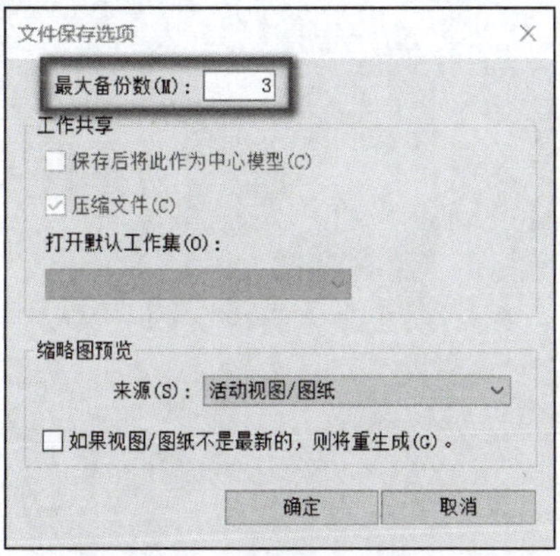

图2.2.28　另存为选项

学习笔记

习题巩固

1. 在Revit同一个界面同时打开多个视图的快捷键是（　　）。

A.【W+T】　B.【W+A】　C.【W+C】　D.【W+D】

2. 在以下Revit用户界面中可以关闭的界面为（　　）。

A. 绘图区域　B. 项目浏览器　C. 功能区　D. 视图控制栏

3. 单击Revit左上角“应用程序菜单”中的选项，在弹出的“选项”对话框中不能进行设置的有（　　）。

A. 常规　B. 渲染　C. 管理　D. 图形

4. Revit中不能进行图元选择的方式是（　　）。

A. 按鼠标滚轮选择　B. 按过滤器选择

C. 单击选择　D. 框选

5. Revit高低版本和保存项目文件之间的关系是（　　）。

A. 高版本Revit可以打开低版本项目文件，并只能保存为高版本项目文件

B. 高版本Revit可以打开低版本项目文件，可以保存为低版本项目文件

C. 低版本Revit可以打开高版本项目文件，并只能保存为高版本项目文件

D. 低版本Revit可以打开高版本项目文件，可以保存为高版本项目文件

学习笔记

学 习 评 价

知识点：Revit基本操作			日期：	
评价内容		学生自评	组内互评	教师评价
理论知识	1. 掌握项目编辑界面中各面板的功能； 2. 掌握创建项目的操作流程			
实践技能	1. 能够通过项目样板新建项目； 2. 能够通过编辑工具对构件进行移动、旋转、修剪等操作			
学生提出的问题				
教师答疑				
总结收获				
学生签字				

模块3 数字建模方法

学习笔记

本模块使学生初步熟悉数字模型建模软件的基本操作，并能运用相关软件实现设计意图。结合实际项目，逐步熟悉数字化模型的制作，使学生能够独立创建一个完整的数字模型。在设计和施工的具体应用中，能够为建筑设计阶段提供工程展示，为施工管理环节提供模型数据支持，数字化协调和沟通可以让项目管理更加高效，从而提高整个工程的效率。

学习目标

知识目标

1. 掌握建筑图纸的识读方法；
2. 了解工程制图国家标准；
3. 熟悉建筑构造的各种图示方法；
4. 熟悉建筑土建建模的方法。

能力目标

1. 能严格执行工程制图国家标准，并认知各种图样；
2. 能正确识读建筑施工图；
3. 具有根据具体模型需求选择合理建模方案的能力；
4. 能够利用Revit软件进行准确建模。

素质目标

1. 具有结合物体的组成特点，想象出形体空间构成的能力；
2. 具有较强的口头与书面表达能力及人际沟通能力；
3. 具有优良的职业道德修养，能够遵守职业道德规范；
4. 具有严谨认真、一丝不苟的学习态度和工作作风。

3.1 CAD图纸的导入和链接

视频

走进CAD世界1-3

在实际项目的建模工作中，可将CAD图纸导入或链接到Revit中作为底图，以提高绘图效率并保证图纸和模型的一致性，CAD图纸的导入和链接按钮如图3.1.1所示。

1. CAD 图纸处理

（1）将组合CAD图纸处理为单张图纸。

学习笔记

（2）将不需要的图形或图层删除或隐藏。

（3）将图纸另存为或块输出。

2. 选取视图

进入Revit，从项目浏览器中双击进入相应的楼层平面，如图3.1.2所示。

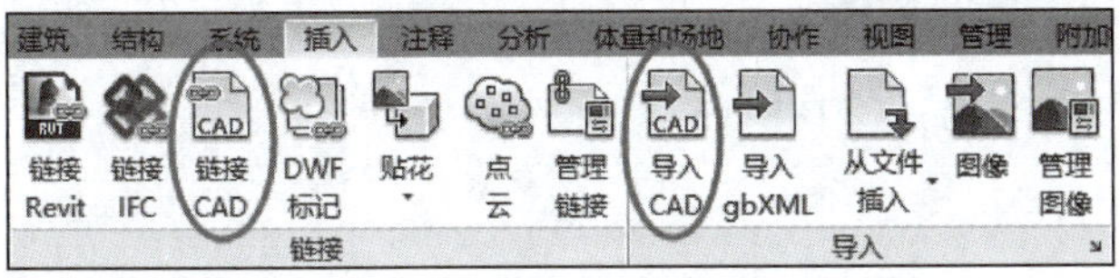

图3.1.1　CAD图纸的导入和链接按钮

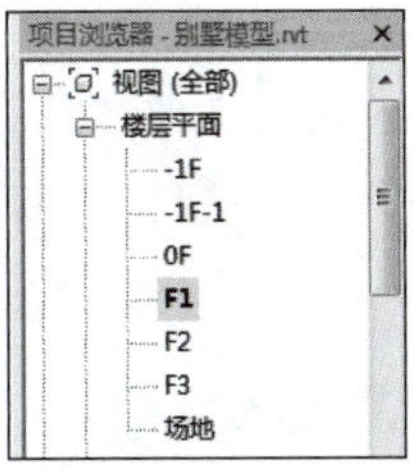

图3.1.2　项目浏览器

3. CAD 图纸的链接

链接CAD功能类似超链接，通过链接将要使用的CAD图纸源文件与Revit软件捆绑在一起，CAD源文件移动或删除后，Revit项目中的CAD源文件也会随之消失。

4. CAD 图纸的导入

导入CAD就是将CAD源文件与Revit文件直接捆绑在一起，此时CAD源文件成为Revit项目的一部分，与外界源文件互不相干，不存在任何联系。导入前的CAD源文件无论进行任何修改或删除，都不会影响Revit项目中的CAD文件。唯一的缺点是，导入的方法会增加Revit项目文件所占用的内存空间。导入或链接CAD图纸的参数设定界面如图3.1.3所示。

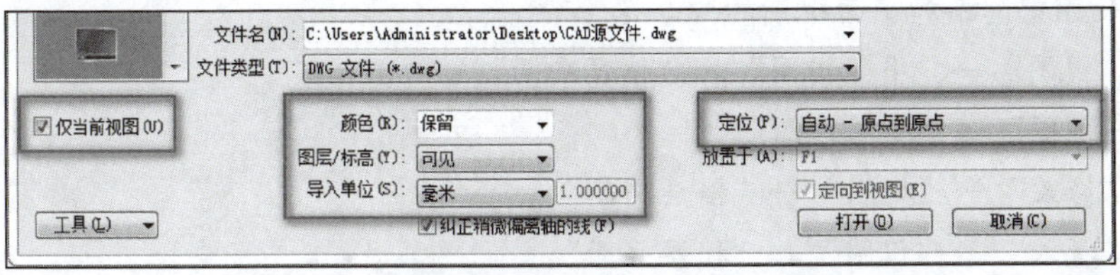

图3.1.3　导入或链接CAD图纸的参数设定界面

技能训练

在Revit建模时大多会选择将CAD图纸导入或链接到Revit中，此时可以根据CAD图纸精准创建标高和轴网，具体操作步骤如下：

1. CAD 图纸导入

在“插入”选项卡的“导入”面板中单击“导入CAD”按钮，如图3.1.4所示。

2. 参数设置

导入CAD图纸，参数设置如图3.1.5所示。注意勾选左侧“仅当前视图”复选框，“颜色”选择保留，“图层/标高”选择全部，“导入单位”选择毫米，“定位”选择自动-原点到原点。

学习笔记

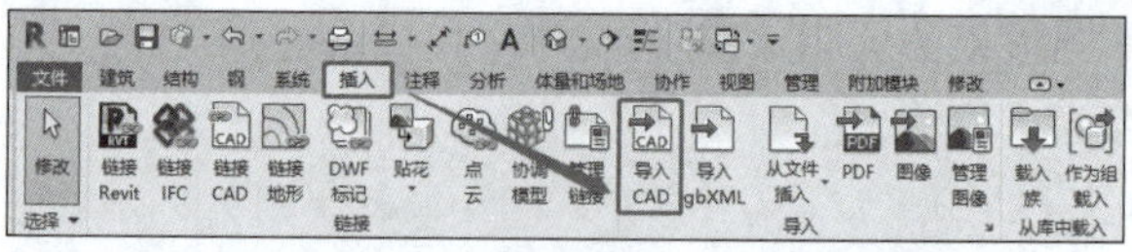

图3.1.4　启动Revit导入CAD图纸功能

图3.1.5　导入CAD图纸的参数设置

3. 图纸拾取

将CAD图纸导入到Revit后，借助图纸中标高和轴网的位置，通过单击“修改|放置 标高”上下文选项卡“绘制”面板中的“拾取线”按钮绘制标高或轴网。

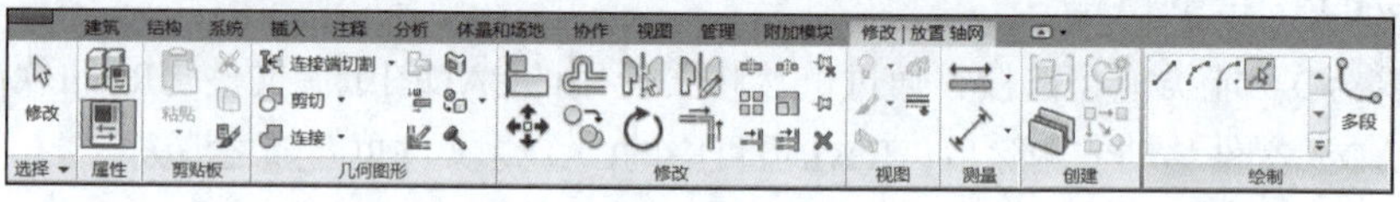

图3.1.6　拾取CAD底图绘制标高

习题巩固

1. 导入场地生成地形的DWG文件应具有（　　）数据。

A. 颜色　　B. 图层　　C. 高程　　D. 厚度

2. 在Revit中，添加平面视图的命令是（　　）。

A. “视图”→“平面视图”→“楼层平面”

B. “视图”→“绘图试图”

C. “修改”→“视图”→“楼层平面”

D. “插入”→“视图”→“楼层平面”

3. 在Revit中，导入CAD图纸时，（　　）不是可选择的导入单位设置。

A. 保持CAD文件的原始单位

B. 毫米

C. 厘米

D. 自动转换为Revit项目的单位，并根据图纸自动调整比例

4. 当把CAD图纸链接到Revit中时，下列说法正确的是（　　）。

A. Revit里的CAD模型和原始的CAD完全独立，互不影响

B. 当原始CAD修改后，Revit中的链接模型会自动更新

C. 只需打开管理链接，选择对应的CAD重新载入即可更新链接的CAD模型

D. 链接CAD模型后，不能对其在Revit中的位置和显示进行调整

5. 导入CAD图纸进入Revit时，关于定位图纸的方式，下列说法正确的是（　　）。

A. 中心到中心　　B. 中心到圆点

C. 圆点到圆点　　D. 圆点到中心

学习笔记

学习评价

知识点：图纸导入和链接		日期：		
评价内容		学生自评	组内互评	教师评价
理论知识	1. 理解CAD图纸导入和链接的区别； 2. 了解CAD图纸导入和链接的流程			
实践技能	1. 能够完成CAD图纸导入的操作； 2. 能够完成CAD图纸链接的操作			
学生提出的问题				
教师答疑				
总结收获				
学生签字				

学习笔记

视频

标高

3.2 标　　高

一、标高的基础知识

1. 标高的概念

标高表示建筑物各部分的高度，是建筑物某一部位相对于基准面（标高的零点）的竖向高度，是竖向定位的依据。建筑标高注写在构件的装饰层面上，即装饰装修完成后的标高，如地面工程一层建筑地面标高为±0.000。

2. 标高的分类

标高按基准面选取的不同分为绝对标高和相对标高。

（1）绝对标高：以我国为例，规定以青岛附近黄海夏季的平均海平面为基准面，将该基准面作为标高的零点，所计算出的标高称为绝对标高。

（2）相对标高：以建筑物室内首层主要地面高度为零作为标高的起点，所计算出的标高称为相对标高。

3. 标高的作用

标高的作用是区分建筑物的不同高度，主要用于控制建筑物高度与准确性。在Revit建模过程中，遵循“先标高后轴网”的原则，所有建筑构件都是基于标高创建的。建筑构件会随着标高的修改，进行上下高度的偏移。

二、标高的实际操作

1. 创建标高

（1）绘制标高。在“建筑”选项卡的“基准”面板中选择“标高”命令，默认选择“直线”绘制模式，在选项栏中勾选“创建平面视图”选项，勾选后绘制的标高都是同一个楼层，如图3.2.1所示。移动光标到现有标高一侧端点的正上方，出现一条蓝色虚线表示端点对齐，水平绘制标高至另一侧原有标高端点正上方，当出现蓝色对齐虚线时表示终点对齐。绘制标高即同时在项目浏览器中新建了一个楼层平面。

图3.2.1　标高选项栏

（2）复制标高。首先选中一条标高，在弹出的修改面板中选择“复制”命令，在临时编辑栏中勾选“多个”和“约束”复选框，输入相应的标高间距即可，复制的标高不会直接生成相应的楼层平面，需要单击“视图”选项卡平面视图下的楼层平面，勾选相应的平面视图。

2. 编辑标高

（1）修改标高类型。标高类型可以在创建前选择要创建的类型，也可以在绘制完成后，通过属性面板对标高的类型进行修改。在项目浏览器中双击立面或剖面视图进入属性

学习笔记

面板，在其中的类型选择器选择所需类型，如图3.2.2所示。

（2）调整标高尺寸。选择需要编辑的标高，单击蓝色圆圈操纵柄，可以拖动光标向左或向右移动。

（3）修改标高名称。选择需要修改的标高，单击标高左右两侧的标签框，可以输入新的标高名称。

（4）移动标高。通过调整尺寸标注值，选择需要修改的标高，单击方框中的尺寸标注值，直接输入新尺寸标注值，使标高升高或降低。通过临时尺寸标注调整，选择需要修改的标高，在该标高线与其直接相邻的上下标高线之间将显示临时尺寸标注；若要上下移动选定的标高，则单击临时尺寸标注，输入新的标高值并按【Enter】键确认。

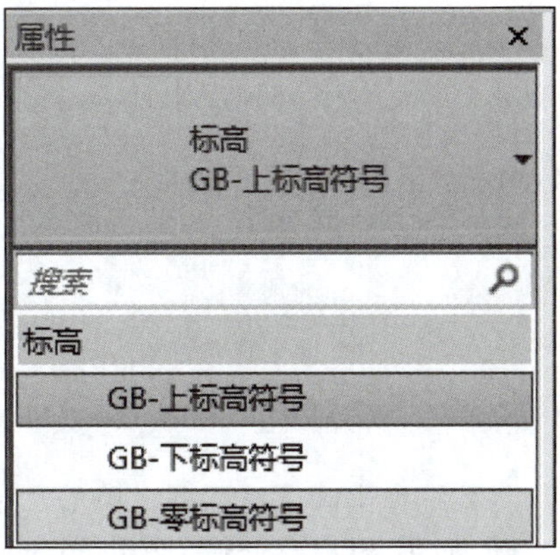

图3.2.2　属性面板

（5）标高线弯折。选择需要编辑的标高线，单击“添加弯头”按钮，将控制柄拖动到正确的位置，从而将编号从标高线上移开。

（6）删除标高。选择需要删除的标高线，在“修改|放置　标高”选项卡的“修改”面板中单击“删除”按钮✖，所选标高和相应的视图均会被删除。

技能训练

标高用于反映建筑构件在高度方向上的定位情况，可以定义楼层层高并生成平面视图。在Revit中开始建模前，应对项目的层高和标高信息做出整体规划。项目标高创建与编辑的具体步骤如下：

1. 创建标高

在Revit中，“标高”命令必须在立面和剖面视图中才能使用，因此在正式开始项目设计前，必须事先打开一个立面视图。

在项目浏览器中展开“立面（建筑立面）”选项（见图3.2.3），双击视图名称“南”进入南立面视图。调整2F标高，将一层与二层之间的层高修改为3.3 m，如图3.2.4所示。

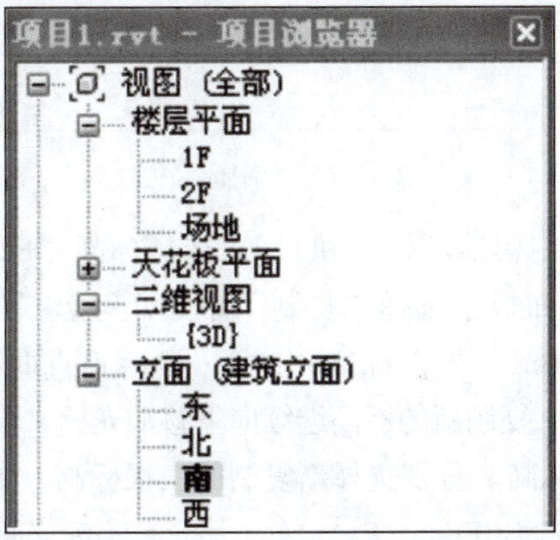

图3.2.3　项目浏览器

学习笔记

图3.2.4 修改层高

系统弹出确认对话框，单击“是”按钮，重命名相应的平面视图以修改楼层名称，将“1F”改为“F1”，“2F”改为“F2”，如图3.2.5所示。

图3.2.5 修改楼层名称

绘制标高F3，调整其间隔使间距为3 000 mm，如图3.2.6所示。

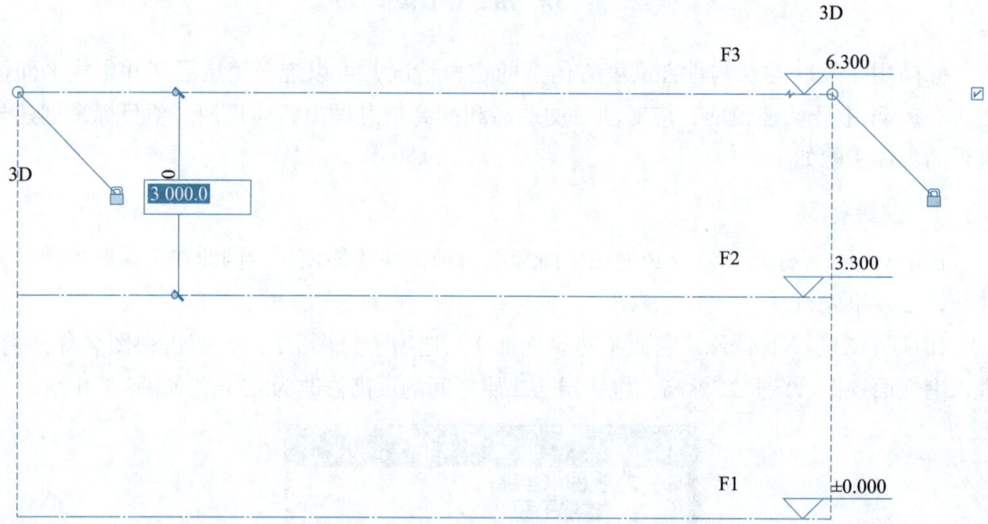

图3.2.6 绘制标高F3

利用“复制”命令，创建地坪标高和-1F。选择标高“F2”，在“修改|放置 标高”上下文选项卡的“修改”面板中选择“复制”命令，勾选“约束”和“多个”复选框，。单击标高“F2”，然后垂直向下移动光标，输入间距值3 750后按【Enter】键确认，复制新的标高继续向下移动光标，输入2 850和200后按【Enter】键，复制出另外两根新的标高。分别选择新复制的三根标高，单击蓝色的标头名称激活文本框，分别输入新的标高名称0F 、-1F、-1F-1后按【Enter】键确认，复制结果如图3.2.7所示。

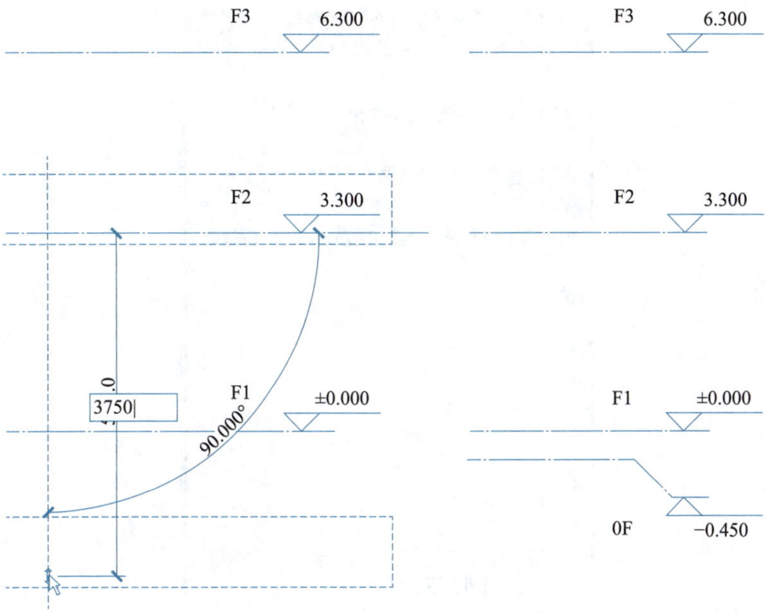

图3.2.7　复制标高

需要注意的是：在Revit中复制的标高是参照标高，因此新复制的标高标头都是黑色显示，而且在项目浏览器中的“楼层平面”项下也没有创建新的平面视图。标高标头之间存在干涉，下面将对标高做局部调整。

2. 编辑标高

按住【Ctrl】键并单击拾取标高“0F”和“-1F-1”，在“类型选择器”下拉列表中选择“标高：GB-下标高符号”类型，两个标头自动向下翻转方向，结果如图3.2.8所示。

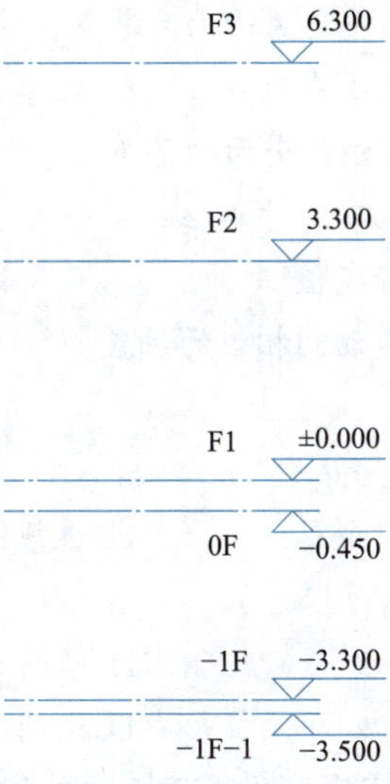

图3.2.8　编辑标高

在菜单栏中选择“视图”→“平面视图”→“楼层平面”命令，弹出“新建楼层平面”对话框，如图3.2.9所示。在列表中选择“-1F”，单击“确定”按钮，在项目浏览器中创建新的楼层平面“-1F”，并自动打开“-1F”作为当前视图。

学习笔记

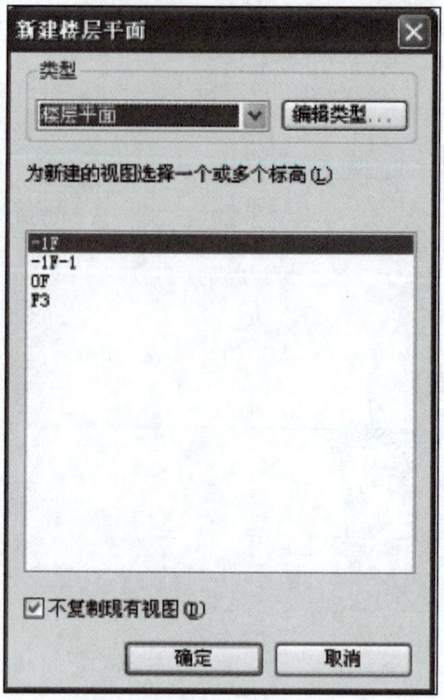

图3.2.9 “新建楼层平面”对话框

在项目浏览器中双击“立面（建筑立面）”项下的“南立面”立面视图回到南立面中，发现标高“-1F”标头变成蓝色显示，此时保存文件。

习题巩固

1. 绝对标高以我国（　　）的平均海平面为零点，其他各地的标高都以它作为标准。

　A. 青岛黄海　　B. 舟山东海　　C. 天津渤海　　D. 西沙南海

2. 以下有关调整标高位置的方法最全面的是（　　）。

　A. 选择标高，出现蓝色的临时尺寸标注，单击尺寸修改其标高值

　B. 选择标高，直接编辑其标高值

　C. 选择标高，直接用鼠标拖动到相应的位置

　D. 以上皆可

3. “标高”命令可用于（　　）。

　A. 平面图　　B. 剖面图　　C. 透视图　　D. 立面图

4. 双击标高线的标高数字可以（　　）。

　A. 变更标高名称　　B. 修改标高数值

　C. 转向此楼层平面视图　　D. 删除立面视图

5. 在Revit中创建第一个标高1F后，复制1F标高到上方3 900处，生成的新标高名称为（　　）。

　A. 2F　　B. 1G　　C. 2G　　D. 以上都不对

学习笔记

学习评价

知识点：标高		日期：		
评价内容		学生自评	组内互评	教师评价
理论知识	1. 掌握创建标高的方法； 2. 掌握编辑标高的方法； 3. 熟悉标高的调整方法			
实践技能	1. 能通过“标高”按钮，完成手动绘制标高操作； 2. 能通过“复制”按钮，完成一次创建多条标高的操作			
学生提出的问题				
教师答疑				
总结收获				
学生签字				

学习笔记

3.3 轴　网

一、轴网的基础知识

1. 轴网的概念

视频

轴网

在绘制建筑平面图之前要先画轴网。轴网是由建筑轴线组成的网，是为了在建筑图纸中标示构件的详细尺寸，按照一般的习惯标准人为虚设的，习惯上标注在对称界面或截面构件的中心线上。

轴网由定位轴线（建筑结构中墙或柱的中心线）、标志尺寸（用以标注建筑物定位轴线之间的距离大小）和轴号组成。

2. 轴网的作用

轴网用于在平面视图中定位项目图元，有利于准确布置构件的位置，如可定位梁、柱、墙体等。轴网是建筑制图的主体框架，建筑物的主要支承构件按照轴网定位排列。

二、轴网的实际操作

1. 创建轴网

（1）绘制轴网。在“建筑”选项卡的“基准”面板中选择“轴网”命令，默认选择“直线”绘制模式，①号轴网的始末点自下而上，创建①号纵向轴网线。依次创建纵向轴网线后，同理，A号轴网的始末点自左向右，创建A号横向轴网线，依次完成所有纵向轴网线的绘制，最终完成轴网的创建操作。

（2）复制轴网。为了减少轴网创建的步骤，运用“复制”命令，一次性创建多条轴网线。首先选中一条轴网线，在弹出的修改面板中选择“复制”命令，在临时编辑栏中勾选“多个”和“约束”复选框，输入相应的轴网线间距，按【Enter】键即可完成纵、横轴网的创建操作。

2. 编辑轴网

（1）轴网端点显示。选择轴网线，勾选轴网末端出现的方框，可以显示末端编号，该操作可以控制显示当前选中的轴网线。若要控制所有轴网，可以选中轴网线后，单击属性面板中的“编辑类型”按钮，弹出“类型属性”对话框，在其中勾选“平面视图轴号端点1（默认）”和“平面视图轴号端点2（默认）”复选框即可，如图3.3.1所示。

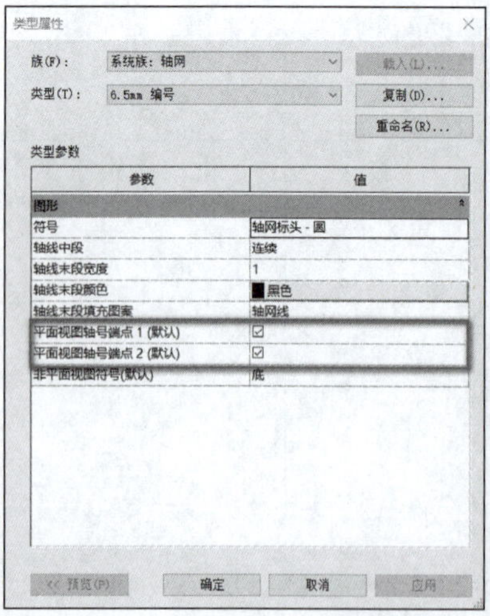

图3.3.1　轴网端点显示

（2）轴网中段。单击属性面板中的“编辑类型”按钮，弹出“类型属性”对话框，将“轴网中段”更改为“连续”，单击“确定”按钮，如图3.3.2所示。

（3）添加弯头。单击轴线，在轴网末端处出现“添加弯头”按钮，单击即可实现弯曲效果，通过拖动可以更改弯头的角度或还原设置。

学习笔记

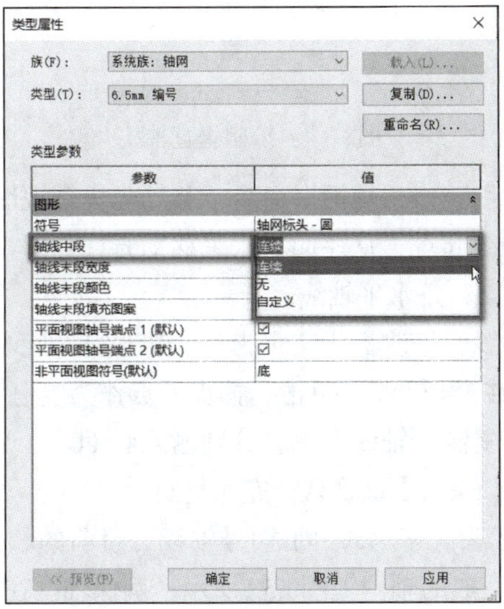

图3.3.2　轴网中段

技能训练

标高创建完成后，可以切换至任意平面视图（如楼层平面视图）创建和编辑轴网，轴网确定了一个不可见的工作平面，用于在平面视图中定位项目图元。轴网创建与编辑的具体步骤如下：

1. 创建轴网

在平面图中创建轴网，在项目浏览器中双击“楼层平面”项下的“F1”视图，打开首层平面视图。在“建筑”选项卡的“基准”面板中单击“轴网”按钮，选择“修改|放置 轴网”上下文选项卡“绘制”面板中的“直线”命令，如图3.3.3所示。

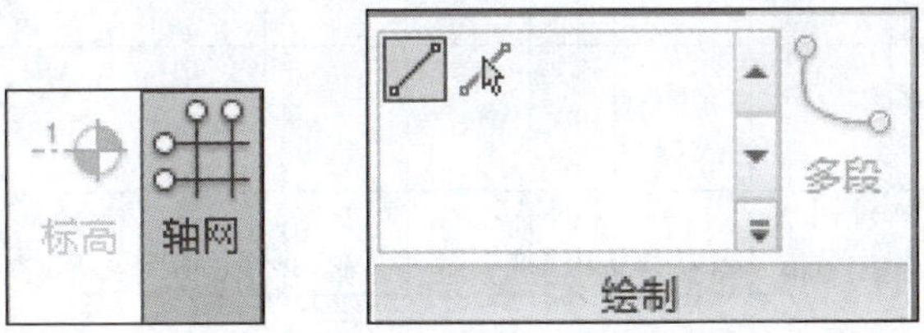

图3.3.3　创建轴网

绘制第一条垂直轴线，轴号为1，并利用“复制”命令创建2~8号轴线。单击选中1号轴线，移动光标在1号轴线上单击一点，然后水平向右移动光标，输入间距值1 200后按【Enter】键确认并复制2号轴线。保持光标位于新复制的轴线右侧，分别输入4 300、1 100、1 500、3 900、3 900、600、2 400后按【Enter】键确认，复制3~9号轴线。选择8号轴线，标头文字变为蓝色，输入“1/7”后按【Enter】键确认，将8号轴线改为附加轴线。同理选择后面的9号轴线，修改标头文字为“8”。绘制垂直轴线的结果如图3.3.4所示。

学习笔记

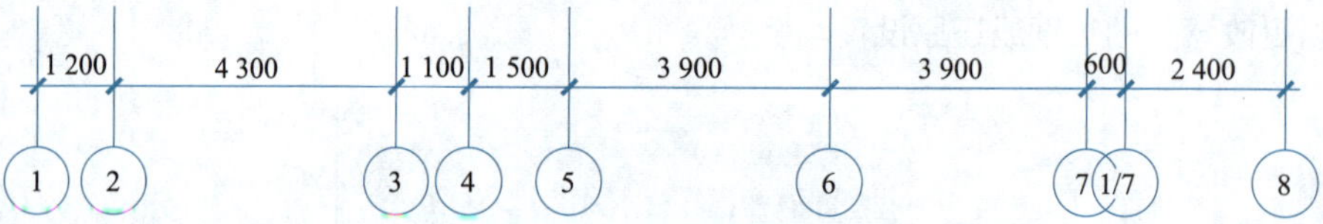

图3.3.4 绘制垂直轴线

在菜单栏中选择“常用”→“轴网”命令，移动光标到视图中1号轴线标头左下方位置单击，捕捉一点作为轴线起点，从左向右水平移动光标到8号轴线右侧一段距离后再次单击，捕捉轴线终点创建第一条水平轴线。

选择刚创建的水平轴线，修改标头文字为A，创建A号轴线。利用“复制”命令，创建B~I号轴线。移动光标在A号轴线上单击，捕捉一点作为复制参考点，然后垂直向上移动光标，保持光标位于新复制的轴线右侧，分别输入4 500、1 500、4 500、900、4 500、2 700、1 800、3 400后按【Enter】键确认，完成复制。

选择I号轴线，修改标头文字为J，创建J号轴线（目前的软件版本还不能自动排除I、O、Z等轴线编号）。创建完成的轴网如图3.3.5所示，确保轴网在四个立面符号范围内并保存文件。

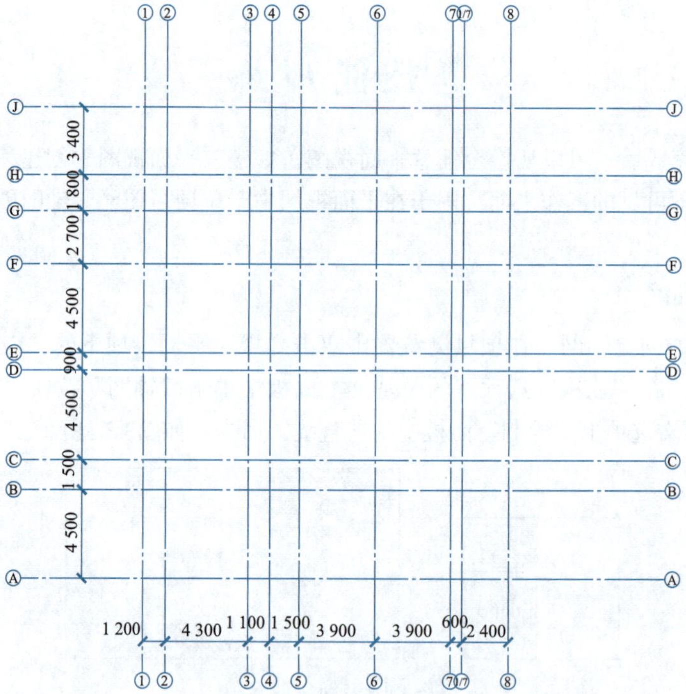

图3.3.5 创建完成的轴网

2. 编辑轴网

创建轴网后，需要在平面图和立面视图中手动调整轴线标头的位置，修改7号和1/7号轴线、D号和E号轴线标头干涉等，以满足出图需求。通过单击“添加弯头”按钮，偏移D号轴、1/7号轴线标头，如图3.3.6所示。

在项目浏览器中双击“立面（建筑立面）”项下的“南立面”进入南立面视图，使用上述编辑标高和轴网的方法，调整标头位置、添加弯头，编辑完成的轴网如图3.3.7所示。

学习笔记

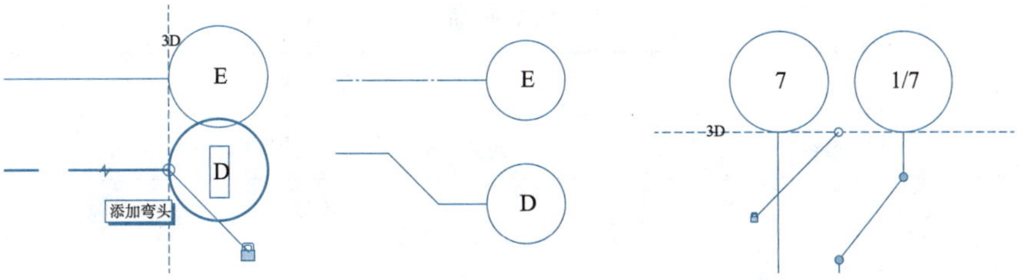

图3.3.6　编辑轴网

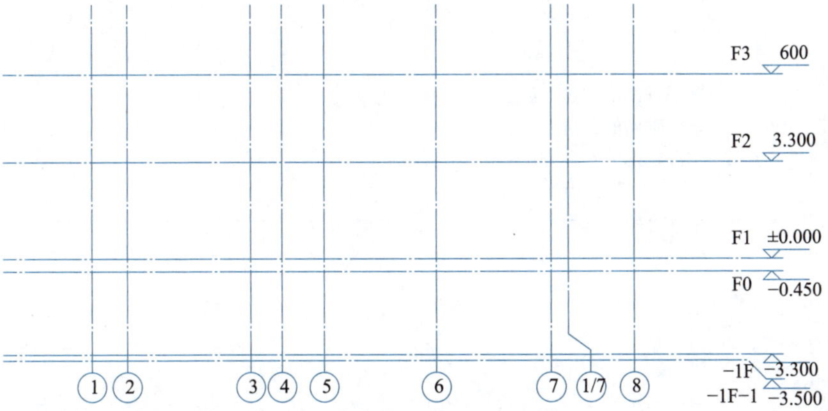

图3.3.7　编辑完成的轴网

使用同样方法调整东立面和西立面视图的标高和轴网，至此标高和轴网创建完成，注意保存文件。

习题巩固

1. Revit中轴网的创建方法有三种，其中不包括（　　）。

A. 线　　B. 三点画弧　　C. 从圆心和端点创建弧　　D. 椭圆

2. 绘制轴网编号为5的轴网后将其删除，删除后再次绘制一条轴网，则新绘制的轴网编号是（　　）。

A. 5　　B. 6　　C. 7　　D. 5-1

3. 在Revit中，下列关于轴网的说法正确的是（　　）。

A. 轴网编号自动屏蔽I、O符号　　B. 轴线中段可以选择连续或无

C. 轴网编号可以使用中文　　D. 以上皆是

4. 系统族轴网的“类型属性”对话框中不包括（　　）参数。

A. 轴线中段长度　　B. 轴线中段颜色　　C. 轴线末段颜色　　D. 轴线中段

5. 下列关于自定义轴网类型的说法正确的是（　　）。

A. 可修改整个轴线的线颜色、线宽和填充图案

B. 隐藏轴线的轴线中段以创建间隙，这样将仅在视图中显示轴线末段

C. 使用与轴线末段不同的线颜色、线宽和填充图案以显示轴线的轴线中段

D. 以上皆是

学习笔记

学习评价

知识点：轴网			日期：	
评价内容		学生自评	组内互评	教师评价
理论知识	1. 理解轴网的概念； 2. 了解轴网的作用			
实践技能	1. 掌握轴网的创建方法； 2. 掌握轴网的编辑方法； 3. 掌握轴网的删除方法			
学生提出的问题				
教师答疑				
总结收获				
学生签字				

学习笔记

3.4　墙　　体

视 频

墙体

一、墙体的基础知识

1. 墙体的概念

墙在建筑学上指一种垂直向的空间隔断结构，用于围合、分割或保护某一区域，是建筑设计中最重要的元素之一。

2. 墙体的分类

（1）按墙在建筑物中的位置可将墙分为外墙和内墙，分隔房间的内墙又称隔墙。外墙为建筑四周的墙体，和外界空气有直接接触，一般比内墙厚。内墙在室内承担分隔作用，没有和外界接触的墙体，即外墙以外的墙都称为内墙。

（2）按墙在建筑物中的受力情况可将墙分为承重墙和非承重墙。承重墙保证了房屋的安全，是支承整个建筑的脊骨，因此不能拆除或改造，否则会影响整个房间的稳定性。非承重墙为不承受上部荷载的墙，可以拆除或改造，对建筑基本没有影响。

3. 墙体的作用

一方面作为建筑物的外维护结构提供足够优良的防水、防风、保温、隔热功能，为室内环境提供保护；另一方面墙也是建筑师进行空间划分的主要手段，用于满足建筑功能和对空间的要求。

二、墙体的实际操作

1. 启动创建墙体的工具

可在“建筑”选项卡的“构建”面板下选择使用“墙”工具。

2. 墙体的属性

（1）墙体结构。在属性面板中单击“编辑类型”按钮，在弹出的“类型属性”对话框中单击“构造”列表中的对应结构，弹出“编辑部件”对话框（见图3.4.1），在其中对墙体结构进行编辑，如墙体每层的位置、功能、厚度和材质等。

“编辑部件”对话框中的墙体部件参数包括：

①面层1[4]：代表墙体表面外层。

②保温层/空气：代表隔绝和防止空气渗透的一层。

③涂膜层：代表防止水蒸气渗透的薄膜层。

④结构[1]：代表支承其余墙体、楼板或屋顶的一层。

⑤面层2[5]：代表内层。

⑥衬底[2]：代表作为其他材质基础的材质层。

（2）墙体的定位线。指墙体绘制的基准线，启动“墙”工具或选中墙体后，可以在墙体属性或“墙选项栏定位线”下拉菜单中选择。墙体定位方式包括：墙中心线、核心层中心线、面层面：外部、面层面：内部、核心面：外部和核心面：内部六种方式，如图3.4.2所示。

学习笔记

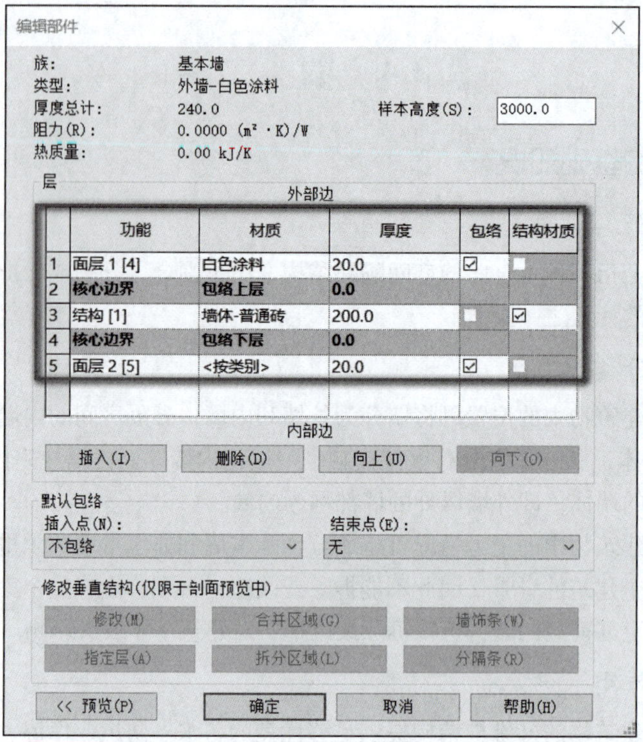

图3.4.1 “编辑部件”对话框

（3）墙类型选择器。启动“墙”工具或选中墙体后，可在属性面板中按照项目中的需求选择相应的墙体类型，如图3.4.3所示。

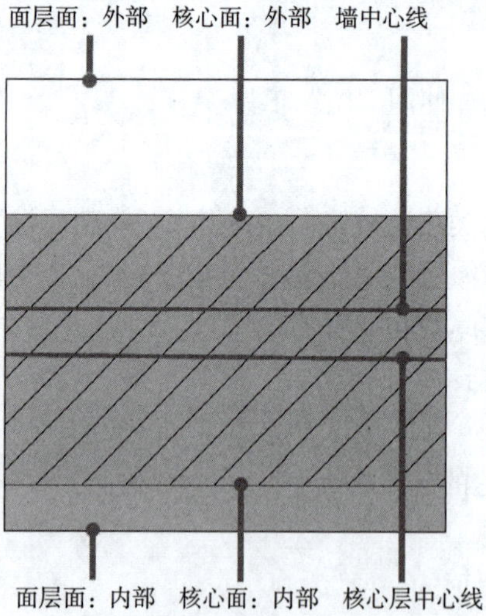

图3.4.2 墙体的定位线

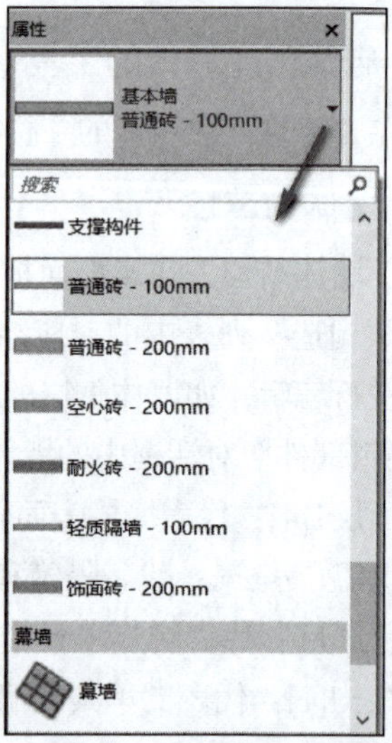

图3.4.3 墙类型选择器

（4）底部限制条件和顶部约束可定义墙的底部和顶部标高，其中顶部约束不能低于底部限制条件。

（5）底部偏移和顶部偏移是相对应底部标高和顶部标高进行偏移的高度，由这四个参数控制墙体的总高度。

学习笔记

3. 绘制墙体

（1）绘制方式。启动“墙”工具，在“修改|放置 墙”上下文选项卡的“绘制”面板中，可选择“直线”“矩形”“多边形”“起点-终点-半圆弧”等绘制墙的命令。

（2）绘制方法。顺时针绘制墙体，即自右向左、自下而上绘制墙体。

技能训练

完成了标高和轴网等定位依据的设计后，将从地下一层平面（-1F）开始绘制墙体，墙体作为建筑物的重要组成部分，可以承受由风荷载或地震作用引起的水平荷载和竖向荷载，还可起到维护和分隔空间的作用，同时也是门、窗等建筑构件的承载主体。墙体创建与编辑的具体步骤如下：

1. 地下一层外墙的绘制

在项目浏览器中双击“楼层平面”项下的“-1F”，打开地下一层平面视图。在菜单栏中选择“常用”→“墙”→“基本墙：剪力墙”命令，将属性面板中的实例参数“底部限制条件”设置为“-1F-1”，“顶部约束”设置为“直到标高F1”。

进入绘制面板，选择“直线”命令，移动光标单击E轴和2轴交点作为绘制墙体起点，顺时针单击E轴和1轴交点、F轴和1轴交点、F轴和2轴交点、H轴和2轴交点、H轴和7轴交点、D轴和7轴交点以绘制上半部分墙体，如图3.4.4所示。

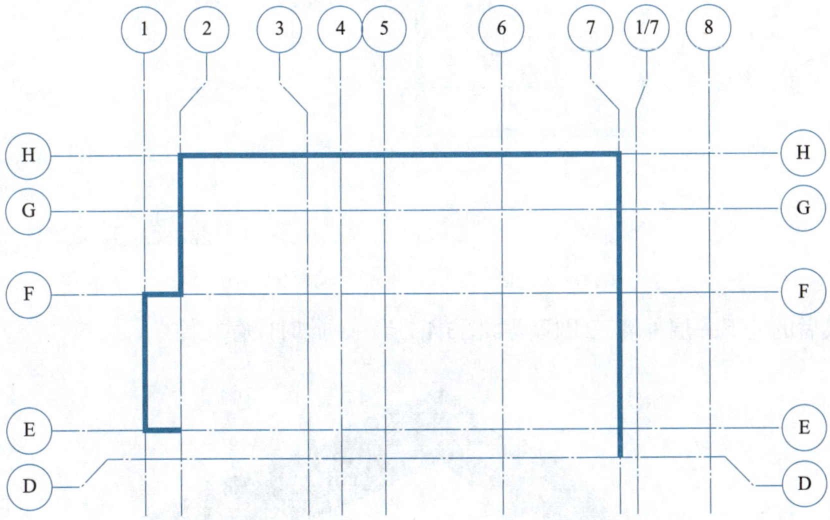

图3.4.4　地下一层上半部分墙体的绘制

选择“基本墙-普通砖200 mm”选项，单击“编辑类型”进入类型属性面板，单击“复制”按钮，设置名称为“外墙饰面砖”，单击“确定”按钮。此时构造层和限制条件设置如图3.4.5所示。

选择“基本墙：外墙饰面砖”→“绘制”→“直线”命令，移动光标单击E轴和2轴交点作为绘制墙体起点，然后将光标垂直向下移动，输入8 280并按【Enter】键确认；将光标水平向右移动到5轴并单击，继续单击E轴和5轴交点、E轴和6轴交点、D轴和6轴交点、

学习笔记

D轴和7轴交点绘制下半部分外墙，如图3.4.6所示。按住【Ctrl】键，选中刚绘制完成的墙面，按【Space】键，翻转墙面。

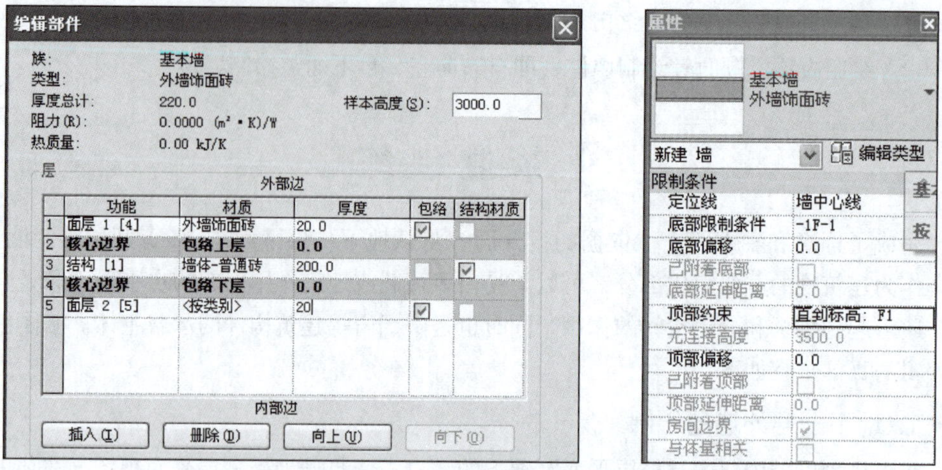

图3.4.5　墙体结构和限制条件设置

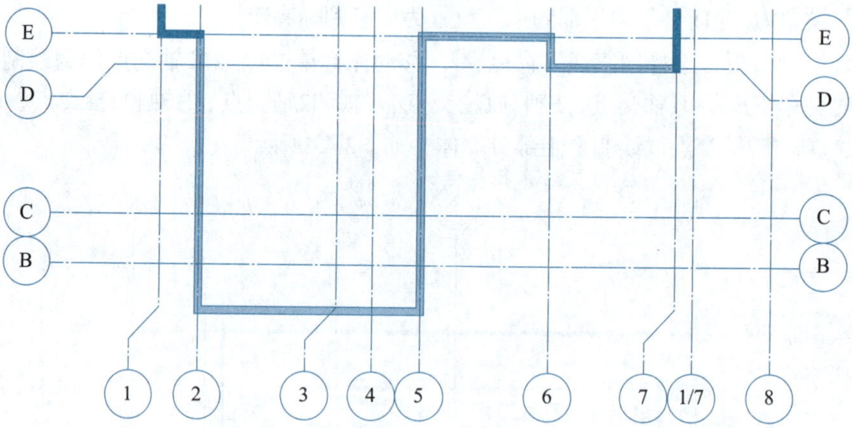

图3.4.6　地下一层下半部分墙体的绘制

完成后的地下一层外墙三维模型如图3.4.7所示，此时保存文件。

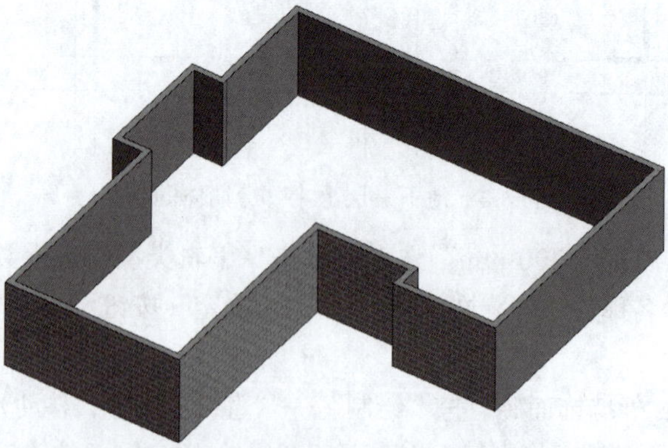

图3.4.7　地下一层外墙三维模型

学习笔记

2. 地下一层内墙的绘制

在菜单栏中选择“建筑”→“墙”→“普通砖-200 mm”→“绘制”→“直线”→“定位线：墙中心线”命令，设置实例参数“底部限制条件”为“-1F”，“顶部约束”为“直到标高：F1”。按图3.4.8所示内墙位置捕捉轴线交点，绘制“普通砖-200 mm”地下一层内墙。

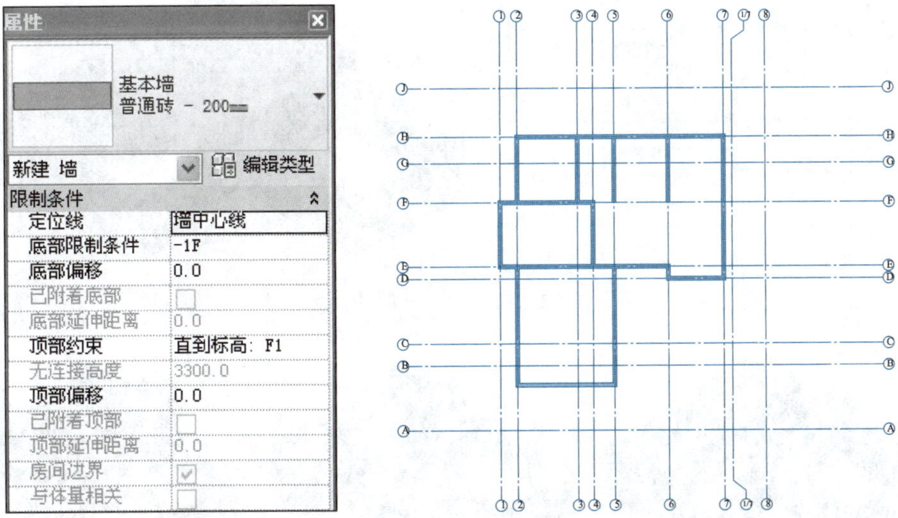

图3.4.8　地下一层200 mm内墙的绘制

在属性面板中选择“基本墙：普通砖-100 mm”类型，“定位线”选择“面层面：外部”，设置实例参数“底部限制条件”为“-1F”，“顶部约束”为“直到标高：F1”。按图3.4.9所示内墙位置捕捉轴线交点，绘制“普通砖-100 mm”地下一层内墙。

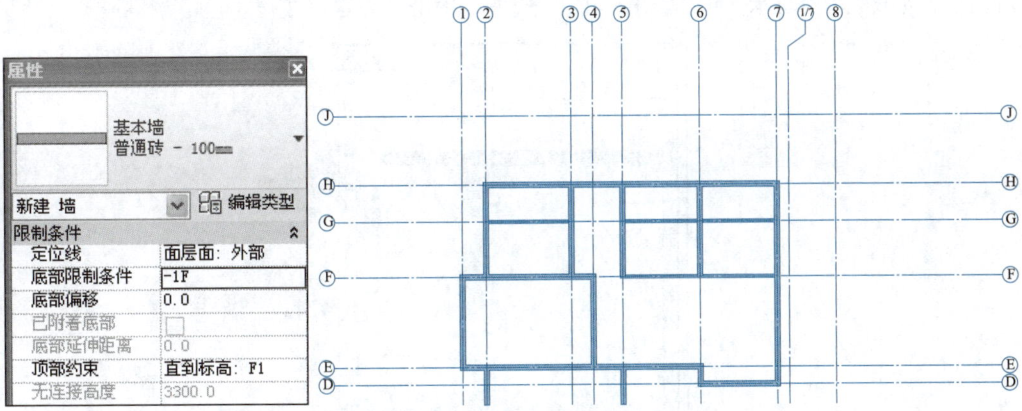

图3.4.9　地下一层100 mm内墙的绘制

完成后的地下一层墙体如图3.4.10所示，此时保存文件。

3. 复制地下一层外墙

创建地下一层外墙后，切换到三维视图，将光标放在地下一层的外墙上，高亮显示后按【Tab】键，所有外墙将全部高亮显示，单击，地下一层外墙将全部选中，构件亮显，如图3.4.11所示。

学习笔记

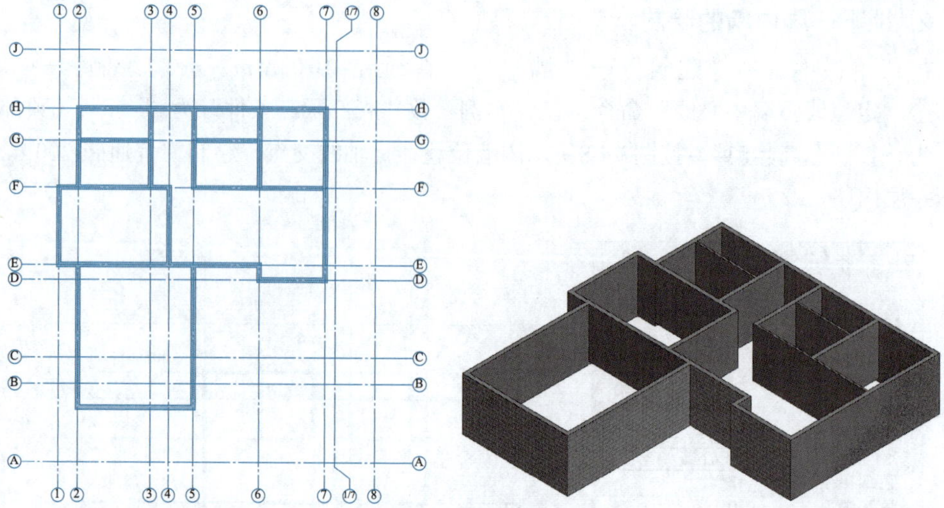

图3.4.10　地下一层墙体

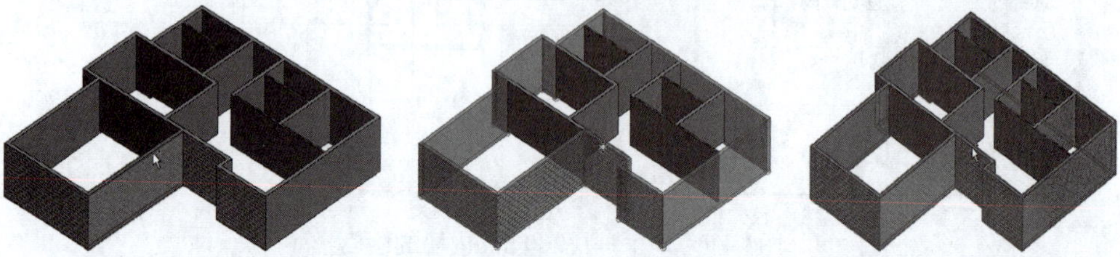

图3.4.11　选中所有地下一层外墙

在菜单栏中选择“修改”→“复制到剪贴板”命令，将所有构件复制到剪贴板中备用。在菜单栏中选择“修改”→“粘贴”→“按选定标高对齐”命令，弹出“选择标高”对话框，如图3.4.12所示。单击选择“F1”选项，单击“确定”按钮。

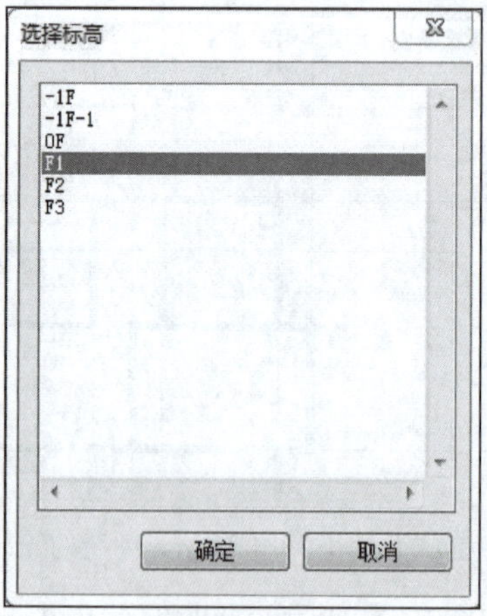

图3.4.12　“选择标高”对话框

地下一层平面的外墙都被复制到首层平面，在首层平面图外墙选中的状态下，将属性面板中的“顶部偏移”参数200 mm改为0 mm，保证首层外墙高度为3 300 mm，如图3.4.13所示。

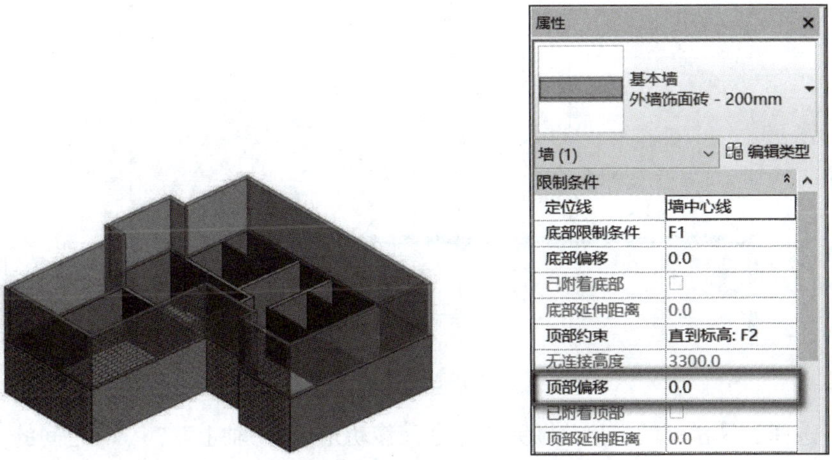

图3.4.13　墙体顶部偏移值调整

4. 编辑首层外墙

1）编辑B轴下水平墙体

选择工具栏中的“对齐”命令，移动光标单击B轴线作为对齐目标位置，再移动光标到B轴下方的墙上，按住【Tab】键的同时单击拾取墙的中心线位置，移动墙的位置，使其中心线与B轴对齐，如图3 .4 .14所示。

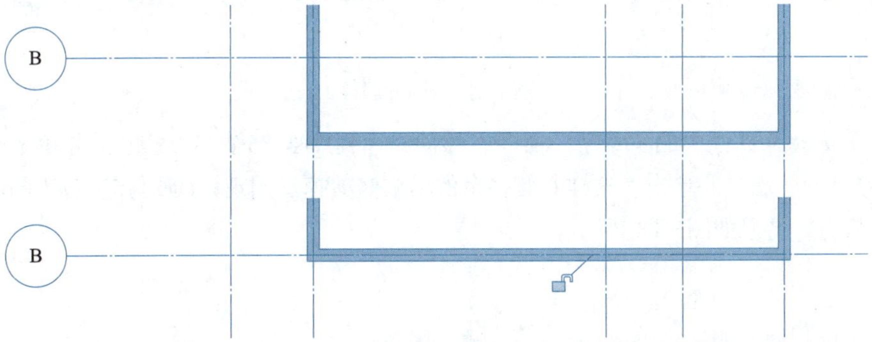

图3.4.14　调整外墙位置

2）编辑5轴、6轴和H轴、G轴交汇处墙体

（1）选择工具栏中的“建筑”→“墙”命令，在属性面板中选择“外墙-机刨横纹灰白色花岗石墙面”类型。

（2）设置实例参数“底部限制条件”为“F1”,“顶部约束”为“直到标高：F2”，如图3.4.15所示。

（3）进入F1平面，单击“墙”按钮激活“绘制”面板，“定位线”选择“墙中心线”，移动光标并单击H轴和5轴交点作为绘制墙体起点，然后逆时针单击G轴与5轴交点、G轴与6轴交点、H轴与6轴交点，绘制三面墙体，位置如图3.4.16所示。

（4）再选择“对齐”命令，按上述方法，将G轴墙的外边线与G轴对齐。

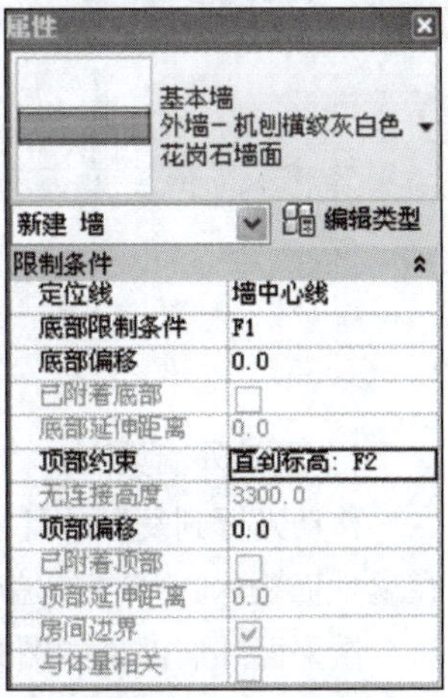

图3.4.15　设置参数

学习笔记

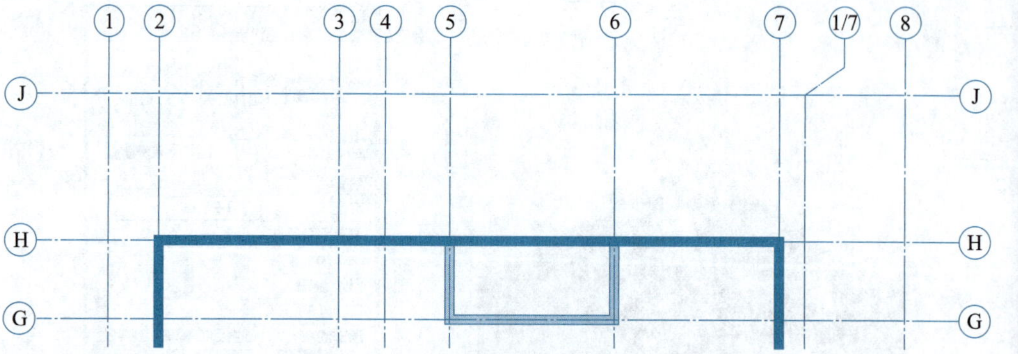

图3.4.16 绘制墙体

（5）选择工具栏中的“拆分图元”命令，移动光标到H轴上墙5、6轴之间的任意位置并单击，将墙拆分为两段，如图3.4.17所示。

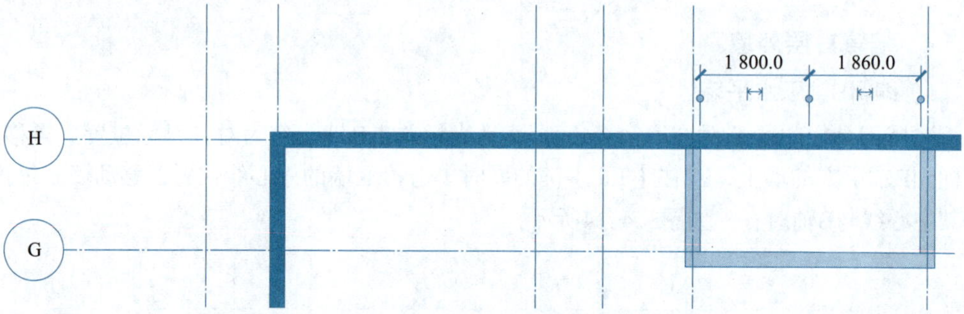

图3.4.17 拆分墙体

（6）选择工具栏中的“修剪”命令，移动光标到H轴与5轴左边的墙上并单击，再移动光标到5轴的墙上并单击，这样右侧多余的墙被修剪掉。同理，H轴与6轴右边的墙也用此方法修剪，结果如图3.4.18所示。

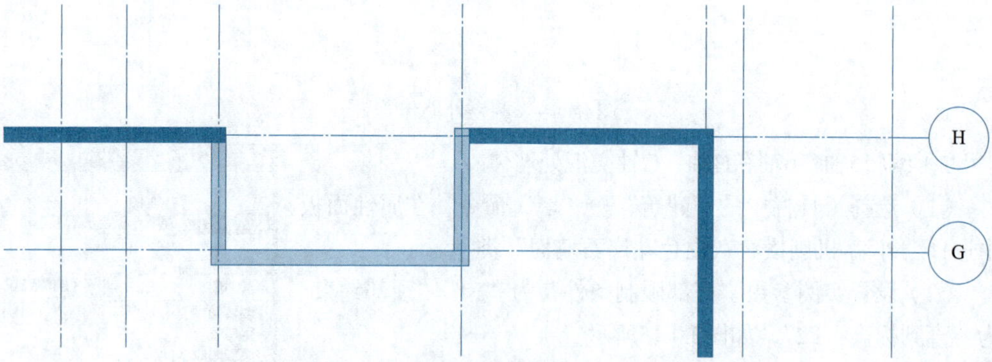

图3.4.18 修剪墙体

3）更新外墙类型

移动光标到复制的外墙上，按【Tab】键，当所有外墙链亮显时单击，选中所有外墙，在属性面板中选择“外墙-机刨横纹灰白色花岗石墙面”类型，更新所有外墙类型。更新后一层平面外墙部分如图3.4.19所示，此时保存文件。

学习笔记

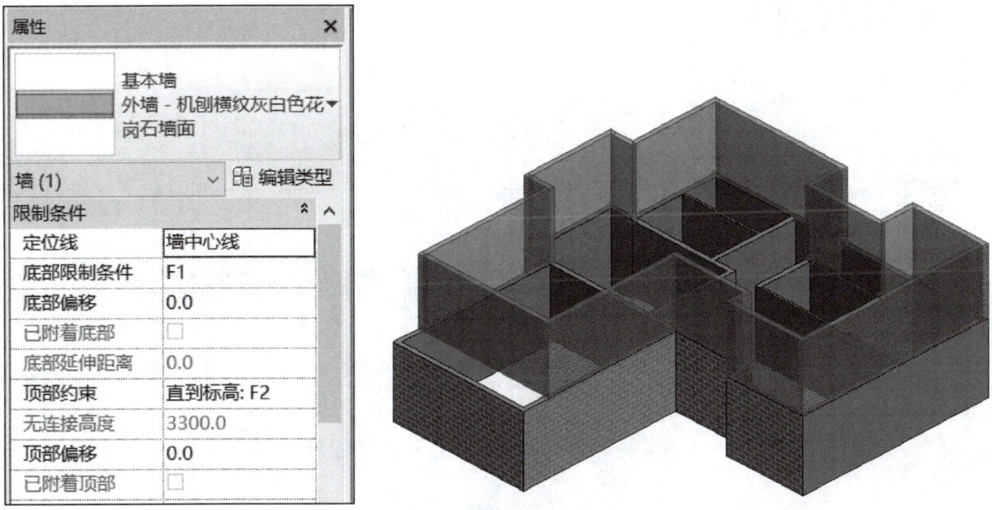

图3.4.19　更新外墙类型

5. 绘制首层内墙

继续绘制首层平面内墙。

（1）在菜单栏中选择“建筑”→“墙”命令，在属性面板中选择“普通砖-200 mm”类型，“定位线”选择“墙中心线”。

（2）设置实例参数“底部限制条件”为“F1”，“顶部约束”为“直到标高：F2”，如图4.3.20所示，绘制地上一层200 mm内墙。

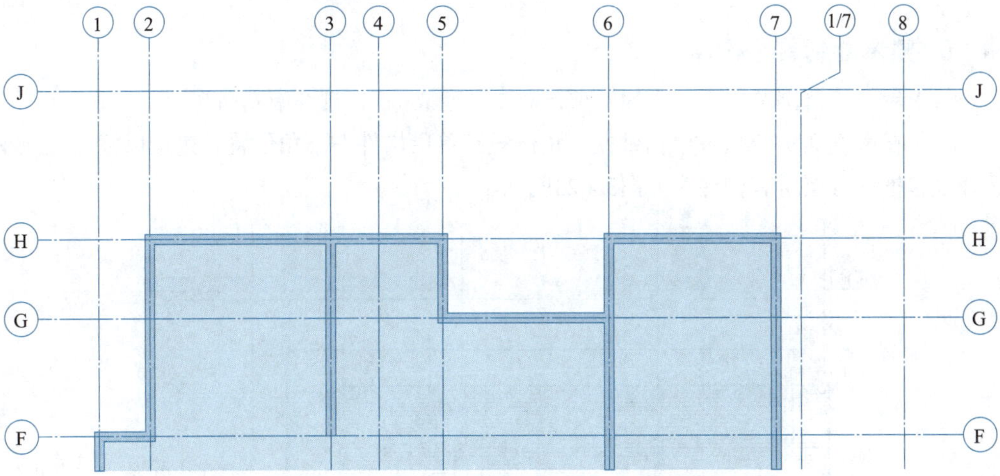

图3.4.20　地上一层200 mm内墙的绘制

（3）在属性面板中选择“普通砖-100 mm”类型，在选项栏中选择“绘制”命令。

（4）设置实例参数“底部限制条件”为“F1”，“顶部约束”为“直到标高：F2”，绘制结果如图3.4.21所示。

（5）完成后的地上一层墙体三维模型如图3.4.22所示，此时保存文件。

学习笔记

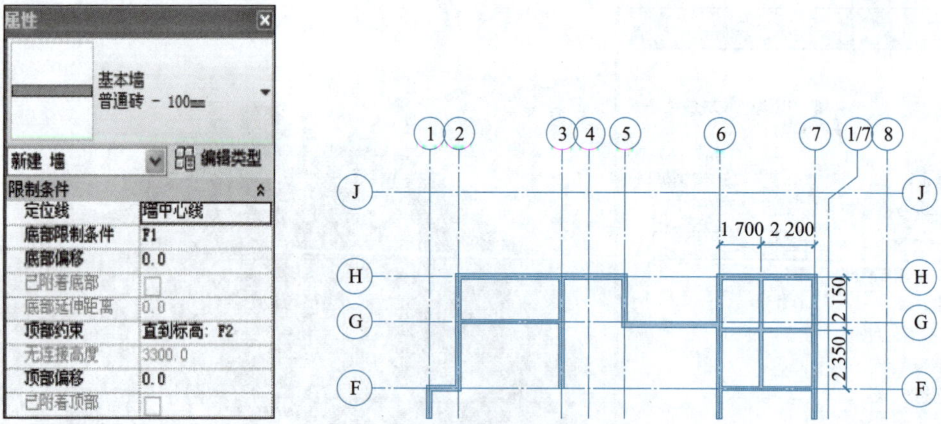

图3.4.21　地上一层100 mm内墙的绘制

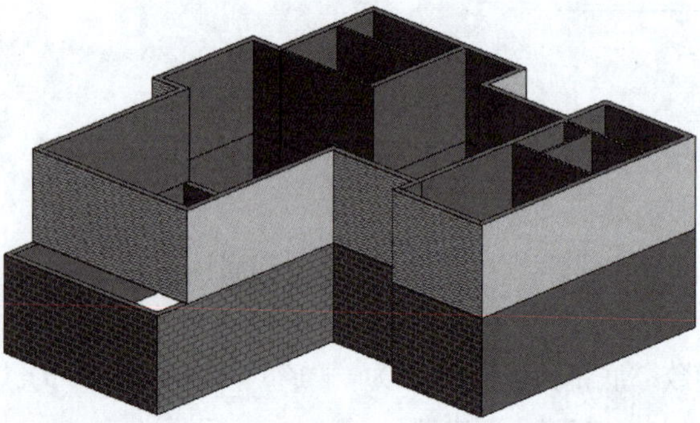

图3.4.22　地上一层墙体三维模型

6. 整体复制首层构件

（1）展开项目浏览器下“立面”项，双击“南立面”，打开南立面视图。

（2）在南立面中，从首层构件左上角位置到首层构件右下角位置，按住鼠标左键拖动选择框，框选首层所有构件，如图3.4.23所示。

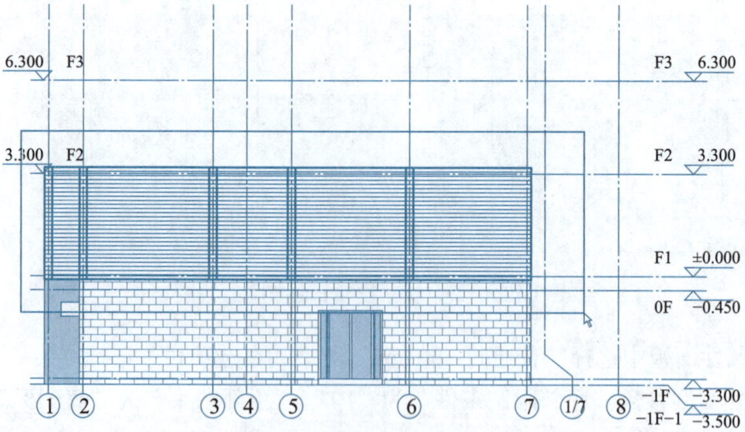

图3.4.23　框选首层构件

（3）在菜单栏中选择“修改”→“复制到剪贴板”命令，将首层平面的所有构件复制到剪贴板中备用。

学习笔记

（4）在菜单栏中选择“粘贴”→“与选定标高对齐”命令，选择标高“F2”，首层平面所有构件都被复制到二层平面，如图3.4.24所示。

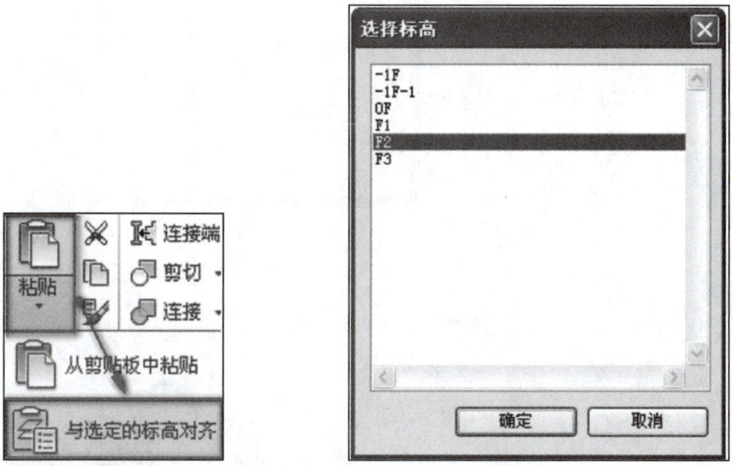

图3.4.24　墙体复制

7. 编辑二层外墙

（1）打开F2平面视图，调整外墙位置。选择工具栏中的“对齐”命令，如图3.4.25所示，移动光标并单击C轴线作为对齐目标位置，再移动光标到B轴的墙上，按【Tab】键并单击墙的中心线位置，移动墙的位置使其中心线与B轴对齐，如图3.4.26所示。若提示错误，则在弹出的对话框中单击“删除图元”按钮，如图3.4.27所示。

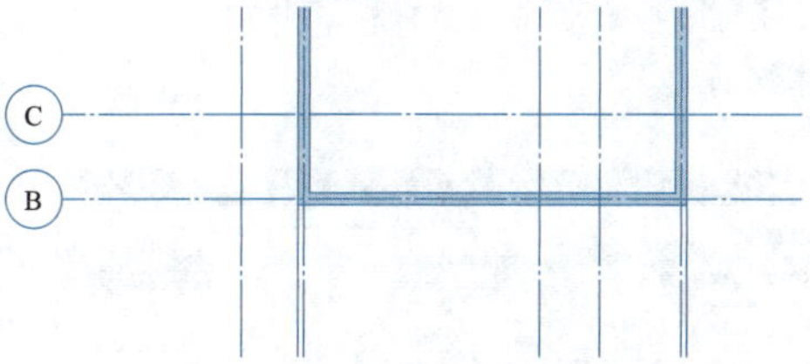

图3.4.25　墙体对齐

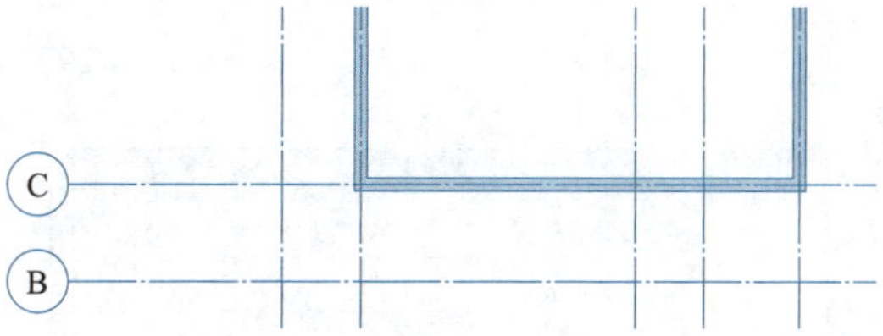

图3.4.26　墙体对齐后效果

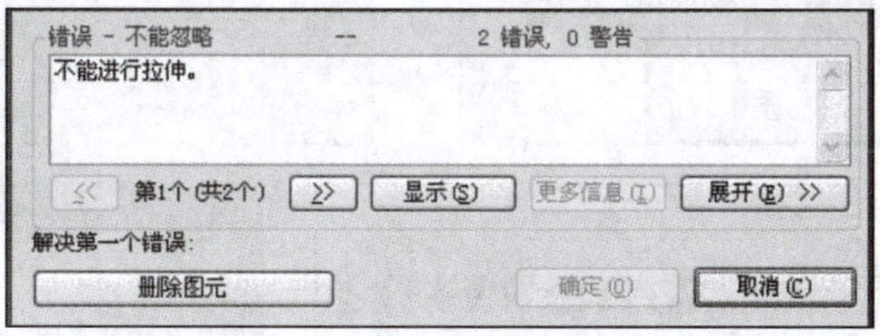

图3.4.27　提示错误对话框

（2）同理，以4轴线作为对齐目标位置，对5轴线上的墙拾取墙中心线，使其对齐至4轴线，如图3.4.28所示。

（3）其余部分外墙可以通过工具栏中的“修剪”命令修改墙的位置，如图3.4.29所示。

（4）新建外墙“基本墙：外墙-白色涂料”，选择二层外墙，在属性面板中将墙体替换为“基本墙：外墙-白色涂料”，更新所有外墙类型。单击选项栏中的“属性”按钮，设置二层墙体的“顶部约束”为“直到标高：F3”，如图3.4.30所示。

学习笔记

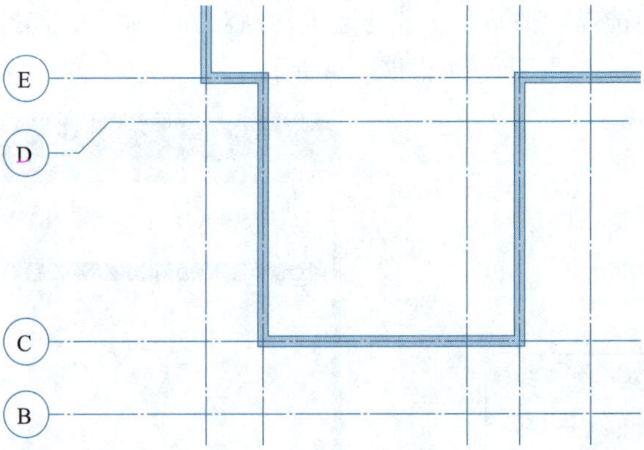

图3.4.28　墙体对齐

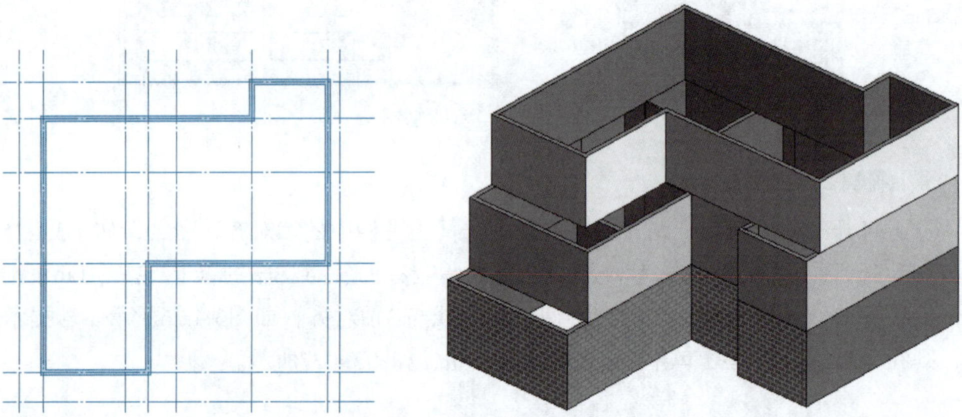

图3.4.29　墙体修剪

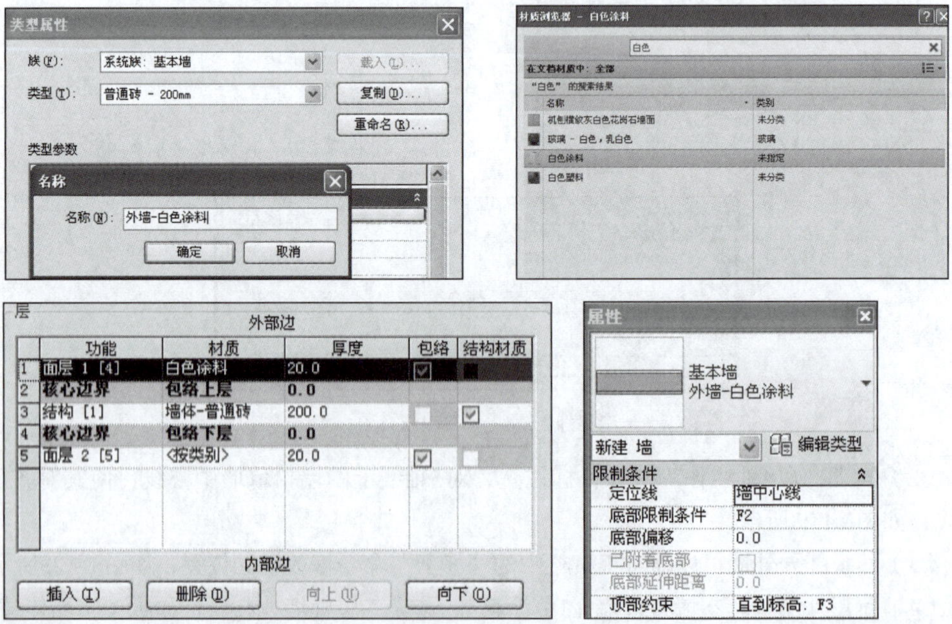

图3.4.30　墙体属性编辑

学习笔记

8. 绘制二层内墙

（1）打开F2平面视图，在菜单栏中选择“建筑”→“墙”命令，在属性面板中选择“基本墙：普通砖-200 mm”类型，设置实例参数“底部限制条件”为“F2”，“顶部约束”为“直到标高：F3”，“定位线”选择“墙中心线”，按图3.4.31所示位置绘制“普通砖-200 mm”内墙。

（2）在属性面板中选择“基本墙：普通砖-100 mm”，选择“绘制”命令，设置属性参数“底部限制条件”为“F2”，“顶部约束”为“直到标高：F3”，按图3.4.32所示绘制“普通砖-100 mm”内墙。

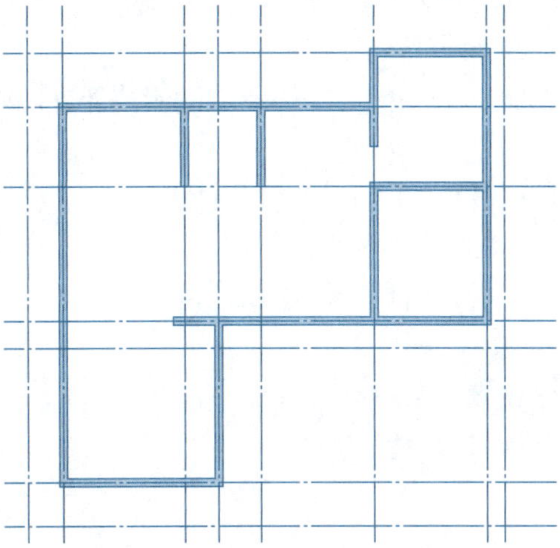

图3.4.31　地上二层200 mm内墙位置

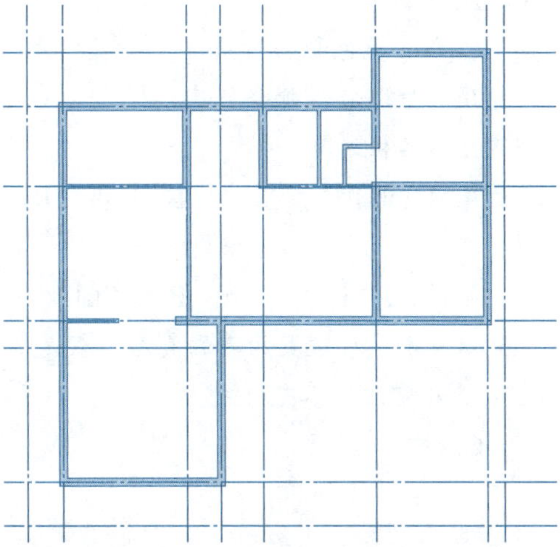

图3.4.32　地上二层100 mm内墙位置

（3）完成后的二层墙体如图3.4.33所示，此时保存文件。

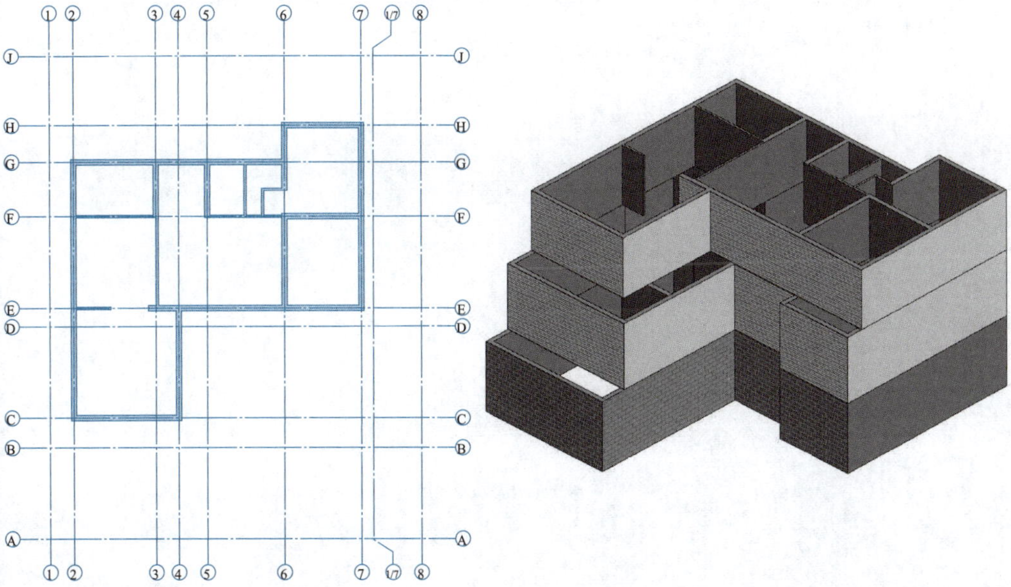

图3.4.33　地上二层墙体

学习笔记

习题巩固

1. 由于Revit中有内墙面和外墙面之分，最好按照（　　）方向绘制墙体。

A. 顺时针　　B. 逆时针

C. 根据建筑的设计决定　　D. 顺时针逆时针都可以

2. 在绘制墙时，要使墙的方向在外墙和内墙之间翻转，实现方法为（　　）。

A. 单击墙体　　B. 双击墙体

C. 单击蓝色翻转箭头　　D. 按【Tab】键

3. 用“拾取墙”命令创建楼板，按（　　）键切换选择，可一次性选中所有外墙，单击即可生成楼板边界。

A.【Tab】　　B.【Shift】　　C.【Ctrl】　　D.【Alt】

4. 在平面视图中放置墙时，按（　　）键可以翻转墙体内外方向。

A.【Shift】　　B.【Ctrl】　　C.【Alt】　　D.【Space】

5. 以下不是可设置的墙的类型参数是（　　）。

A. 粗略比例填充样式　　B. 复合层结构

C. 材质　　D. 连接方式

学习笔记

学习评价

知识点：墙体			日期：	
评价内容		学生自评	组内互评	教师评价
理论知识	1. 掌握建筑墙的绘制步骤； 2. 掌握墙体的修改方法			
实践技能	1. 能够使用“墙”命令创建内外墙； 2. 能够使用“对齐”命令修改墙体位置； 3. 能够使用“过滤器”“复制到剪贴板”“粘贴”“与选定的标高对齐”等命令快速创建墙体			
学生提出的问题				
教师答疑				
总结收获				
学生签字				

学习笔记

视频 楼板

3.5 楼　　板

一、楼板的基础知识

1. 楼板的概念

楼板指建筑物内部从一个楼层到另一个楼层之间的地面，是建筑物中用于支承楼层和承载荷载的水平结构，作为建筑物的承重结构之一，承受水平方向的竖直荷载，能在高度方向将建筑物分隔为若干层，用于划分空间区域。

楼板属于系统族，不可以自己单独以样板进行建立，只需要利用软件自带的系统族即可。Revit可以根据墙创建楼板边界轮廓线以自动创建楼板，在楼板和墙体之间保持关联关系，当墙体位置改变后，楼板也会自动更新。

2. 楼板的分类

（1）根据材料不同，可分为木楼板、砖拱楼板、钢筋混凝土楼板、压型钢板与钢梁组合的楼板等。

（2）根据施工方式不同，可分为现浇式楼板和装配式楼板。

（3）根据结构形式不同，可分为板式楼板、梁板式楼板、井式楼板、无梁楼板等。

（4）根据受力特点不同，可分为单向楼板和双向楼板。

3. 楼板的作用

楼板起到分担楼层荷载的作用，使其均匀分布到支撑结构上，同时也起着重要的承重、承压、隔水、隔音、隔热、防火等作用。

二、楼板的实际操作

1. 创建楼板

在绘制某层楼板时，应先打开相应的楼层平面，在“建筑”选项卡下选择“构建”→“楼板”→“楼板：建筑”命令，如图3.5.1所示。

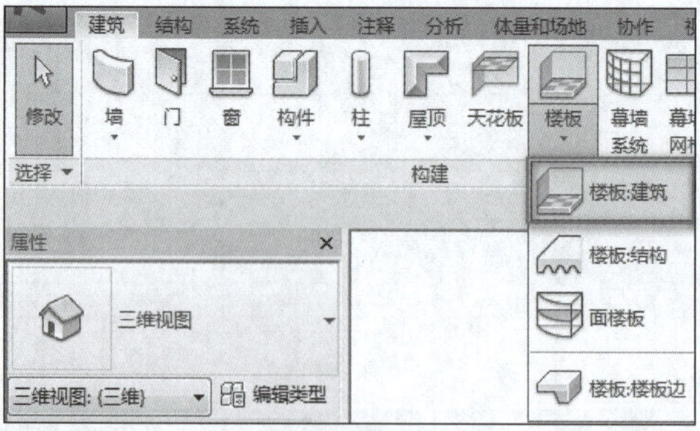

图3.5.1　楼板类型选择

此时激活“修改|创建楼层边界”上下文选项卡，在属性面板中选择所需的楼板类型，使用边界线在平面视图中绘制封闭的楼板轮廓，如图3.5.2所示，也可以选择“拾取墙”命

学习笔记

令，完成楼板轮廓的绘制。

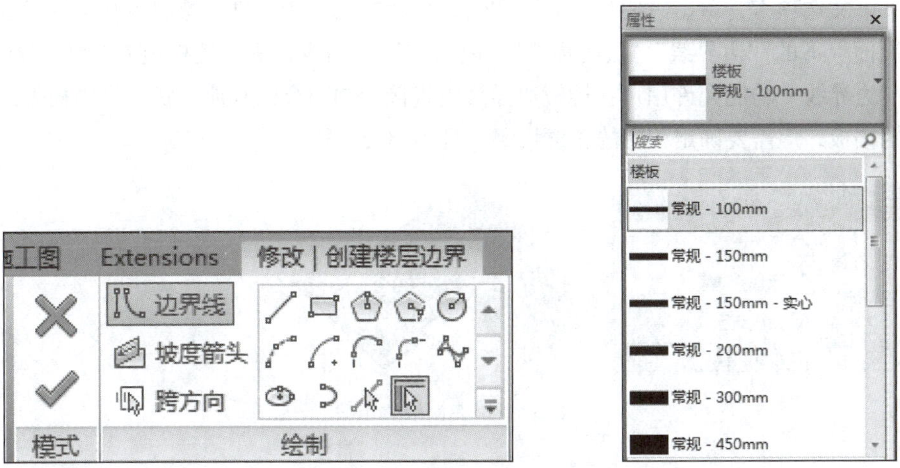

图3.5.2　通过边界线创建楼板边界

若发现属性面板中选择的楼板类型不合适，可以先选择默认的楼板，单击“编辑类型”按钮，弹出“类型属性”对话框。单击“复制”按钮可创建新的楼板类型，并重新命名该类型，如图3.5.3所示。还可以根据项目中建筑板的需要，在“编辑部件”对话框中修改该楼板的结构，进行插入面层及定义各面层材质操作，如图3.5.4所示，然后单击“确定”按钮，继续使用边界线进行楼板绘制。

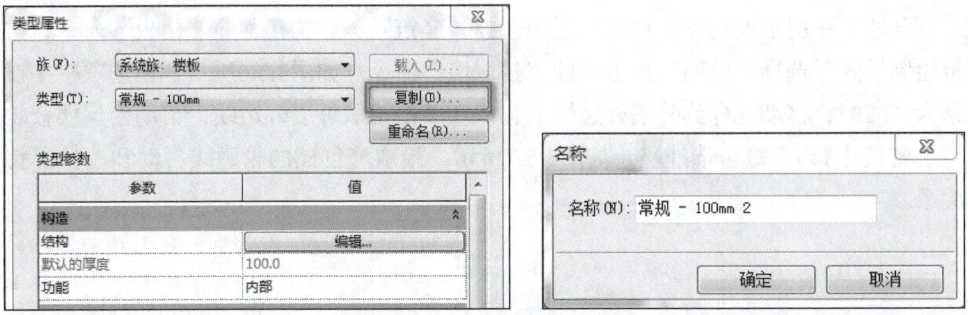

图3.5.3　创建新楼板类型

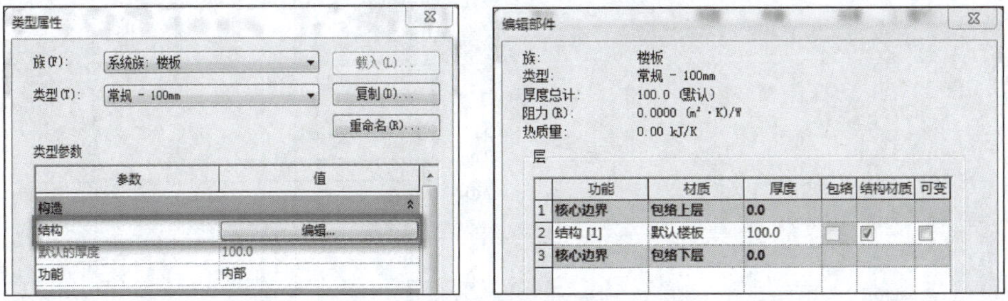

图3.5.4　编辑楼板结构

2. 编辑楼板

选中已绘制好的楼板，在属性面板中，可修改楼板所在的“标高”“自标高的高度偏移”等实例参数。

学习笔记

如果需要重新编辑楼板形状或其他属性，则可以选中已绘制的楼板，激活“修改|楼板”上下文选项卡，单击“编辑边界”按钮，如图3.5.5所示。进入绘制轮廓草图模式，选择绘制面板下的“边界线”“坡度箭头”“跨方向”等命令，进行楼板边界及坡度的修改。其中“边界线”功能允许用户在楼板边界线内直接绘制闭合的其他形状，将楼板修改为有洞口的楼板，但需要确定相应的轮廓均闭合且不相交。

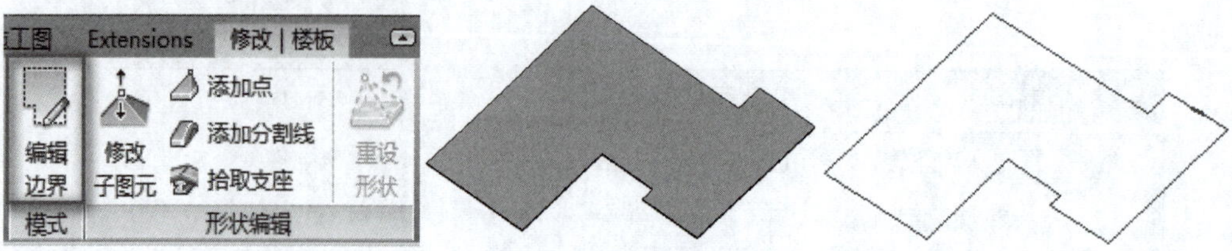

图3.5.5　楼板编辑边界

技能训练

楼板作为水平构件，可用于划分空间区域。利用Revit软件自带系统族，根据墙创建楼板边界轮廓线并自动创建楼板，在楼板和墙体之间保持关联关系，楼板会随墙体位置的移动而自动调整。楼板创建与编辑的具体步骤如下：

1. 创建地下一层楼板

打开地下一层平面视图，在菜单栏中选择“建筑”→“构建”→“楼板”命令，进入楼板绘制模式，选择“绘制”面板中的“拾取墙”命令。如图3.5.6所示，在选项栏中设置偏移为“-20”，移动光标到外墙外边线上，依次单击拾取外墙外边线，自动创建楼板轮廓线，或者按【Tab】键全选外墙，如图3.5.7所示。拾取墙创建的轮廓线自动和墙体保持关联关系。

图3.5.6　设置楼板边界偏移

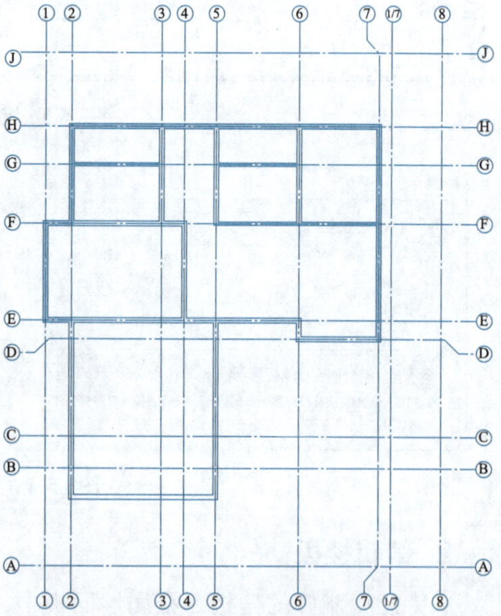

图3.5.7　地下一层楼板边界线

学习笔记

设置属性面板，如图3.5.8所示，选择楼板类型为“常规-200 mm”。单击“完成绘制”按钮创建地下一层楼板，在弹出的对话框（见图3.5.9）中单击“是”按钮，楼板与墙相交的地方将自动剪切。

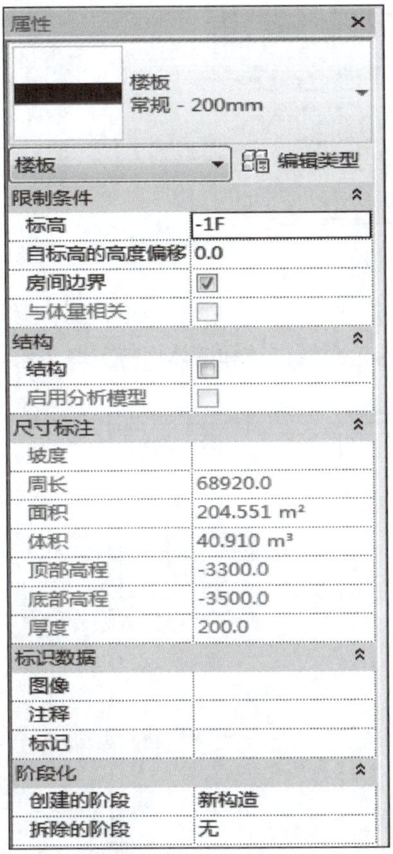

图3.5.8　楼板实例属性面板

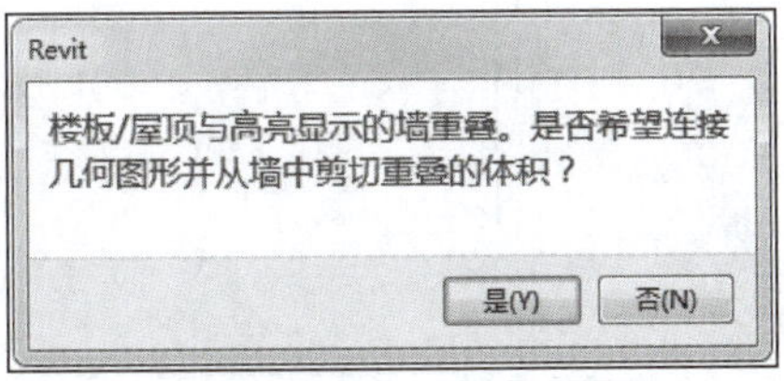

图3.5.9　确认对话框

地下一层楼板创建完成，其属性参数和三维模型如图3.5.10所示。

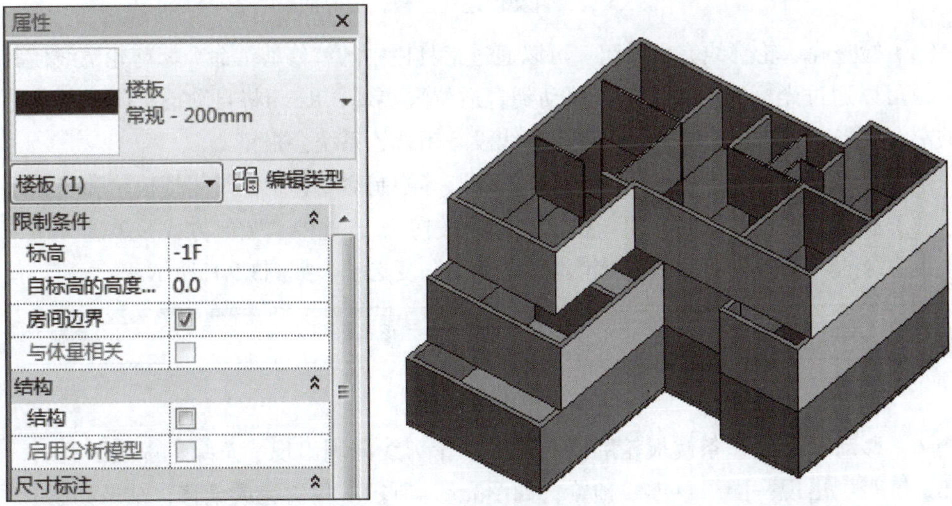

图3.5.10　地下一层楼板及属性参数

2. 创建首层楼板

（1）打开首层平面视图，在菜单栏中选择“建筑”→“创建”→“楼板”命令，进入楼板绘制模式，弹出绘制面板，如图3.5.11所示。

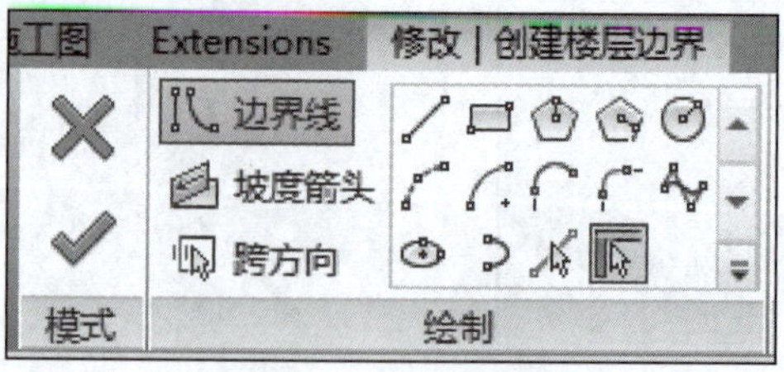

图3.5.11　绘制面板

（2）选择“拾取墙”命令，移动光标到外墙外边线上，依次单击拾取外墙外边线，自动创建楼板轮廓线，如图3.5.12所示。拾取墙创建的轮廓线自动和墙体保持关联关系。

图3.5.12　自动创建一层楼板边界线

（3）检查确认轮廓线完全封闭。可以通过工具栏中的“修剪”命令修剪轮廓线使其封闭，也可以通过光标拖动迹线端点移动到合适位置实现，Revit将自动捕捉附近其他轮廓线的端点。当完成楼板绘制时，如果轮廓线没有闭合，系统会报错。

（4）使用选项栏上的“线”“矩形”“圆弧”等绘制命令，绘制封闭楼板轮廓线。

（5）设置偏移：在选项栏里单击“偏移”按钮，选中“数值方式”单选按钮，设置楼板边缘的“偏移”量为20，取消勾选“复制”复选框，如图3.5.13所示。

图3.5.13　偏移工具选项栏

（6）移动光标到一条楼板轮廓线内侧，在轮廓线内侧出现一条绿色虚线预览后，按【Tab】键直到出现一圈绿色虚线预览，如图3.5.14所示。单击完成偏移，结果如图3.5.15所示。

学习笔记

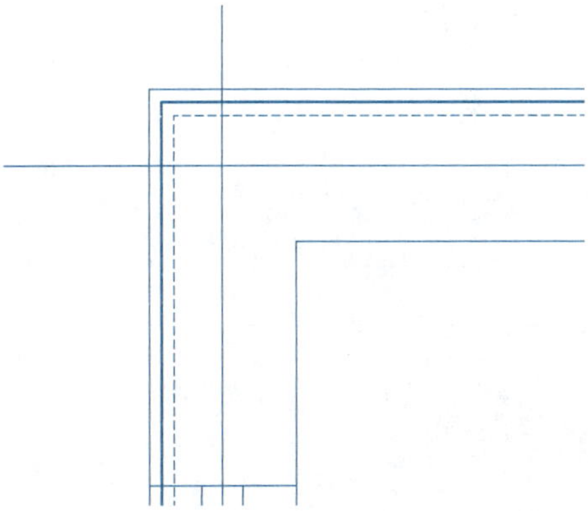

图3.5.14　偏移前

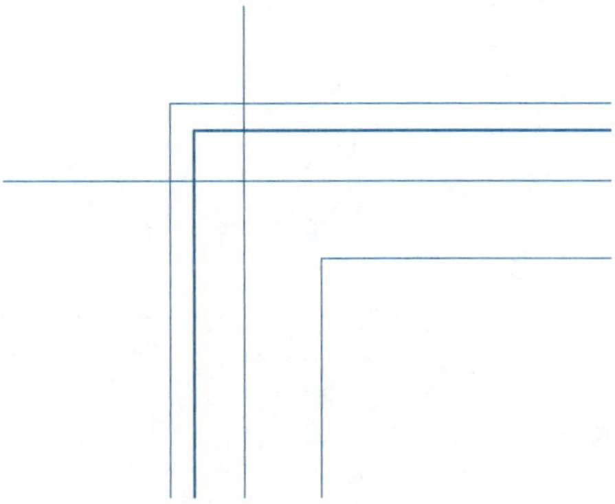

图3.5.15　偏移后

调整后的首层楼板轮廓线效果如图3.5.16所示。

图3.5.16　首层楼板轮廓线调整后效果

选择B轴下面的轮廓线，选择工具栏中的“移动”命令，光标向下移动，输入4 490，结果如图3.5.17所示。选择“绘制”面板中的“线”→“绘制”命令绘制尺寸如图3.5.18所示的线。

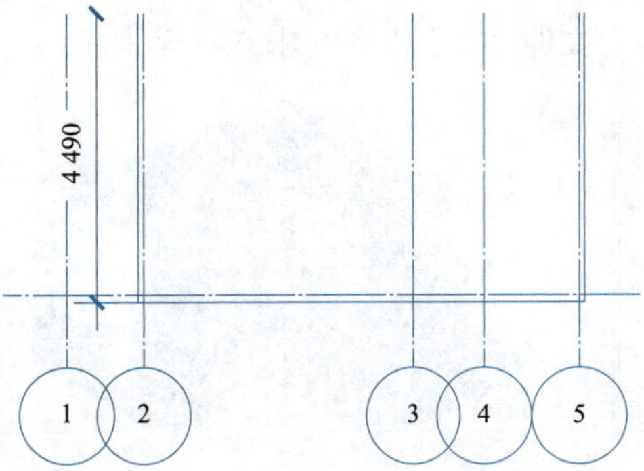

图3.5.17　B轴下移4 490

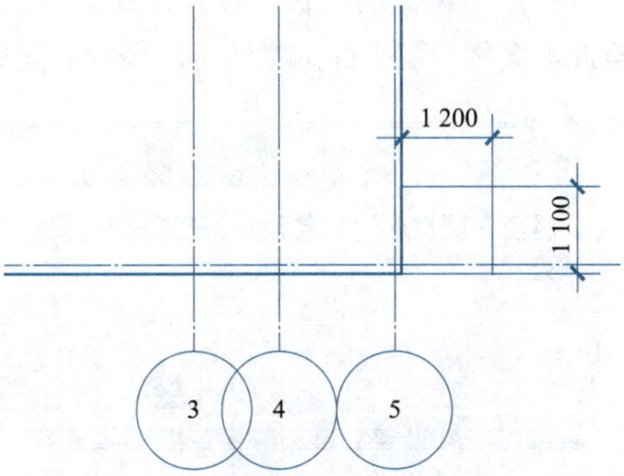

图3.5.18　绘制1 200 × 1 100长方形

学习笔记

选择工具栏中的“修剪”命令，效果如图3.5.19所示。

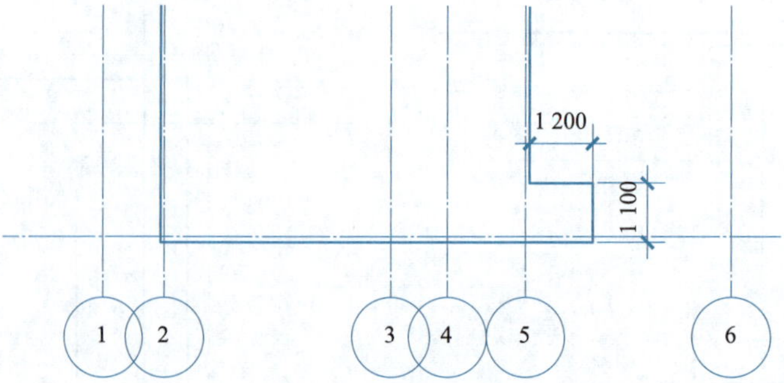

图3.5.19　修剪完成效果

完成后的楼板轮廓线草图如图3.5.20所示。在属性面板中选择楼板类型为“常规-100 mm”，如图3.5.21所示。

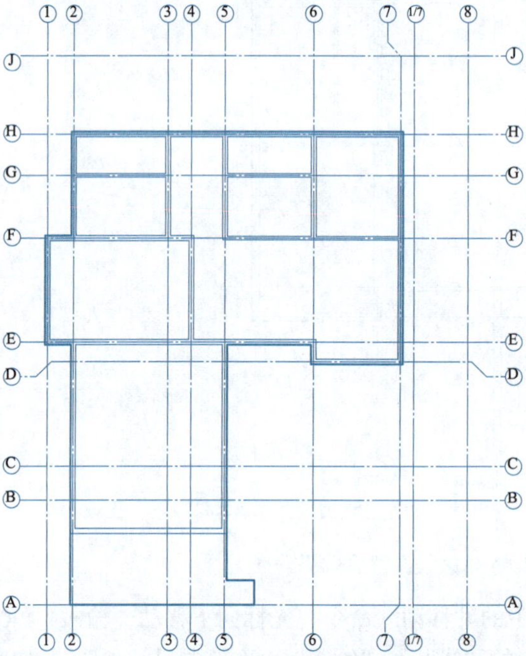

图3.5.20　完成首层楼板轮廓线

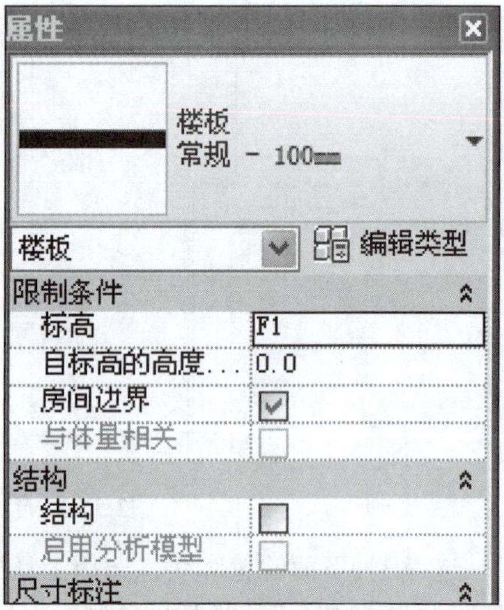

图3.5.21　楼板属性设置

单击创建首层楼板，在弹出的附着提示对话框中单击“否”按钮，如图3.5.22所示。至此本案例首层平面的主体都已经绘制完成，保存文件，完成效果如图3.5.23所示。

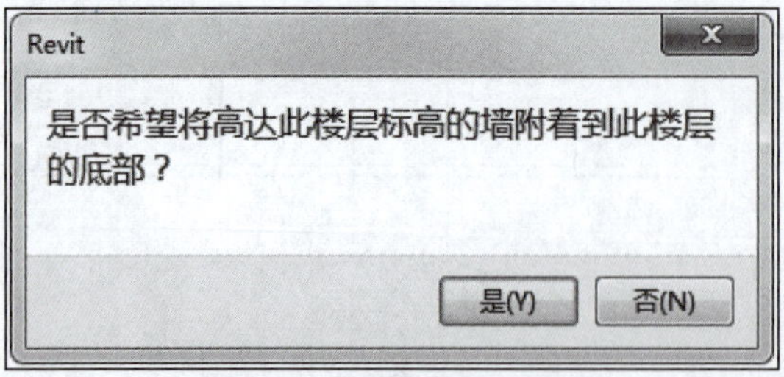

图3.5.22　附着提示对话框

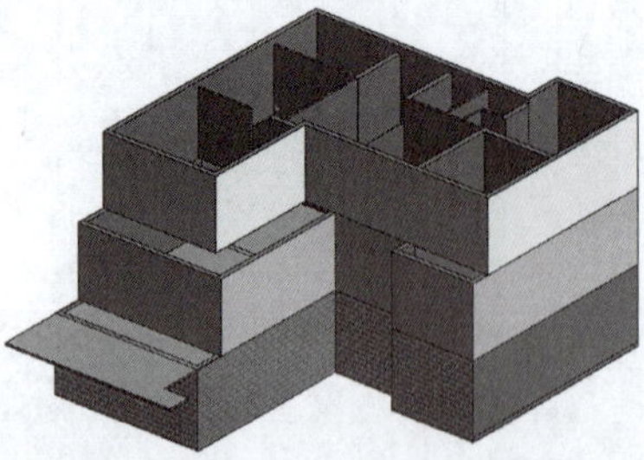

图3.5.23　完成效果

学习笔记

3. 创建二层楼板

（1）打开二层平面视图，在属性面板的“基线”参数下拉菜单中选择F1，显示F1层平面图基线，如图3.5.24所示。在菜单栏中选择“建筑”→“楼板”命令，选择“常规-100 mm”进入楼板绘制模式。

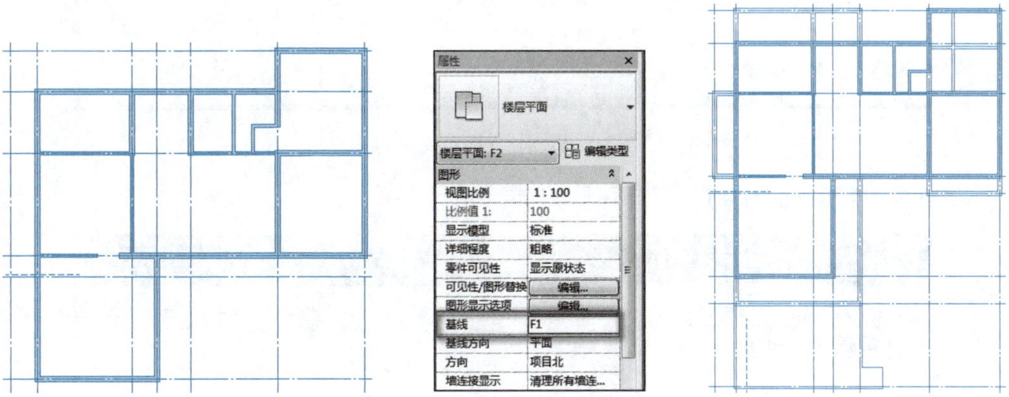

图3.5.24　基线设置

（2）在菜单栏中选择“建筑”→“参照平面”命令，在当前视图中绘制一条相对于B轴距离为100 mm的辅助线，如图3.5.25所示。选择“线”命令，在辅助线处绘制轮廓，统一向内偏移20，如图3.5.26所示，完成最终二层楼板轮廓的绘制，如图3.5.27所示。

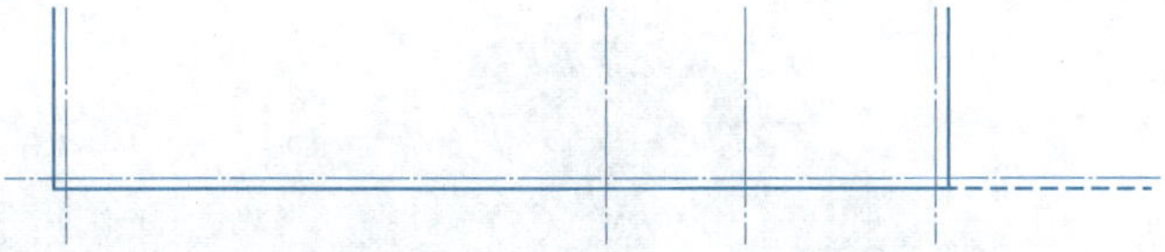

图3.5.25　B轴下100 mm处绘制辅助线

图3.5.26　轮廓内偏移20设置界面

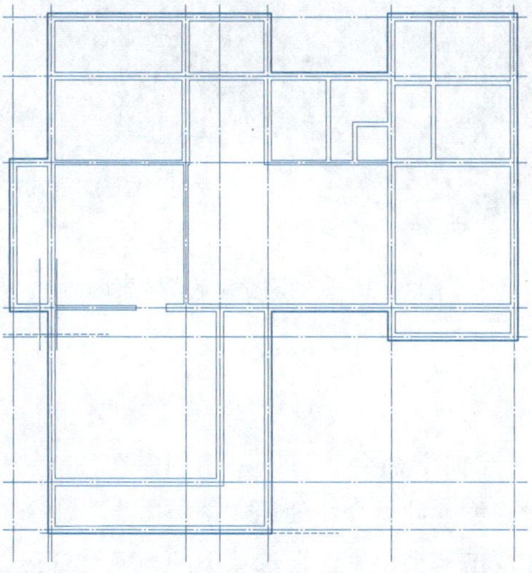

图3.5.27　二层楼板轮廓

学习笔记

完成轮廓绘制后，使用“完成绘制”命令创建二层楼板，弹出图3.5.28所示附着提示对话框，单击“否”按钮。

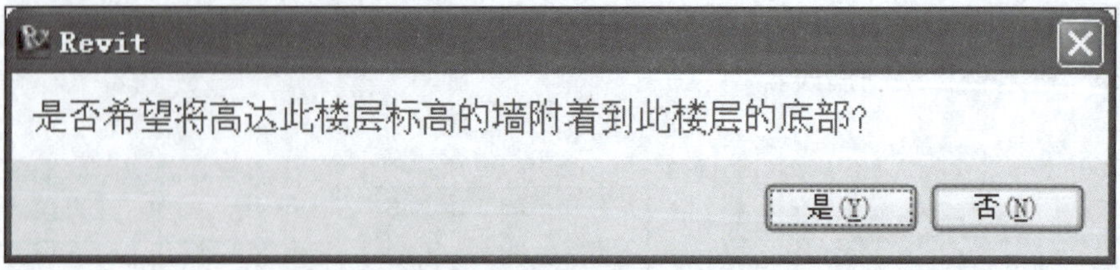

图3.5.28　附着提示对话框

弹出图3.5.29所示剪切提示对话框，单击“是”按钮。

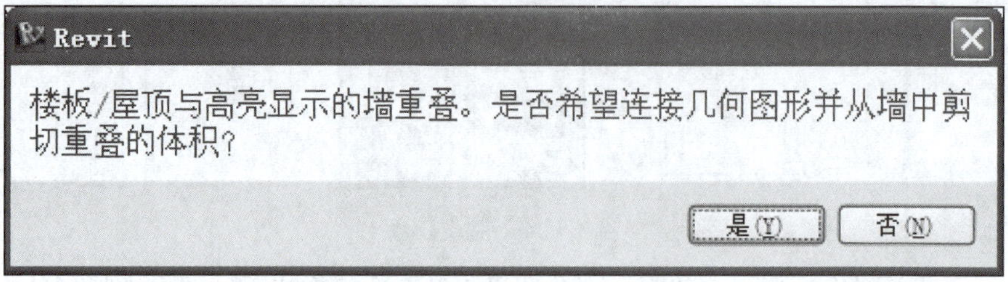

图3.5.29　剪切提示对话框

二层楼板完成效果图如图3.5.30所示。

视频

台阶（在3.5楼板中）

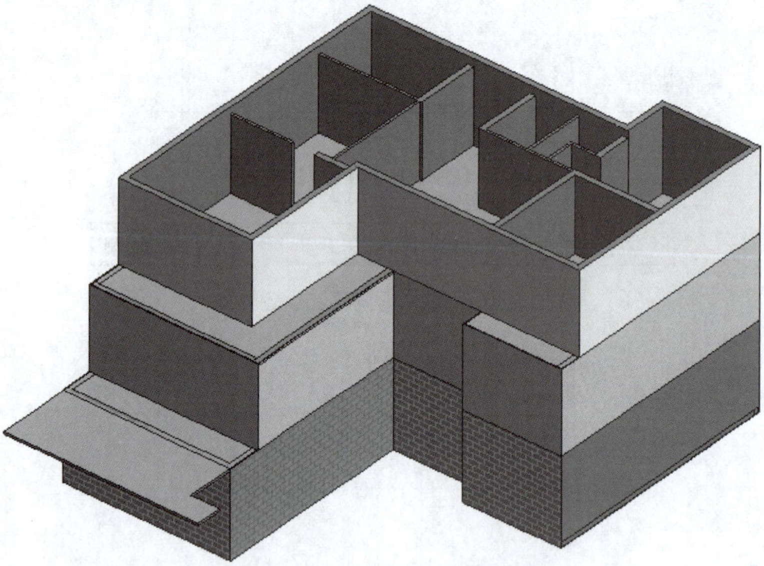

图3.5.30　二层楼板完成效果图

4. 楼板的扩展应用

1）创建主入口台阶

Revit中没有专用的“台阶”命令，可以采用创建在位族、外部构件族、楼板边缘、楼梯等方式创建各种台阶模型。此处介绍使用“楼板边缘”命令创建台阶的方法。

（1）在项目浏览器中双击“楼层平面”选项下的“F1”，打开F1平面视图。

（2）首先绘制北侧主入口处的室外楼板。单击“楼板”按钮，使用“直线”命令绘制图3.5.31所示楼板的轮廓。

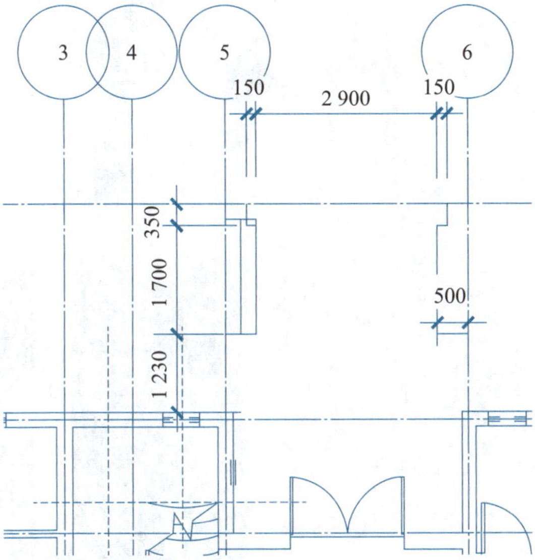

图3.5.31　楼板轮廓

（3）在属性面板中选择类型为“常规-450 mm”。

（4）单击“完成”按钮，完成后的室外楼板如图3.5.32所示。

（5）添加楼板两侧台阶。打开三维视图，在菜单栏中选择“建筑”→“楼板”→“楼板边”命令 楼板:楼板边，在属性面板中选择“楼板边缘-台阶”类型。

（6）移动光标到楼板一侧凹进部位的水平上边缘，边线高亮显示时单击放置楼板边缘。单击边时，Revit会将其作为一个连续的楼板边，如果楼板边的线段在角部相遇，则它们会相互拼接。使用“楼板边”命令生成的台阶如图3.5.33所示。

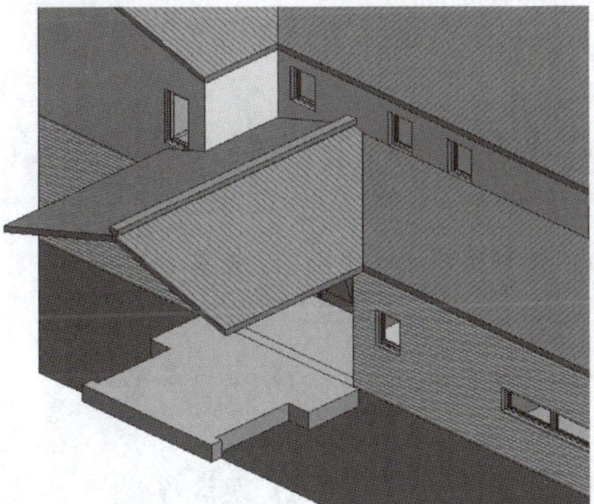

图3.5.32　室外楼板

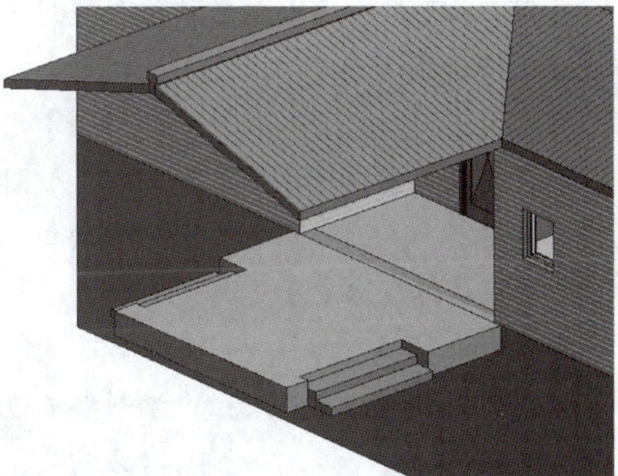

图3.5.33　生成台阶

2）创建地下一层台阶

使用“楼板边缘”命令给地下一层南侧入口处添加台阶，在属性面板中选择“地下一层台阶”类型，单击楼板的上边缘放置台阶，在窗户下建立挡板墙进行轮廓编辑，结果如图3.5.34所示。

学习笔记

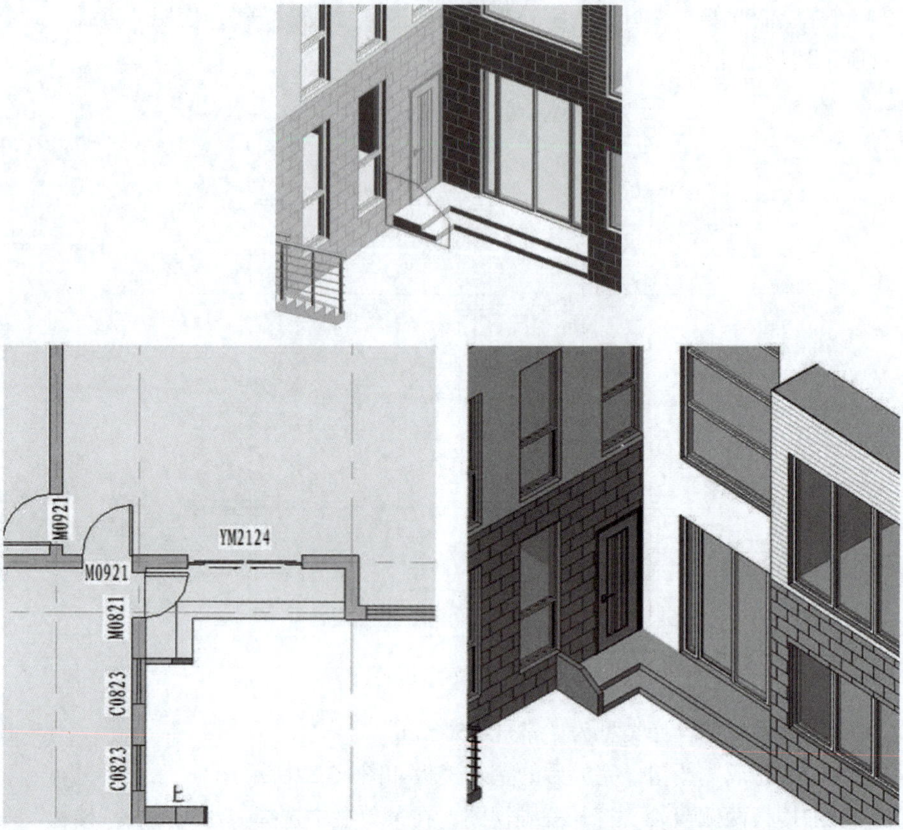

图3.5.34　创建地下一层台阶

习题巩固

1. 用“拾取墙”命令创建楼板，使用（　　）键切换选择，可一次选中所有外墙，单击生成楼板边界。

A.【Tab】　B.【Shift】　C.【Ctrl】　D.【Alt】

2. 在平面视图中可以给以下（　　）图元放置高程点。

A. 墙体　B. 门窗洞口　C. 楼板　D. 线条

3. 楼板的厚度取决于（　　）。

A. 楼板结构　B. 工作平面　C. 构件形式　D. 实例参数

4. 创建楼板时，在修改栏中绘制楼板边界不包括（　　）命令。

A. 边界线　B. 跨方向　C. 坡度箭头　D. 默认厚度

5. 下列关于Revit楼板形状编辑说法中正确的是（　　）。

A. 只能对倾斜楼板进行修改子图元操作

B. 只能对非倾斜楼板进行修改子图元操作

C. 不论楼板是否倾斜都可以进行修改子图元操作

D. 不论楼板是否倾斜都无法进行修改子图元操作

学习评价

学习笔记

<table>
<tr><td colspan="2">知识点：楼板</td><td colspan="3">日期：</td></tr>
<tr><td colspan="2">评价内容</td><td>学生自评</td><td>组内互评</td><td>教师评价</td></tr>
<tr><td>理论知识</td><td>1. 理解楼板的概念；
2. 掌握建筑楼板的绘制步骤</td><td></td><td></td><td></td></tr>
<tr><td>实践技能</td><td>1. 掌握通过“楼板”命令创建楼板的方法；
2. 掌握通过“楼板”命令创建台阶的方法</td><td></td><td></td><td></td></tr>
<tr><td>学生提出的问题</td><td colspan="4"></td></tr>
<tr><td>教师答疑</td><td colspan="4"></td></tr>
<tr><td>总结收获</td><td colspan="4"></td></tr>
<tr><td>学生签字</td><td colspan="4"></td></tr>
</table>

学习笔记

3.6 门　　窗

一、门窗基础知识

1. 门的基础知识

视频 门

1）门的概念

门是居住建筑中不可或缺的重要组成部分，具有保障安全、隔断空间、美化环境和界定内外空间等多重作用，又称“门面”或“门脸”。关闭门可以保护室内隐私，锁上门可以控制出入，保障居所安全。

在中国古典建筑中，门连接着内外空间，清晰明了地界定了建筑、院落、街坊和城市的组织方式，包括房门、院门、坊门、城门等。

2）门的分类

（1）按照门的主要性能可以分为防盗门、防火门、静音门、隔断门等。

（2）按照门的开启方式可以分为旋转门、推拉门、平开门、折叠门、卷帘门等。

（3）按照门的安装位置可以分为进户门、室内门、卫浴门等。

（4）按照门的材质可以分为实木门、钢木门、实木复合门、竹木门、铝合金门、玻璃门等。

视频 窗

2. 窗的基础知识

1）窗的概念

窗在建筑学上指墙或屋顶上建造的洞口，由窗框、玻璃和活动构件三部分组成。

窗户是室内和室外空气流通的通道，可以使光线进入室内，增加采光度，隔绝外面的噪声和空气，还可让室内的温度均匀分布。

2）窗的分类

（1）根据窗的打开方式不同，可分为推拉窗、天窗、固定窗、平开窗、落地窗、百叶窗等。

（2）根据窗户材质不同，可分为木质窗户、塑钢窗户、铝合金窗户等。

（3）根据窗的尺寸大小不同，可分为单扇窗户、双扇窗户、三扇窗户和多扇窗户等。

门窗在建筑围护体系中起到举足轻重的作用，门窗按其所处位置的不同分为围护构件或分隔构件，具有保温、隔热、隔音、防水、防火等功能。

门窗在Revit中属于可载入族，可在外部制作完成后，通过导入的方法将创建的门窗导入当前项目中放置使用，在平面视图、立面视图、三维视图中都可以放置门窗。门窗依附在墙体上，布置依赖于墙体，放置后会在墙上自动剪切出一个门窗洞口，门窗会随着依附墙体的消失而被删除。Revit软件自带族库中提供了大量的门、窗族，用户可以根据项目需求选择使用。

二、门窗的实际操作

1. 载入门窗族

（1）通过“类型属性”对话框载入门窗族。单击“建筑”选项卡“构建”面板中的

学习笔记

“门（窗）”按钮，在“属性”选项板中单击打开“类型属性”对话框，单击“载入”按钮，弹出“打开”对话框（见图3.6.1），用户可根据需要选择门（窗）族，然后单击“打开”按钮，即可将其载入当前项目中。

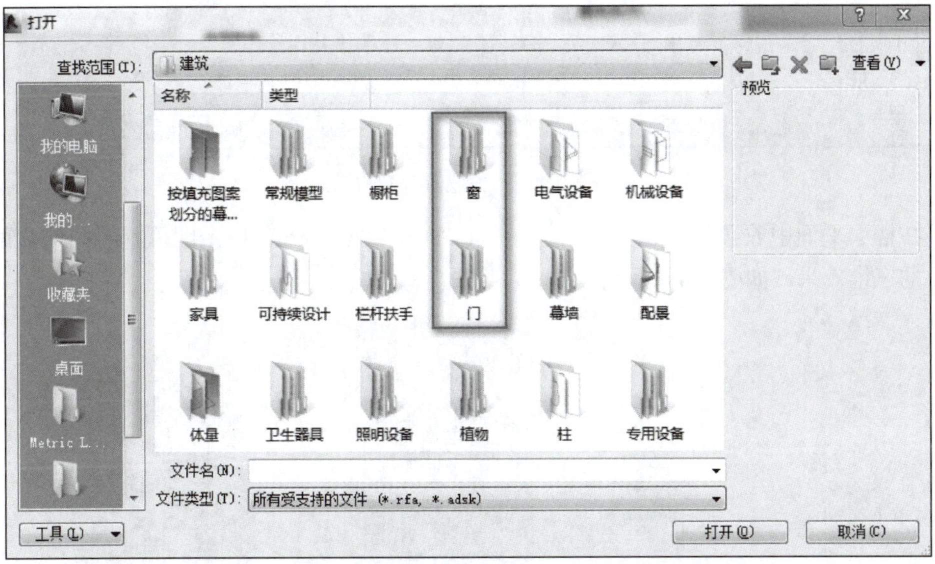

图3.6.1　“打开”对话框

（2）通过“载入族”命令载入门窗族。单击“插入”选项卡“从库中载入”面板中的“载入族”按钮，弹出“载入族”对话框（见图3.6.2）。选择“门（窗）”文件夹，找到并选中需要载入的门（窗）族，单击“打开”按钮即可将其载入到当前项目中。

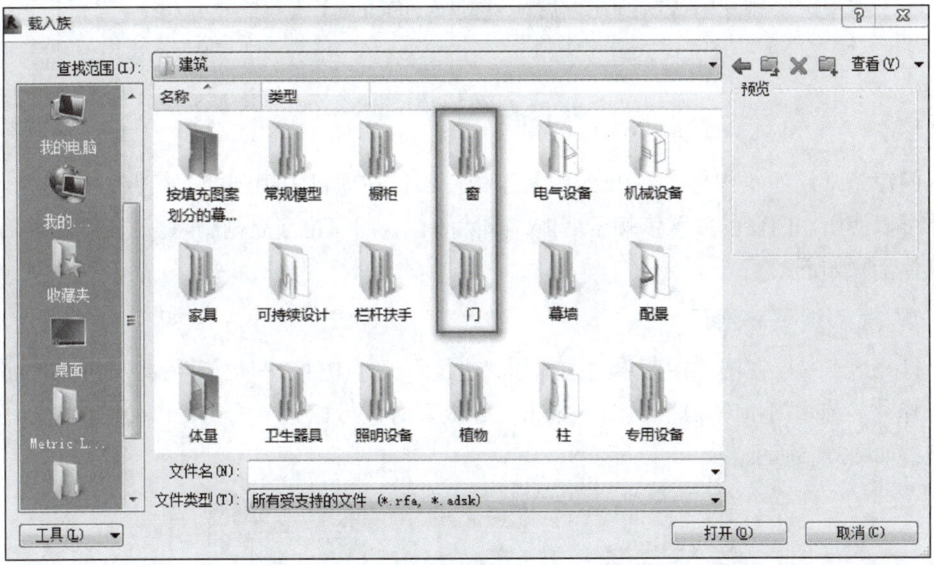

图3.6.2　“载入族”对话框

2. 放置门窗

单击“建筑”选项卡“构建”面板中的“门”或“窗”按钮，在属性面板中选择所需的门或窗类型，若没有所需类型，则可选择从“插入”或“载入族”中挑选。

学习笔记

在选定好的楼层平面内，单击“修改|放置 门（窗）”上下文选项卡“标记”面板中的“在放置时进行标记”按钮，自动标记门窗，在选项栏中勾选“引线”复选框，即可设置引线长度，如图3.6.3所示。移动光标至墙主体上，当门处于正确位置时单击。

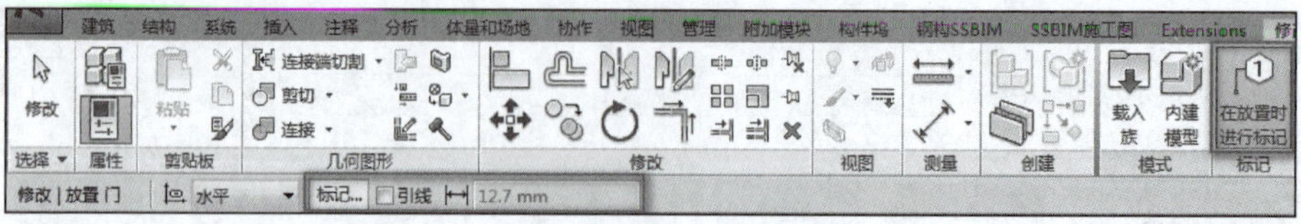

图3.6.3　门窗放置参数设置

在楼层平面中放置门后，会显示标记：1 200×2 100 mm，单击即可查看门的立面图和门的三维效果，如图3.6.4所示。

图3.6.4　在平面视图、立面视图、三维视图中放置门窗

3. 删除门窗

（1）选中想要删除的门或窗后，直接按【Delete】键。

（2）选中想要删除门或窗所在墙后，直接按【Delete】键。

技能训练

门窗是常用建筑构件，在Revit中属于构件族，在项目中用到的门窗族，需先载入项目才可以使用。门窗的放置依赖于墙体，删除墙体，门窗也会立刻删除。门窗布置与编辑的具体步骤如下：

1. 插入地下一层门

打开地下一层视图，在菜单栏中选择“建筑”→“构件”→“门”命令，在属性面板中选择“装饰木门-M0921”类型，单击“在放置时进行标记”按钮，以便对门进行自动标记，如图3.6.5所示。

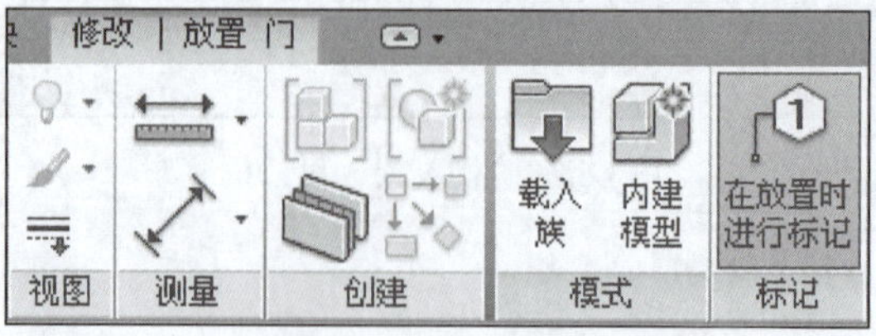

图3.6.5　插入地下一层门

学习笔记

将光标移动到3轴“普通砖-200 mm”的墙上，此时会出现门与周围墙体距离的蓝色相对尺寸，如图3.6.6所示，这样可以通过相对尺寸大致捕捉门的位置。在平面视图中放置门之前，按【Space】键可以控制门的左右开启方向。

在墙上合适位置单击以放置门，调整蓝色临时尺寸的控制点，拖动蓝色控制点到F轴“普通砖-200 mm”墙的上边缘，修改尺寸值为“100”，得到“大头角”的距离，如图3.6.7所示。

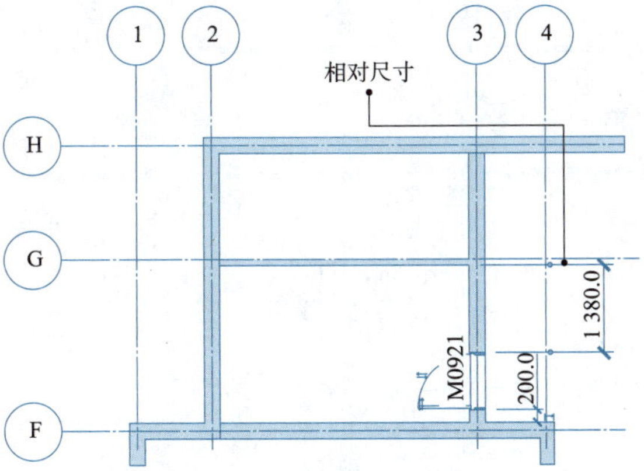

图3.6.6　捕捉3轴墙体

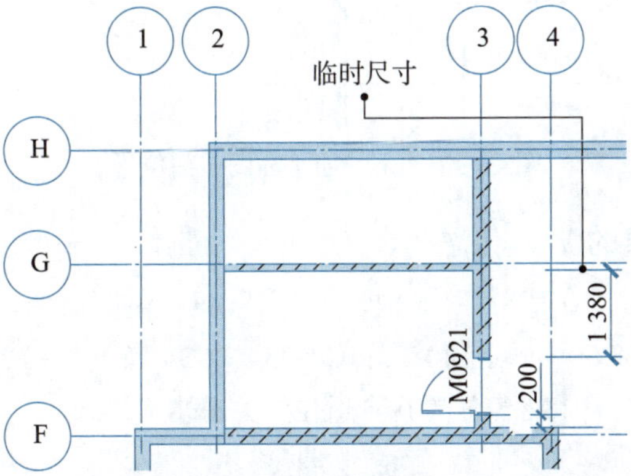

图3.6.7　调整门位置

“装饰木门-M0921”修改后的位置如图3.6.8所示。

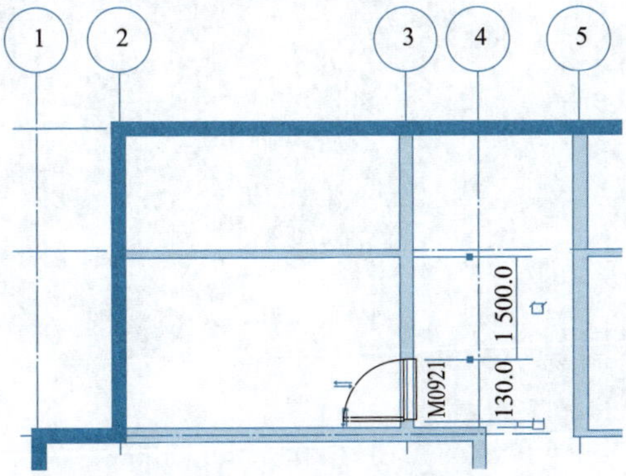

图3.6.8　调整后门的位置

学习笔记

同理，在属性面板中分别选择“卷帘门：JLM5422”“装饰木门-M0921”“装饰木门-M0821”“YM1824-YM3267”“移门：YM2124”门类型，按图3.6.9所示位置插入到地下一层墙上，最终三维效果如图3.6.10所示。

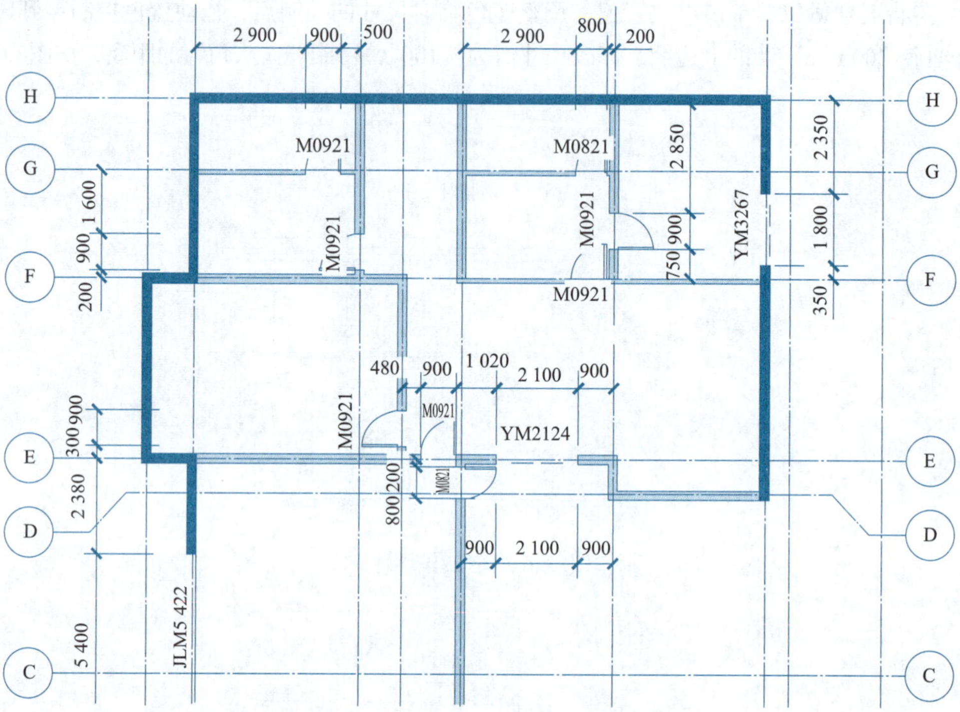

图3.6.9 地下一层平面图（门位置）

2. 放置地下一层的窗

打开地下一层视图，在菜单栏中选择“常用”→“窗”命令。在属性面板中分别选择“推拉窗C1206：C1206”“固定窗0823：C0823”“C3415”“推拉窗0624：C0624”类型，按图3.6.11所示位置，在墙上将窗放置在合适位置并单击。

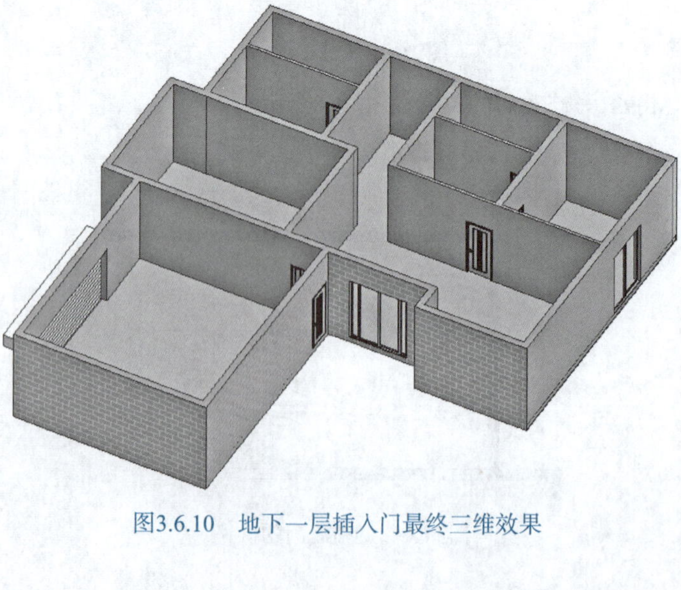

图3.6.10 地下一层插入门最终三维效果

学习笔记

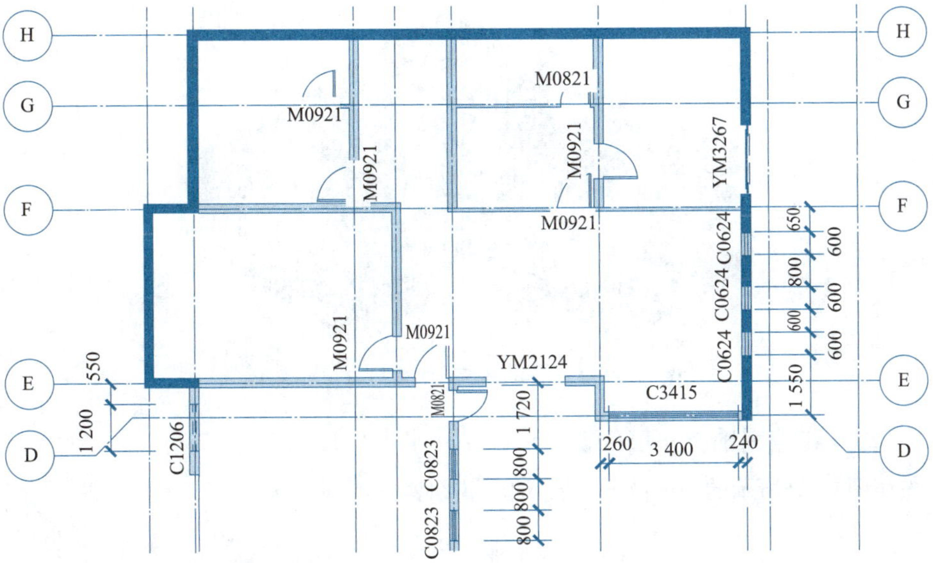

图3.6.11　地下一层平面图（窗位置）

3. 定义地下一层窗台高

地下一层窗的窗台底高度不全一致，可依次在插入窗后手动调整窗台高度。几个窗的底高度值分别为“C0624-250 mm”“C3415-900 mm”“C0823-400 mm”“C1206-1 900 mm。调整方法如下：

（1）方法一：选择“固定窗C0823：C0823”并右击，在弹出的快捷菜单中选择“选择全部实例”→“在视图中可见”命令，设置属性面板，修改底高度值为400，如图3.6.12所示。

（2）方法二：切换至立面视图，选择窗，移动临时尺寸界线，修改临时尺寸标注值。进入项目浏览器，单击“立面（建筑立面）”，双击“东立面”打开东立面视图。在东立面视图中选择“固定窗0823: C0823”，移动临时尺寸控制点至“-1F”标高线，修改临时尺寸标注值为400后按【Enter】键确认修改，立面效果如图3.6.13所示。使用同样方法编辑其他窗的底高度。编辑完成后的地下一层门窗三维效果如图3.6.14所示，此时保存文件。

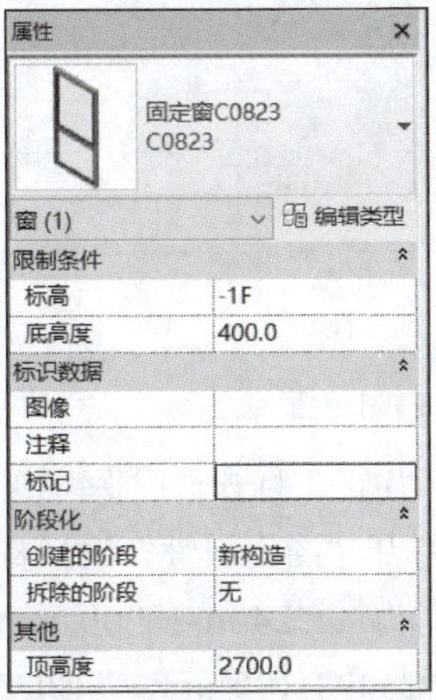

图3.6.12　窗台高参数修改

图3.6.13　立面效果

学习笔记

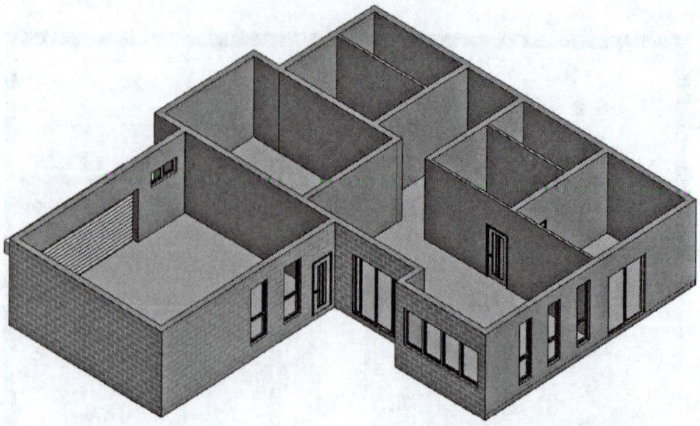

图3.6.14　地下一层插入门窗最终三维效果

4. 插入和编辑地上一层门窗

按照图3.6.15所示的门窗位置，插入和编辑地上一层的门窗。

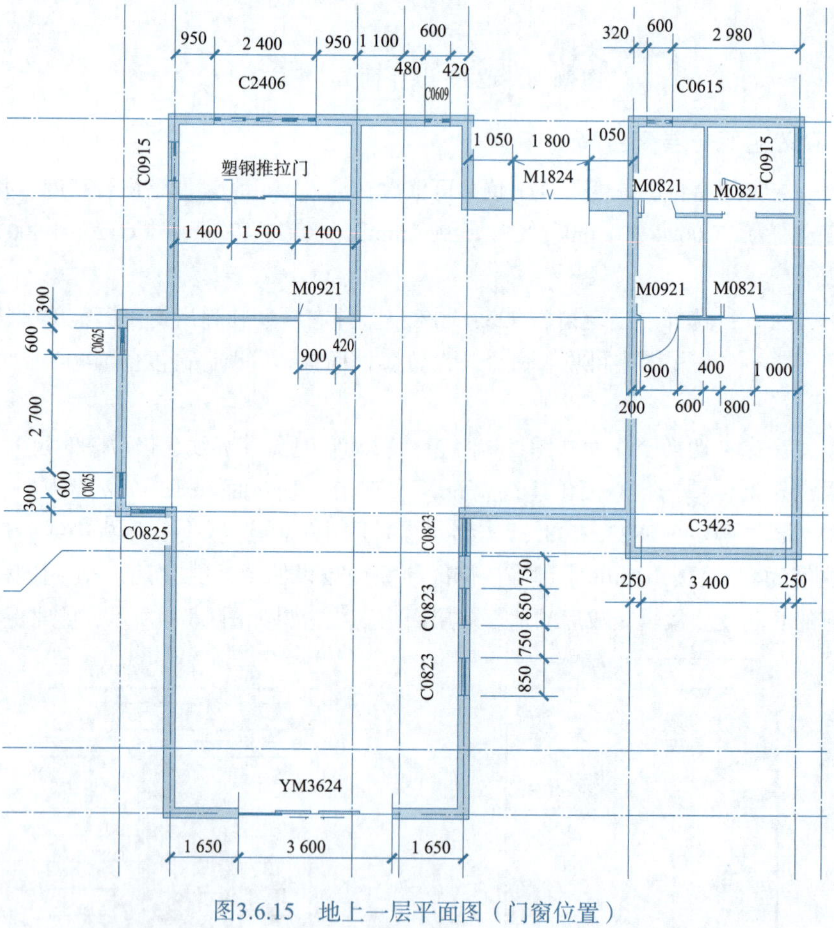

图3.6.15　地上一层平面图（门窗位置）

（1）在“项目浏览器”的“楼层平面”项下双击“F1”，打开首层平面视图。

（2）在平面视图中选择窗，单击“属性”按钮打开“图元属性”对话框，设置“底高度”参数值，调整窗户的窗台高。各窗的窗台高为“C2406-1 200 mm”“C0609-1 400 mm”“C0615-900 mm”“C0915-900 mm”“C3423-100 mm”“C0823-100 mm”“C0825-150 mm”“ C0625-300 mm”，地上一层门窗放置完成效果如图3.6.16所示。

学习笔记

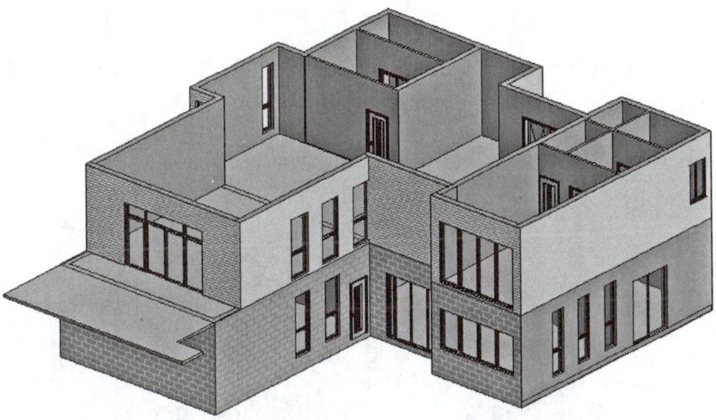

图3.6.16　地上一层门窗放置完成效果图

5. 插入和编辑地上二层门窗

按照图3.6.17所示的门窗位置，插入和编辑地上二层的门窗。

（1）在“项目浏览器”的“楼层平面”项下双击“F2”，进入地上二层平面视图。

（2）在菜单栏中选择“建筑”→“门”命令，在属性面板中选择“移门：YM3324”“装饰木门-M0921”“装饰木门-M0821”“LM0924”“YM1824:YM3267”“门-双扇平开1 200×2 100 mm”。按图3.6.17所示位置移动光标到墙体上，并单击放置门，编辑临时尺寸精确定位。

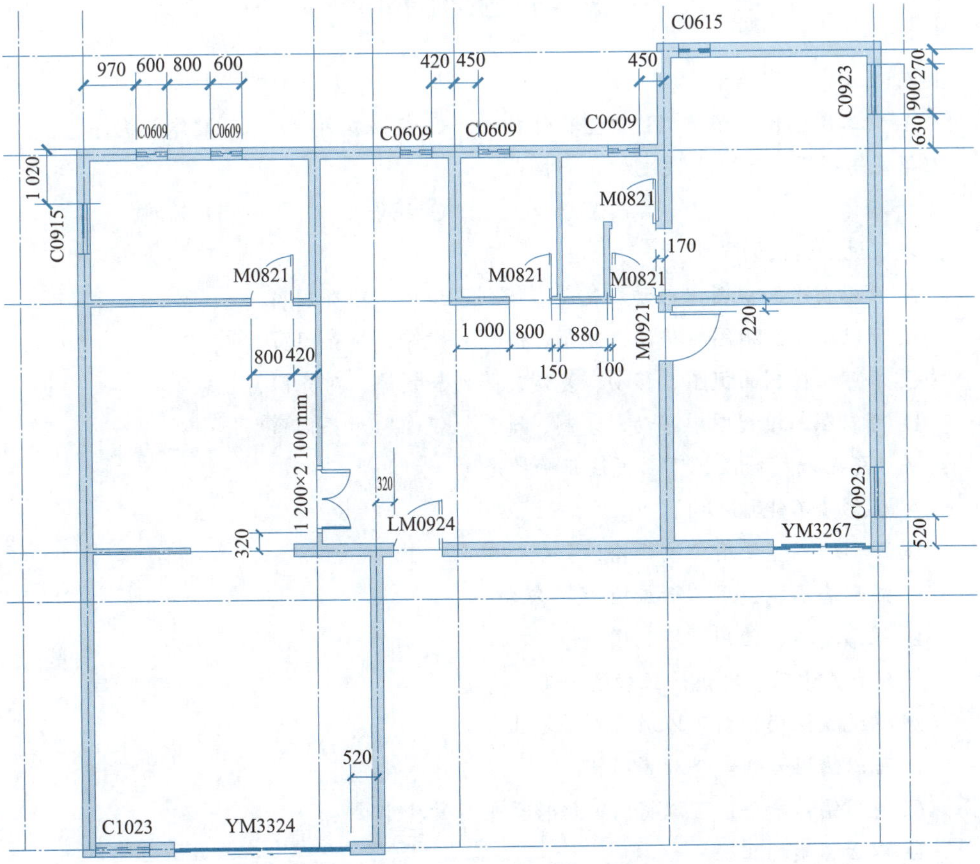

图3.6.17　地上二层平面图（门窗位置）

学习笔记

（3）在平面视图中选择窗，设置“底高度”参数值，调整窗户的窗台高。各窗的窗台高为“C0609-1 700 mm”“C0615-850 mm”“C0923-100 mm”“C1023-100 mm”“C0915-900 mm”。

地上二层门窗放置完成效果如图3.6.18所示。

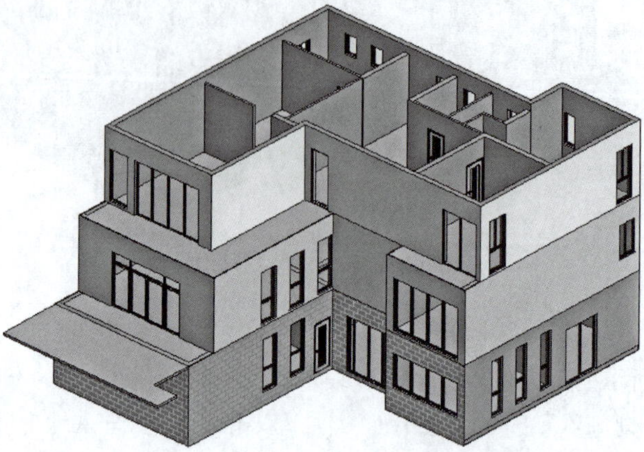

图3.6.18 地上二层门窗放置完成效果图

习题巩固

1. 在Revit中门窗属于（　　）。

A. 施工图构件　　B. 模型构件　　C. 标注构件　　D. 体量构件

2. 不能给以下（　　）图元放置高程点。

A. 墙体　　B. 门窗洞口　　C. 线条　　D. 轴网

3. 以下说法错误的是（　　）。

A. 可以在平面视图中移动、复制、阵列、镜像、对齐门窗

B. 可以在立面视图中移动、复制、阵列、镜像、对齐门窗

C. 不可以在剖面视图中移动、复制、阵列、镜像、对齐门窗

D. 可以在三维视图中移动、复制、阵列、镜像、对齐门窗

4. 关于弧形墙的修改，下面说法正确的是（　　）。

A. 弧形墙不能插入门窗

B. 弧形墙不能使用“编辑轮廓”命令

C. 弧形墙不能使用“附着顶/底”命令

D. 弧形墙不能使用“墙洞口”命令

5. 下列有关于门、窗说法正确的是（　　）。

A. 系统默认门、窗可以放置在幕墙上

B. 可以使用阵列命令放置门窗

C. 使用偏移命令，可以将门窗偏移至平行的墙上

D. 以上答案均正确

学习笔记

学习评价

知识点：门窗			日期：	
评价内容		学生自评	组内互评	教师评价
理论知识	1. 掌握门窗族载入的方法； 2. 掌握门窗的绘制步骤			
实践技能	1. 能够通过“门/窗”按钮完成门窗的放置； 2. 能够通过属性调整门窗模型			
学生提出的问题				
教师答疑				
总结收获				
学生签字				

学习笔记

3.7 幕　　墙

一、幕墙的基础知识

近年来，随着建筑技术的不断进步和人们对建筑美学的更高追求，幕墙作为一种具有多重功能的外墙系统，广泛应用于现代建筑设计中。幕墙由幕墙网格、竖梃和幕墙嵌板组成。

视 频

幕墙

1. 墙体的概念

幕墙是建筑的外墙围护，不承重，像幕布一样挂上去，故又称“帷幕墙”，是现代大型和高层建筑常用的带有装饰效果的轻质墙体，是由面板和支撑结构体系组成的，可相对主体结构有一定位移能力或自身有一定变形能力、不承担主体结构作用的建筑外围护结构或装饰性结构。

2. 幕墙的作用

（1）美观装饰。玻璃幕墙可以为建筑物提供优雅、现代的外观。

（2）自然采光。玻璃幕墙可以让大量的自然光线进入建筑内部空间，减少对人工照明的依赖。

（3）保温隔热。现代的玻璃幕墙通常采用双层或中空玻璃结构，可以有效隔离室内外的温度和噪声。

（4）环境保护。玻璃材料具有优良的可回收性和耐久性，可以减少对自然资源的消耗和对环境的污染。

二、幕墙的实际操作

1. 幕墙手动布局

1）创建空幕墙

在菜单栏中选择“建筑”→“构建”→“墙”命令，在属性面板中选择“幕墙”类型，单击“编辑类型”按钮，弹出“编辑类型”对话框，单击“复制”按钮，根据项目需求为幕墙命名，单击“确定”按钮。

此时出现的空幕墙（见图3.7.1）就是一个平板玻璃墙，用下列命令对这个空幕墙进行手动分割。

图3.7.1　空幕墙

2）添加幕墙网格

在“建筑”选项卡的“构建”面板中单击“幕墙网格”按钮（见图3.7.2），在“修改|放置 幕墙网络”上下文选项卡的“放置”面板中单击“全部分段”按钮（见图3.7.3）。将光标放置在靠近幕墙边缘的位置，若放在水平边缘，可以创建纵向幕墙网格线；若放在垂直边缘，可以创建横向幕墙网格线（见图3.7.4）。通过“修改|放置 幕墙网络”上下文选项卡的“放置”面板，选择“一段”命令（见图3.7.5），可以绘制一段幕墙网格线，单击“修改”按钮即可完成网格线的添加操作。

学习笔记

图3.7.2　“幕墙网格”按钮

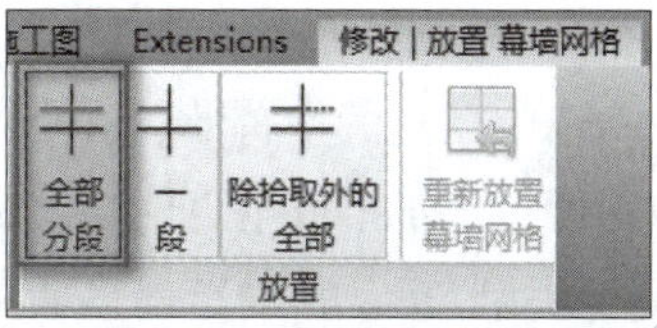

图3.7.3　“全部分段”按钮

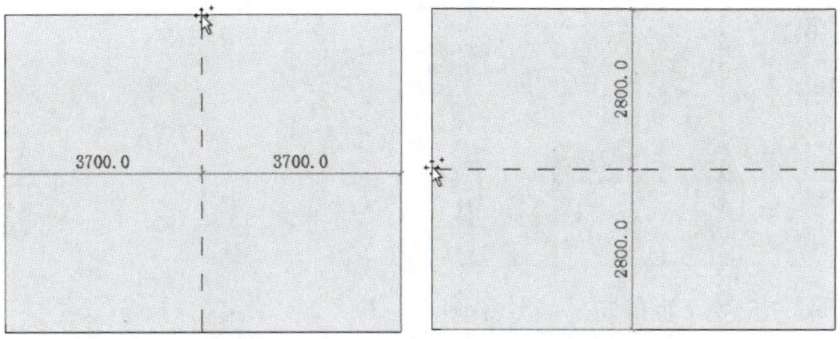

图3.7.4　纵、横向幕墙网格线

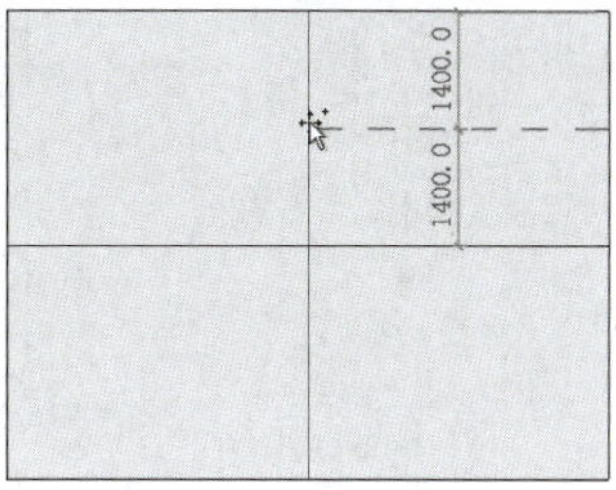

图3.7.5　“一段”命令

3）添加幕墙竖梃

在“建筑”选项卡的“构建”面板中单击“竖梃”按钮（见图3.7.6），在属性面板中选择需要的类型，在“修改|放置 竖梃”上下文选项卡的“放置”面板中选择“网格线”→“单段网格线”→“全部网格线”命令，靠近有网格线的地方单击，即可生成竖梃，布局完成效果如图3.7.7所示。

图3.7.6　“竖梃”按钮

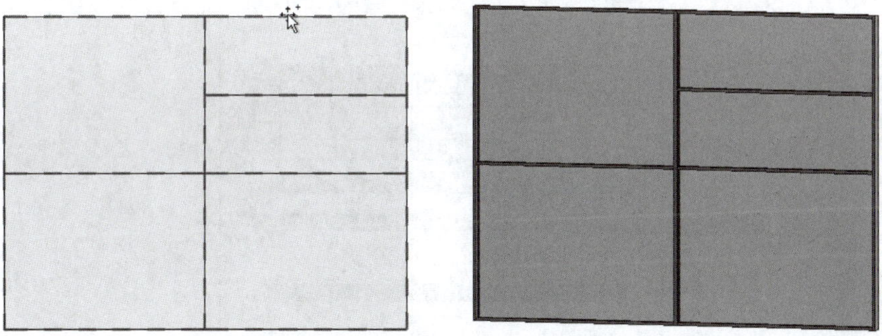

图3.7.7　手动布局幕墙效果图

2. 幕墙自动布局

在实际项目应用中，规格标准的幕墙分隔比较普遍所以用量很大，不可能一根一根地添加网格线，这时可以定义自动标准分隔的间距，快速完成标准幕墙的创建。

1）创建空幕墙

与幕墙手动布局方法一致，不再详细介绍。

学习笔记

2）添加幕墙网格和竖梃

选中创建的空幕墙，在属性面板中单击“类型属性”，在弹出的“类型属性”对话框中，通过“水平或垂直网格”命令自动布局幕墙网格，通过“水平或垂直竖梃”命令自动布局幕墙竖梃。自动布局幕墙完成效果如图3.7.8所示。

图3.7.8　自动布局幕墙效果图

技能训练

幕墙是建筑外墙围护，是一种带有装饰效果的轻型墙体，常规幕墙是墙体的一种特殊类型。幕墙的绘制方法与常规墙体相同，并具有常规墙体的各种属性。幕墙创建与编辑的具体步骤如下：

（1）在项目浏览器中双击“楼层平面”项下的“F1”，打开一层平面视图。

（2）选择“建筑”选项卡“构件”面板中的“墙”命令，在属性面板中选择“幕墙”类型，在“类型属性”对话框中单击“复制”按钮，创建新的幕墙类型，输入新的名称“C2156”，如图3.7.9所示。

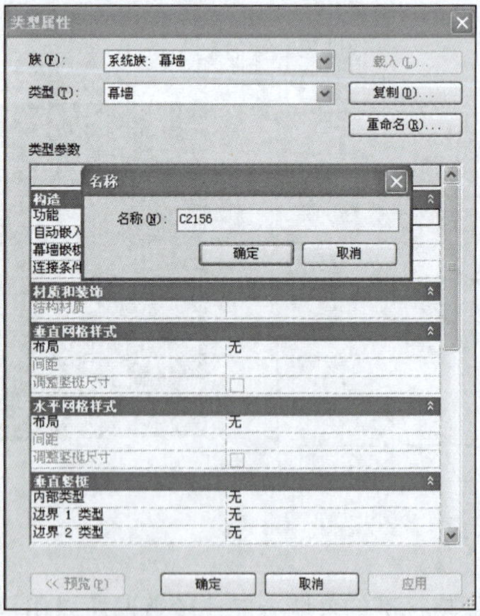

图3.7.9　创建幕墙新类型

（3）在属性面板中设置“底部限制条件”为“F1”，“底部偏移”为“100”，“顶部约束”为“未连接”，“无连接高度”为“5 600”。打开“类型属性”对话框，勾选“自动嵌入”复选框，设置结果如图3.7.10所示。

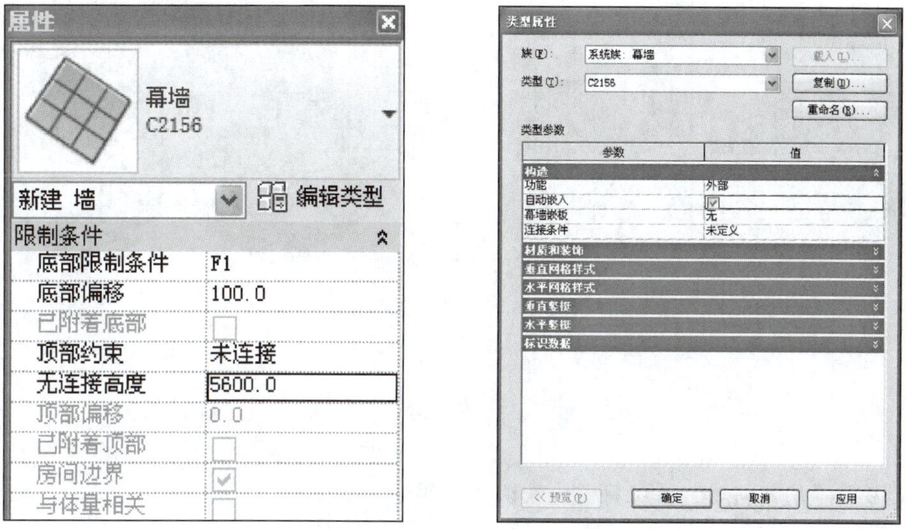

图3.7.10　幕墙参数设置结果

（4）上述操作中的幕墙分割与竖梃是通过参数设置自动完成的，接下来按图3.7.11所示在幕墙“C2156”的“类型属性”对话框中设置有关参数。

幕墙分割线设置：将“垂直网格样式”的“布局”参数选择“无”，“水平网格样式”的“布局”参数选择“固定距离”，“间距”设置为“925”，勾选“调整竖梃尺寸”复选框。

幕墙竖梃设置：将“垂直竖梃”的“内部类型”选择“无”，“边界1类型”和“边界2类型”选择“矩形竖梃：50 × 100 mm”；“水平竖梃”的“内部类型”选择“无”，“边界1类型”和“边界2类型”选择“矩形竖梃：50 × 100 mm”。

设置上述参数后，单击“确定”按钮关闭对话框。按照绘制墙的方法在E轴与5轴和6轴交点处的墙上捕捉两点绘制幕墙，位置如图3.7.12所示。

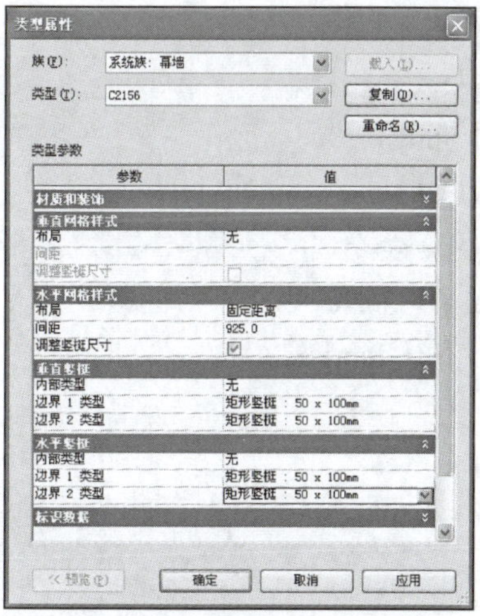

图3.7.11　幕墙分割与竖梃参数设定

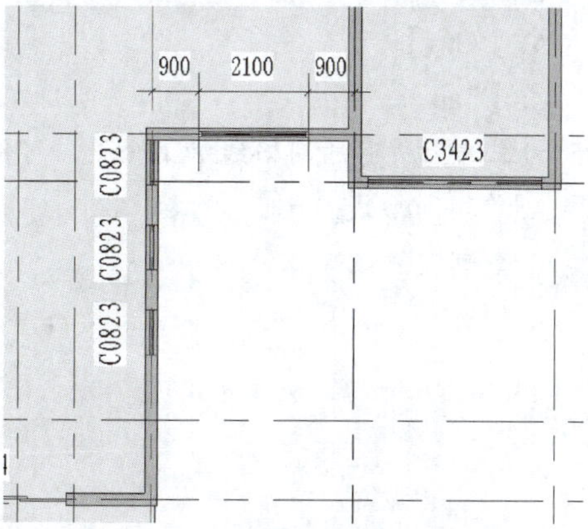

图3.7.12　幕墙放置

完成后的幕墙效果如图3.7.13所示，此时保存文件。

学习笔记

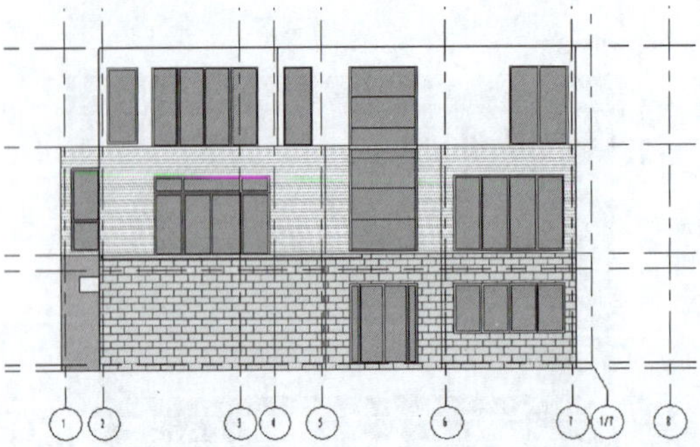

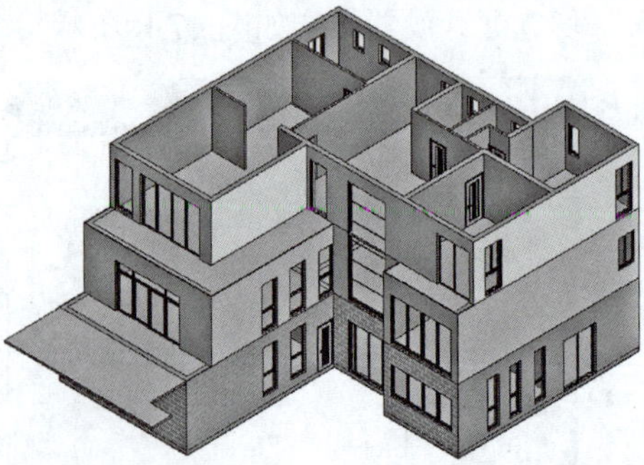

图3.7.13 幕墙完成效果

习题巩固

1. 放置幕墙网格时，系统将首先默认捕捉到（　　）。

A. 幕墙的均分处或1/3标记处

B. 将幕墙网格放到墙、玻璃斜窗和幕墙系统上时，幕墙网格将捕捉视图中的可见标高、网格和参照平面

C. 在选择公共角边缘时，幕墙网格将捕捉相交幕墙网格的位置

D. 以上说法都正确

2. 如果无法修改玻璃幕墙的网格间距，可能的原因是（　　）。

A. 未点开锁工具　　B. 幕墙尺寸不正确

C. 竖梃尺寸不对　　D. 网格间距有一定限制

3. 以下可以在幕墙内嵌入基本墙的方法是（　　）。

A. 选择幕墙嵌板，将类型选择器改为基本墙

B. 选择竖梃，将类型改为基本墙

C. 删除基本墙部分的幕墙，绘制基本墙

D. 直接在幕墙上绘制基本墙

4. 在幕墙网格上放置竖梃时可按住（　　）键部分放置竖梃。

A.【Ctrl】　　B.【Shift】

C.【Tab】　　D.【Alt】

5. 为幕墙上所有的网格线加上竖梃，可使用（　　）命令。

A. 单段网格线　　B. 整条网格线

C. 全部空线段　　D. 按住【Tab】键

学习笔记

学习评价

知识点：幕墙		日期：		
评价内容		学生自评	组内互评	教师评价
理论知识	1. 理解幕墙的概念； 2. 掌握玻璃幕墙的绘制步骤			
实践技能	1. 能够运用手动方法添加幕墙网格； 2. 能够为幕墙添加竖梃			
学生提出的问题				
教师答疑				
总结收获				
学生签字				

学习笔记

3.8 屋　　顶

一、屋顶的基础知识

1. 屋顶的概念

视频

屋顶

屋顶是建筑顶部的承重和围护构件，一般由屋面、保温（隔热）层和承重结构三部分组成。屋顶又称建筑的“第五立面”，对建筑的形体和立面形象具有较大的影响，屋顶的形式将直接影响建筑物的整体形象。

2. 屋顶的分类

屋顶按排水坡度大小及建筑造型要求可分为以下几种：

（1）坡屋顶。现代坡屋顶是钢筋混凝土屋面梁及屋面板，一般再加上防水屋面等做法。

（2）平屋顶。平屋顶坡度较小，高跨比为1/10，屋面基本平整。

（3）其他屋顶（如悬索、拱、折板屋面等）。多用于现代一些大跨度建筑，如体育馆等。

3. 屋顶的作用

（1）承重。承受屋面传来的各种荷载和屋顶自重并将荷载传给墙（柱）。

（2）围护。抵御自然界的风、霜、雨、雪、气温变化等外界不利因素的长期作用。

（3）装饰。使房屋形体美观，造型协调。

二、屋顶的实际操作

Revit提供了多种建模工具，如迹线屋顶、拉伸屋顶等创建屋顶的常规工具。屋顶构件属于系统族，可以通过修改参数，形成新的屋顶类型。

1. 迹线屋顶

通过创建屋顶边界线、定义边线属性和坡度的方法创建各种常规坡屋顶和平屋顶。可以按照如下步骤完成迹线屋顶的创建。本次操作屋顶模型的三维效果如图3.8.1所示。

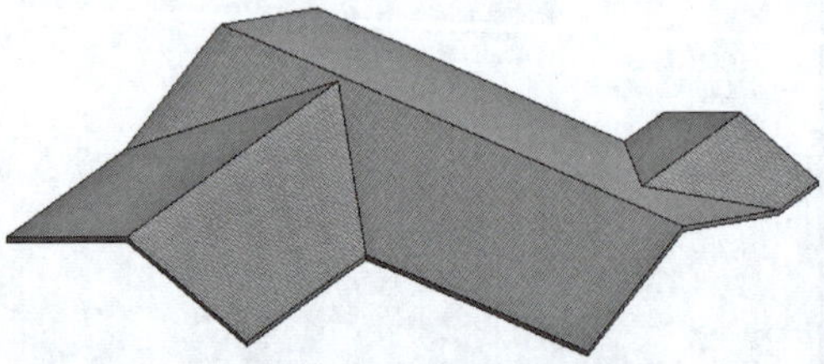

图3.8.1　迹线屋顶效果图

（1）进入楼层平面。在项目浏览器的中单击“楼层平面”打开屋顶所在楼层视图。

（2）启动“迹线屋顶”命令。在“建筑”选项卡“创建”面板中选择“屋顶”→“迹线屋顶”命令，如图3.8.2所示。

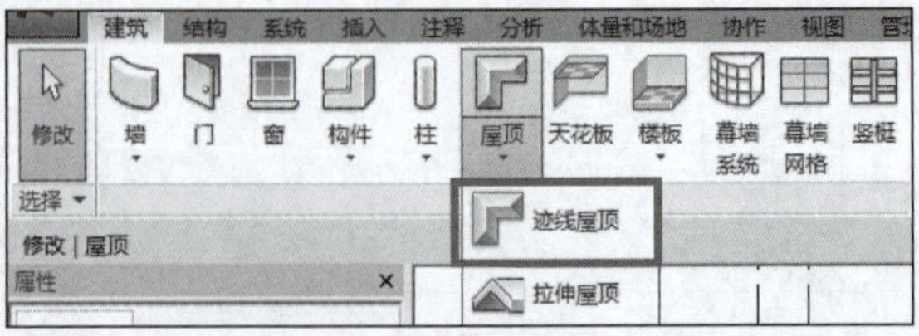

图3.8.2　启动“迹线屋顶”命令

学习笔记

（3）结合屋顶效果图，在“修改|屋顶>编辑迹线”上下文选项卡的“绘制”面板中单击“边界线”按钮，选择相应工具绘制屋顶边界线，如图3.8.3所示。

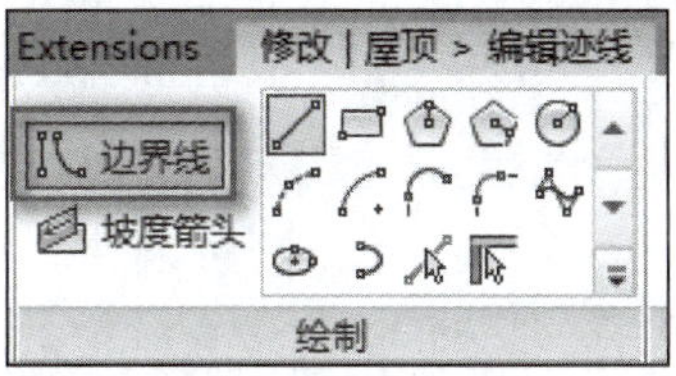

图3.8.3　迹线屋顶边界线绘制界面

（4）在边界线上添加角度时，将屋顶模型进行分块处理，每块由多边组成，倾斜块的最下边线要设定角度，如图3.8.4所示。

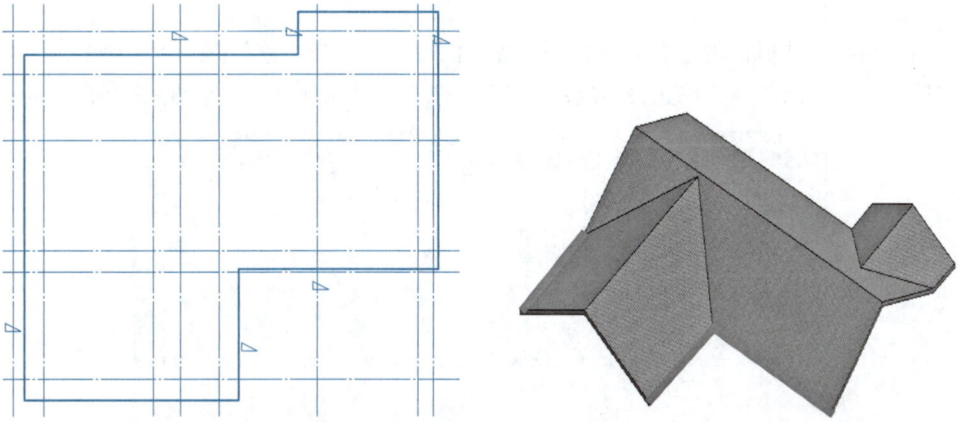

图3.8.4　边界线角度的添加

（5）在“修改|屋顶>编辑迹线”上下文选项卡的“模式”面板中单击“完成”按钮即可生成迹线屋顶模型。

2. 拉伸屋顶

当屋顶的截面有固定形状时，可以随意编辑屋顶的截面形状，通过拉伸屋顶命令，完成屋顶的创建。

（1）进入楼层平面。在项目浏览器中单击“楼层平面”打开屋顶所在楼层视图。

（2）启动“拉伸屋顶”命令。在“建筑”选项卡的“创建”面板中选择“屋顶”→“拉伸屋顶”命令，如图3.8.5所示。

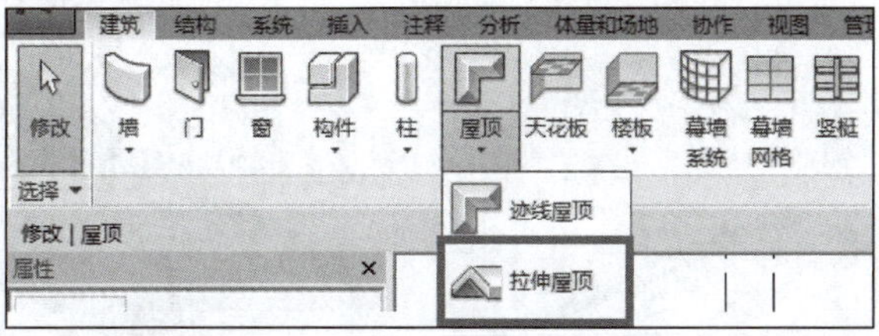

图3.8.5　启动“拉伸屋顶”命令

（3）指定工作平面。启动“拉伸屋顶”命令后，弹出“转到视图”对话框，借助参考平面，单击纵向线能够跳转到“东西”立面视图，而单击横向线能够跳转到“南北”立面

学习笔记

视图，如图3.8.6所示。

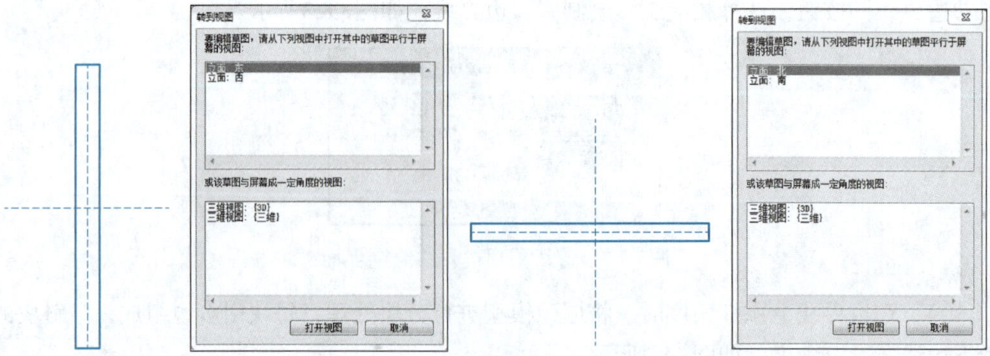

图3.8.6　视图跳转操作过程

（4）绘制屋顶截面的形状。跳转到正确立面视图后，在“修改|屋顶>编辑轮廓”上下文选项卡的“绘制”面板中选择“绘制工具”命令绘制截面形状，如图3.8.7所示。

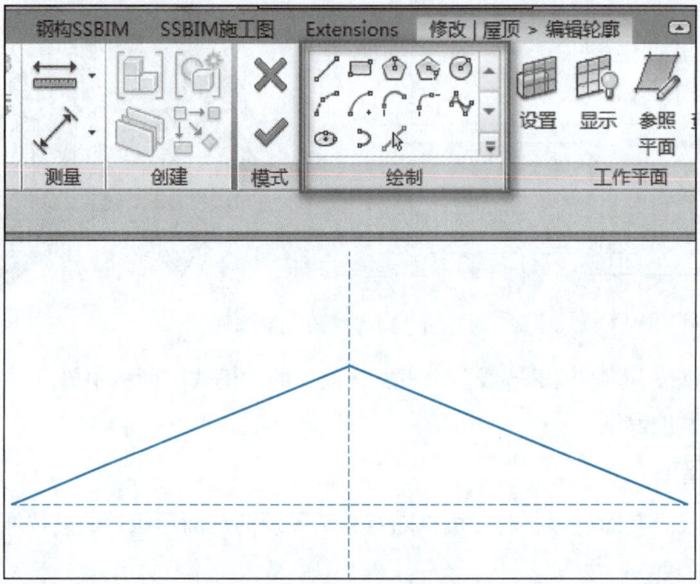

图3.8.7　绘制截面

（5）在“修改|屋顶>编辑轮廓”上下文选项卡的“模式”面板中单击“完成”按钮✔即可生成屋顶拉伸模型，如图3.8.8所示。

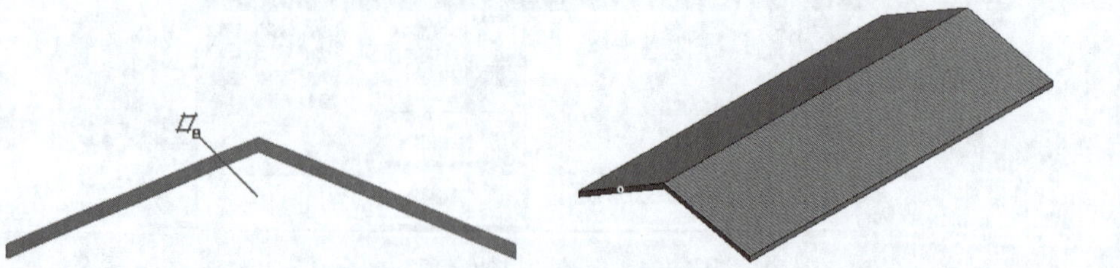

图3.8.8　拉伸屋顶效果图

学习笔记

技能训练

屋顶是建筑的重要组成部分，是房屋或构筑物外部的顶盖。Revit提供多种屋顶建模方法，如拉伸屋顶、迹线屋顶、面屋顶和玻璃屋顶等。针对特殊造型的屋顶，可以使用内建模型的工具创建。本项目二层拉伸屋顶、二层和三层多坡屋顶创建和编辑的具体步骤如下：

1. 拉伸屋顶

（1）在项目浏览器中双击“楼层平面”选项下的“F2”，打开二层平面视图。

（2）在二层平面视图的属性面板中设置参数“基线”为“F1”，如图3.8.9所示。

（3）在菜单栏中选择“建筑”→“工作平面”→“参照平面”命令，在F轴和E轴向外800 mm处各绘制一根参照平面，在1轴向左500 mm处绘制一根参照平面，如图3.8.10所示。

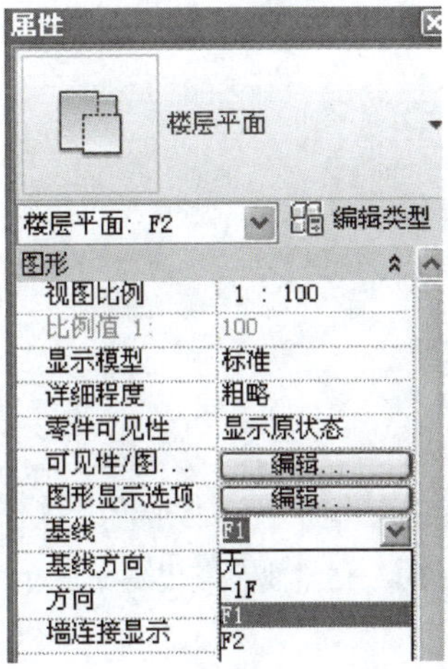

图3.8.9　基线参数设定

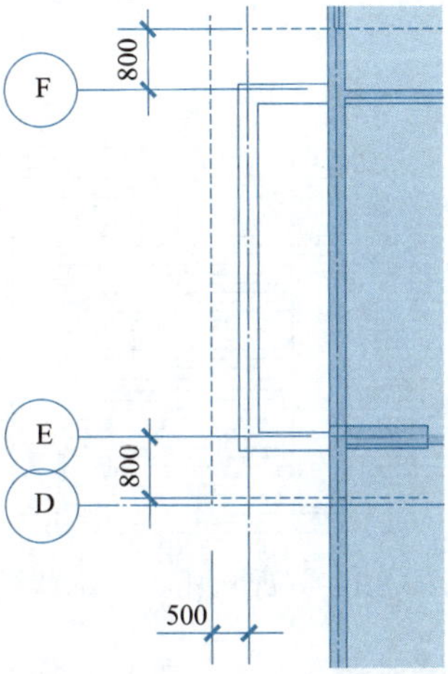

图3.8.10　参照平面绘制

（4）在菜单栏中选择“建筑”→“屋顶”→“拉伸屋顶”命令，弹出“工作平面”对话框提示设置工作平面，如图3.8.11所示。

（5）在“工作平面”对话框中选择“拾取一个平面”单选按钮，单击“确定”按钮，移动光标单击刚绘制的垂直参照平面，弹出“转到视图”对话框，如图3.8.12所示。在上方列表中选择“立面：西”，单击“确定”按钮，进入西立面视图。

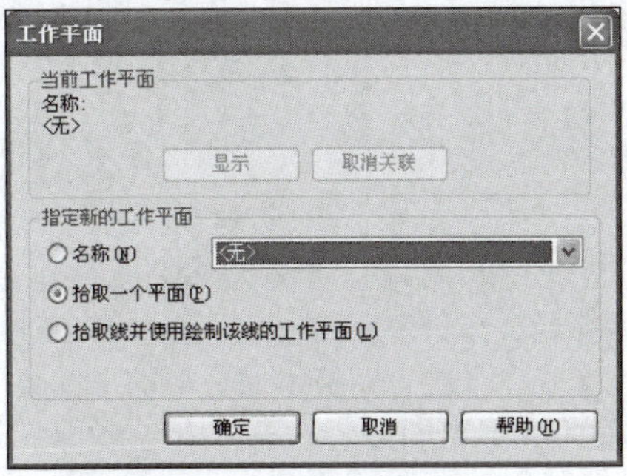

图3.8.11　“工作平面”对话框

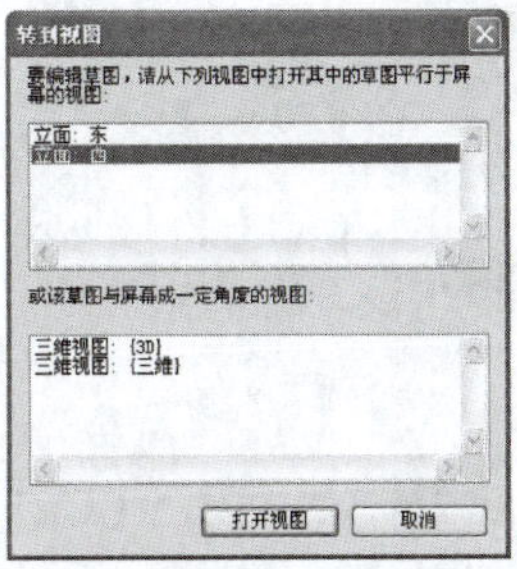

图3.8.12　“转到视图”对话框

学习笔记

（6）在西立面中弹出“屋顶参照标高和偏移”对话框，用于确定屋顶的位置和高度，如图3.8.13所示。在西立面视图中间墙体两侧可以看到两根竖向的参照平面，这是刚才在F2视图中绘制的两根水平参照平面在西立面的投影，用于创建屋顶时的精确定位。

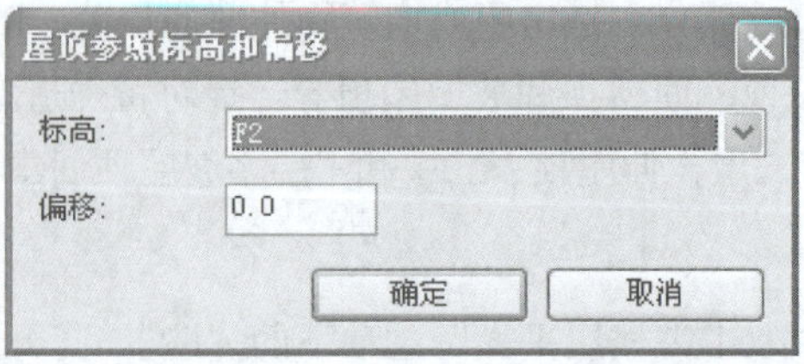

图3.8.13 “屋顶参照标高和偏移”对话框

（7）使用“直线”命令，按照图3.8.14所示尺寸绘制拉伸屋顶截面形状线。在属性面板中单击“屋顶属性”按钮，从“类型”下拉列表中选择“青灰色琉璃筒瓦”，单击“确定”按钮关闭对话框。单击“完成屋顶”按钮创建拉伸屋顶，拉伸效果如图3.8.15所示，此时保存文件。

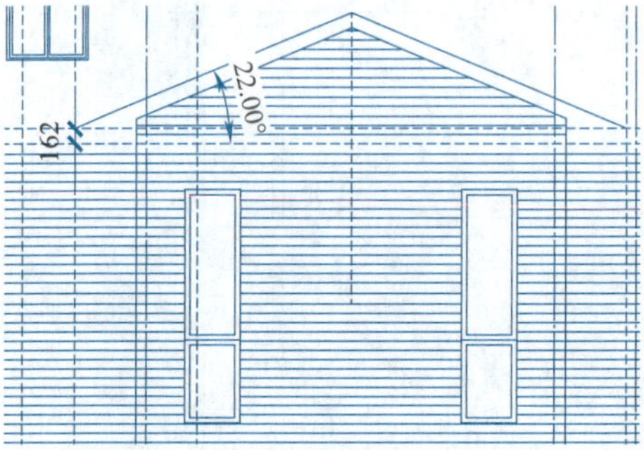

图3.8.14 拉伸屋顶截面形状线

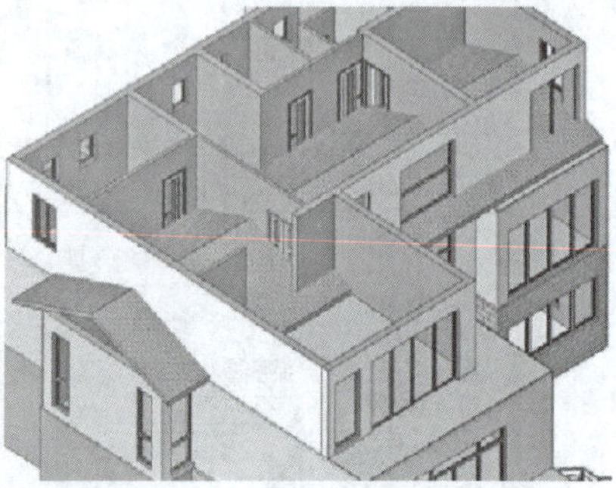

图3.8.15 截面形状线拉伸效果

2. 修改屋顶

（1）连接屋顶。打开三维视图，在“修改”选项卡的“几何图形”面板中选择“连接/取消连接屋顶”命令。单击延伸到二层屋内的屋顶边缘线，再单击左侧二层外墙墙面，即可自动调整屋顶长度，使其端面和二层外墙墙面对齐，如图3.8.16所示。

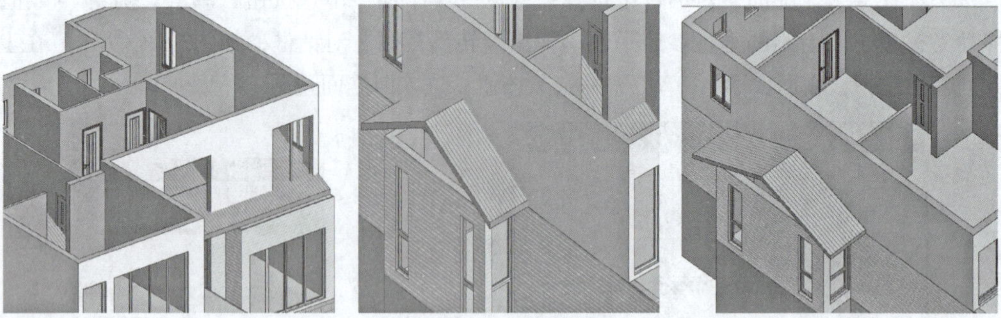

图3.8.16 连接屋顶过程

（2）附着墙。按住【Ctrl】键并连续单击选择屋顶下面的三面墙，在“修改墙”面板中选择“附着”命令，在选项栏中选中“顶部”单选按钮 修改 | 墙 附着墙：⊙顶部 ○底部 ，选择

学习笔记

屋顶为被附着的目标，墙体自动将其顶部附着到屋顶下面。这样在墙体和屋顶之间创建了关联关系，如图3.8.17所示。

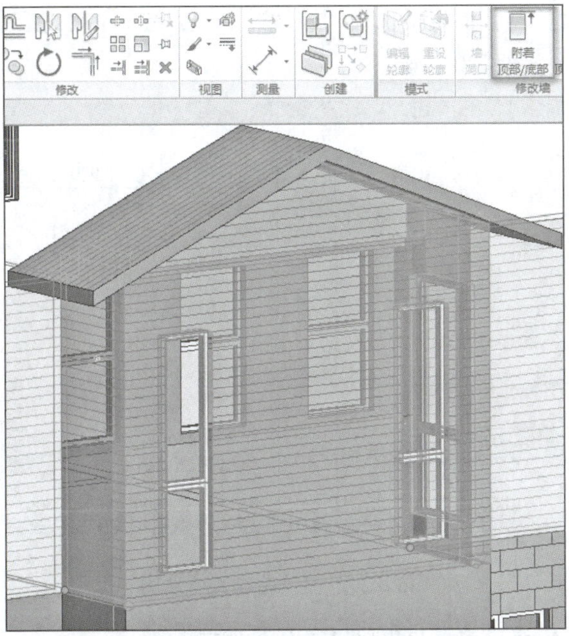

图3.8.17　墙体附着屋顶

（3）创建屋脊。选择“结构”面板中的“梁”命令，在属性面板中选择梁类型为“屋脊”和“屋脊线”，在选项栏中勾选“三维捕捉”复选框，设置参数如图3.8.18所示，在三维视图中捕捉屋脊线的两个端点创建屋脊。

（4）连接屋顶和屋脊。选择“修改”选项卡“编辑几何形”面板中的“连接几何图形”命令，先选择要连接的第一个几何图形屋顶，再选择要与第一个几何图形连接的第二个几何图形屋脊，系统自动将二者连接在一起，如图3.8.19所示。按【Esc】键结束连接命令，此时保存文件。

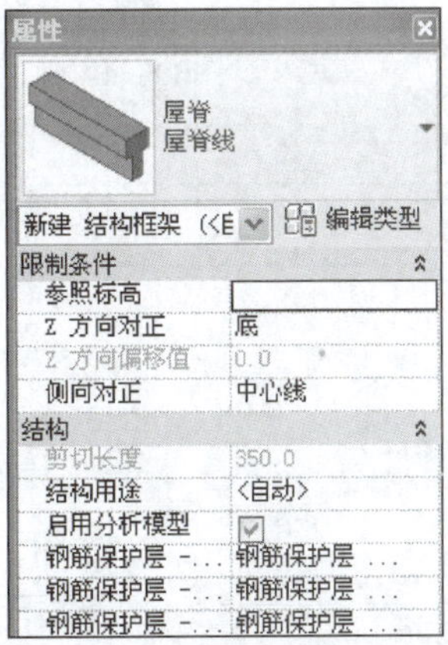

图3.8.18　创建屋脊

图3.8.19　连接屋顶和屋脊

3. 二层多坡屋顶

（1）在项目浏览器中双击“楼层平面”选项下的“F2”，打开二层平面视图，选择基

学习笔记

线为“无”。

（2）在“建筑”选项卡的“屋顶”面板中选择“迹线屋顶”命令，进入绘制屋顶轮廓迹线草图模式，在“绘制”面板中选择“直线”命令，按图3.8.20所示绘制屋顶轮廓迹线，轮廓线沿相应轴网向外偏移800 mm。

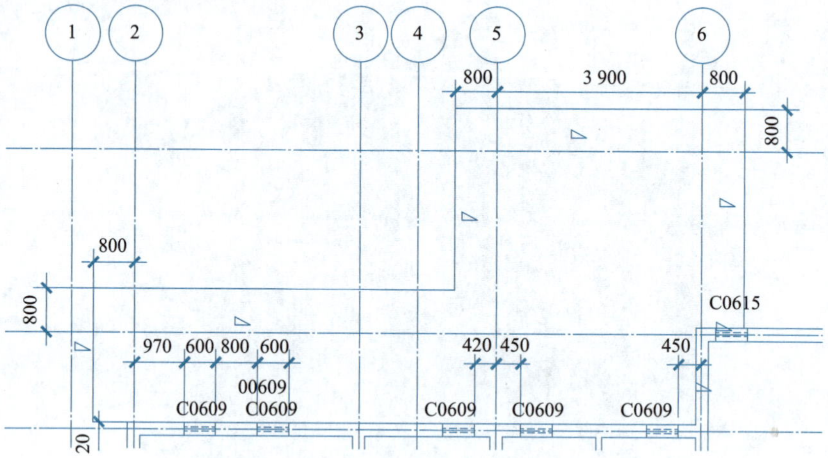

图3.8.20　屋顶轮廓迹线草图

（3）在属性面板中选择“青灰色琉璃筒瓦”类型。

（4）修改屋顶坡度。选中所有绘制的迹线，在屋顶属性面板中设置“坡度”为22°，如图3.8.21所示。按住【Ctrl】键连续单击选择最上面、最下面和右侧最短的水平迹线，以及下方左右两条垂直迹线，在选项栏中取消勾选“定义坡度”复选框，以取消这些边的坡度，效果如图3.8.22所示。

（5）单击“完成”按钮创建二层多坡屋顶。选择屋顶下的墙体，在选项栏中选择“附着”命令，单击刚创建的屋顶，将墙体附着到屋顶下，同上文所述创建屋顶屋脊，三维模型如图3.8.23所示，此时保存文件。

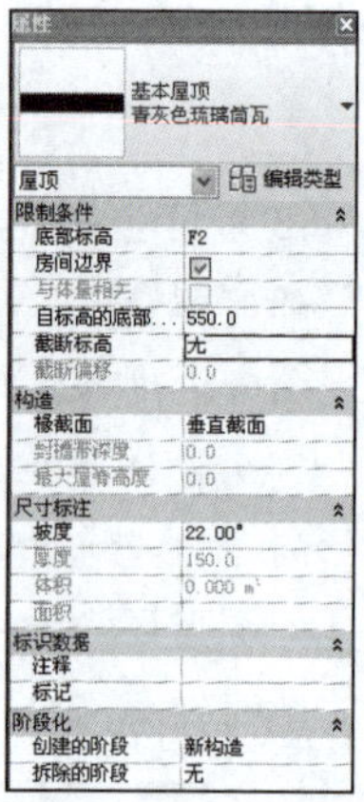

图3.8.21　屋顶属性设定

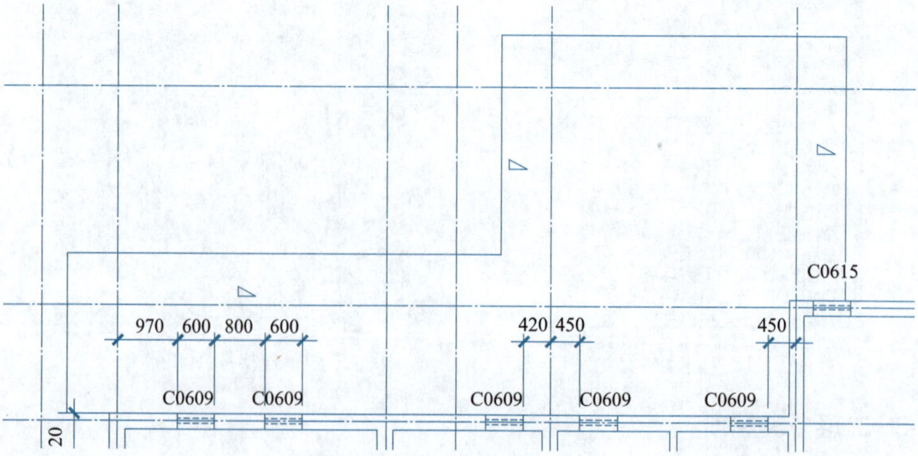

图3.8.22　修改屋顶坡度

学习笔记

图3.8.23　二层多坡屋顶三维模型

4. 三层多坡屋顶

（1）在项目浏览器中双击“楼层平面”选项下的“F3”，打开三层平面视图，设置参数“基线”为“F2”。

（2）在“建筑”选项卡的“屋顶”面板中选择“迹线屋顶”命令，在“绘制”面板中选择“直线”命令。如图3.8.24所示，在相应的轴线向外偏移800 mm，绘制出屋顶的轮廓，在属性面板中设置屋顶的“坡度”为22°。

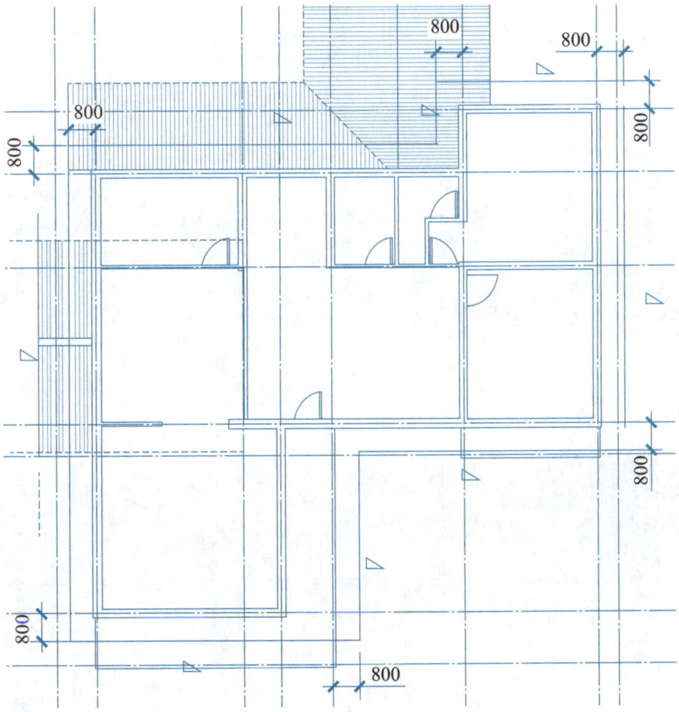

图3.8.24　屋顶迹线

（3）选择“工作平面”面板中的“参照平面”命令，绘制两条参照平面与中间两条水平迹线平齐，并和左右最外侧的两条垂直迹线相交，如图3.8.25所示。

（4）选择工具栏中的“拆分”命令，参照平面和左右最外侧的两条垂直迹线交点位置，分别单击，将两条垂直迹线拆分成上下两段。按住【Ctrl】键并单击选择最左侧迹线拆分后的上半段和最右侧迹线拆分后的下半段，取消坡度。完成后的屋顶迹线轮廓如图3.8.26所示，单击“完成”按钮创建三层多坡屋顶。

学习笔记

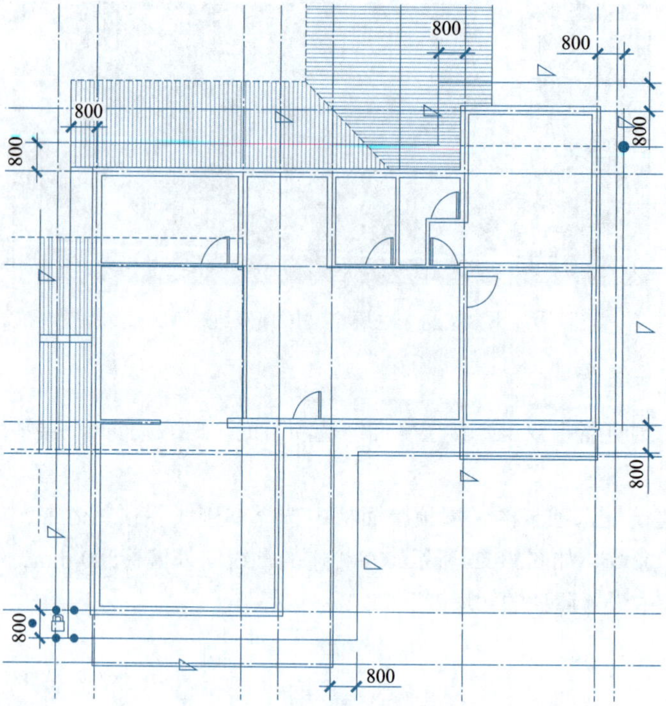

图3.8.25 编辑屋顶迹线

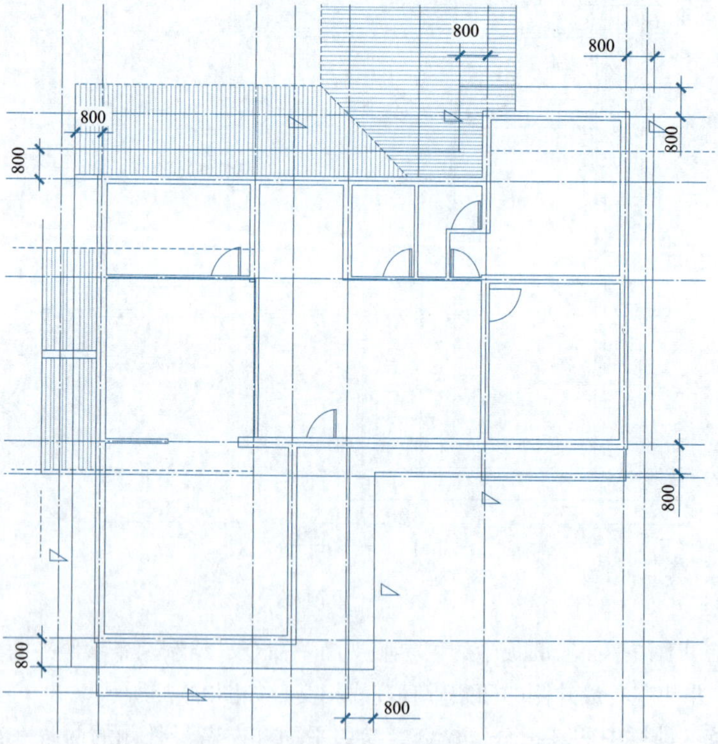

图3.8.26 拆分三层屋顶迹线

（5）选择三层墙体，使用“附着”命令将墙顶部附着到屋顶下面。使用“梁”命令捕捉三条屋脊线以创建屋脊，完成后的多坡屋顶三维模型如图3.8.27所示，此时保存文件。

学习笔记

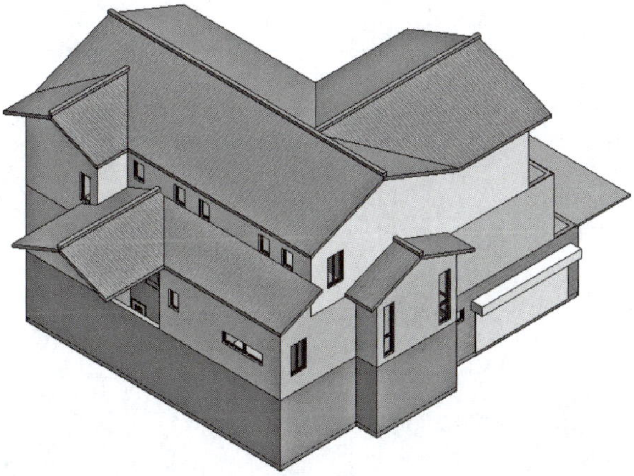

图3.8.27　多坡屋顶三维模型

习题巩固

1. 屋顶是系统族，下列不属于Revit提供的绘制屋顶命令的是（　　）。
   A. 面屋顶　　B. 放样屋顶
   C. 拉伸屋顶　　D. 迹线屋顶
2. 屋顶的（　　）创建方式与楼板类似，不同的是可以灵活定义屋顶的坡度。
   A. 拉伸屋顶　　B. 迹线屋顶
   C. 面屋顶　　D. 以上均正确
3. 拉伸屋顶是指（　　）。
   A. 通过拉伸绘制的轮廓创建屋顶
   B. 创建屋顶时使用建筑迹线定义其边界
   C. 使用非垂体的体量面创建屋顶
   D. 以上说法均错误
4. 创建屋顶包括（　　）方式。
   A. 旋转屋顶　　B. 面屋顶
   C. 迹线屋顶　　D. 拉伸屋顶
5. 运用“迹线屋顶”工具不可以创建（　　）类型的屋顶。
   A. 平屋顶　　B. 坡屋顶
   C. 圆锥屋顶　　D. 面屋顶
6. 关于创建屋顶所在视图说法错误的是（　　）。
   A. 迹线屋顶可以在立面视图和剖面视图中创建
   B. 迹线屋顶可以在楼层平面视图和天花板投影平面视图中创建
   C. 拉伸屋顶可以在立面视图和剖面视图中创建
   D. 迹线屋顶和拉伸屋顶都可以在三维视图中创建

学习笔记

学 习 评 价

知识点：屋顶			日期：	
评价内容		学生自评	组内互评	教师评价
理论知识	1. 掌握迹线屋顶的绘制步骤； 2. 掌握拉伸屋顶的绘制步骤			
实践技能	1. 能够运用“迹线屋顶”命令创建屋顶； 2. 能够运用“拉伸屋顶”命令创建屋顶			
学生提出的问题				
教师答疑				
总结收获				
学生签字				

学习笔记

3.9 楼　梯

一、楼梯的基础知识

1. 楼梯的概念

楼梯是建筑物中作为楼层间垂直交通用，架设在楼房的两层之间供人上下行走的设备，形状像台阶，用于楼层之间和高差较大时的交通联系。高层建筑尽管采用电梯作为主要垂直交通工具，但仍然要保留楼梯供火灾逃生之用。

视 频

楼梯

2. 楼梯的作用

（1）连接不同楼层：楼梯是贯穿建筑物的结构体系，它可以连接建筑物内不同的楼层，使得人们可以直接在不同楼层之间往来。

（2）提供安全的垂直交通：楼梯是一种安全、便利的垂直交通方式。与电梯相比，楼梯不需要耗费额外的能源，并且在停电、火灾等紧急情况下，仍能保证人们在不同楼层之间的安全出入。

二、楼梯的实际操作

1. 创建楼梯

（1）构件创建楼梯。在“建筑”选项卡的“楼梯坡道”面板中选择“楼梯”→“楼梯（按构件）”命令，如图3.9.1所示。

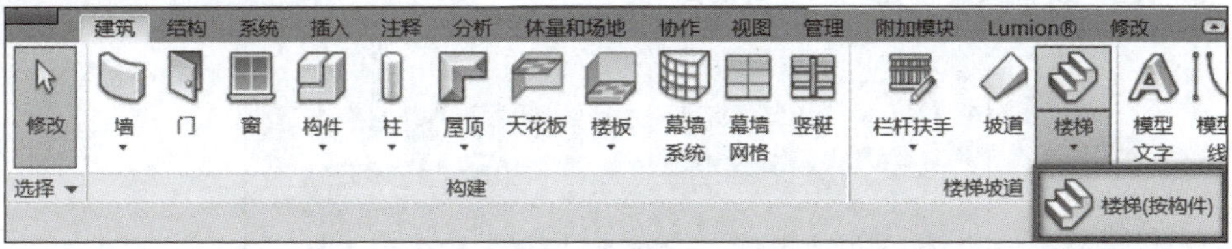

图3.9.1　构件创建楼梯

（2）草图创建楼梯。在“建筑”选项卡的“楼梯坡道”面板中选择“楼梯”→“楼梯（按草图）”命令，如图3.9.2所示。

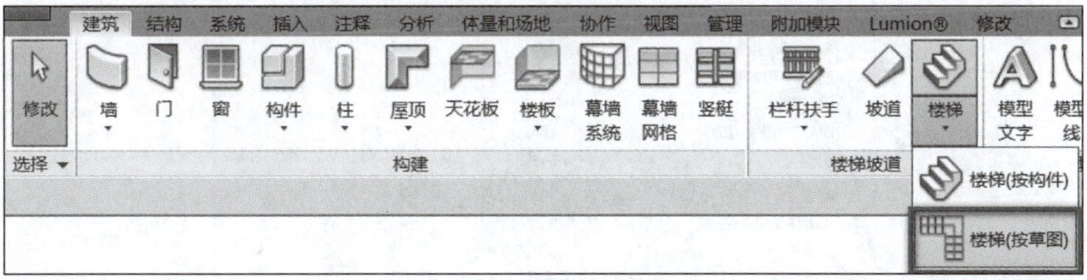

图3.9.2　草图创建楼梯

2. 楼梯属性

（1）楼梯实例属性。选中楼梯，在属性面板中对楼梯的实例属性参数值进行设定，如图3.9.3所示。

学习笔记

①底部标高：设置楼梯的基面标高。

②顶部标高：设置楼梯的顶部标高。

③底部偏移：设置楼梯相对于底部标高向上或向下的偏移值。

④顶部偏移：设置楼梯相对于顶部标高向上或向下的偏移值。

⑤所需踢面数：以标高间的高度作为基础，计算所需踢面数。

⑥实际踢面数：通常该参数与所需踢面数相同。

⑦实际踢面高度：显示实际踢面高度。

⑧实际踏板深度：设置楼梯实际踏板的深度。

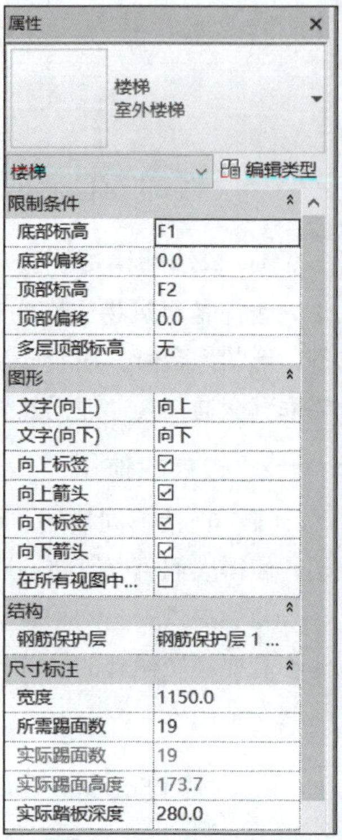

图3.9.3　楼梯实例属性

（2）楼梯类型属性。选中楼梯，在属性面板中单击“编辑类型”按钮，弹出“类型属性”对话框，在其中对楼梯的类型属性参数值进行设定，如图3.9.4所示。

①计算规则：用于限制楼梯的参数，当模型中的楼梯不满足设定规则时，软件会自动提醒报错，当然上述的限制条件也可以修改。

②最大踢面高度：设置楼梯最大踢面的高度限制。

③最小踏板深度：以楼梯的梯段中心作为测量点，测量踏板的最小宽度。

④功能：设置楼梯在建筑的内部还是外部。

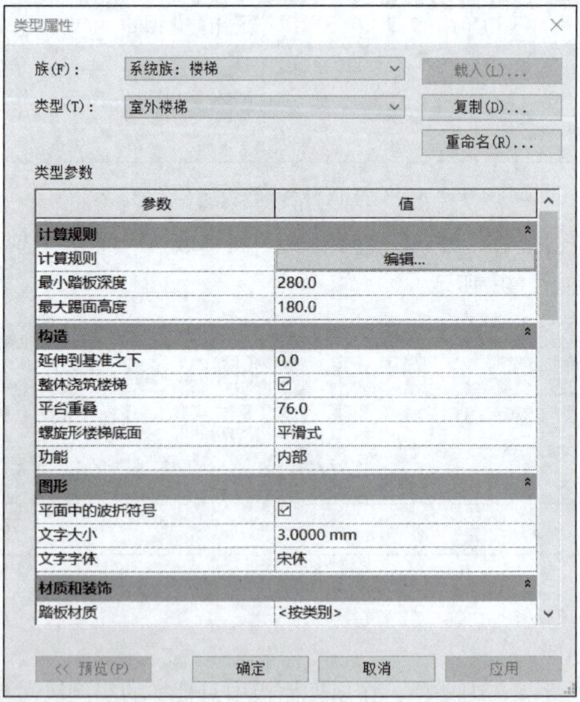

图3.9.4　楼梯类型属性

技能训练

楼梯是建筑中的重要组成部分，Revit可以通过定义楼梯梯段或通过绘制踢面线和边界线的方式创建直跑楼梯、螺旋楼梯等楼梯，并自动生成楼梯扶手。本项目运用“草图创建楼梯”的方式，进行室内、外楼梯创建与编辑。具体步骤如下：

1. 创建室外楼梯

（1）在项目浏览器中双击“楼层平面”选项下的“-1F-1”，打开地下一层平面视图。

（2）在“建筑”选项卡的“楼梯坡道”面板中选择“楼梯（按草图）”命令，进入绘制草图模式。在属性面板中选择楼梯类型为“室外楼梯”，设置楼梯的“底部标高”为“-1F-1”，“顶部标高”为“F1”，“宽度”为“1 150”，“所需踢面数”为“20”，“实际踏板深度”为“280”，如图3.9.5所示。

（3）在“绘制”面板中选择“梯段”→“直线”命令，在建筑外单击一点作为第一跑起点，垂直向下移动光标，直到显示“创建了10个踢面，剩余10个”时，单击捕捉该点作为第一跑终点，创建第一跑草图，按【Esc】键结束绘制命令。

（4）在“建筑”选项卡的“工作平面”面板中选择“参照平面”命令，在草图下方绘制一水平参照平面作为辅助线，改变临时尺寸距离为900，如图3.9.6所示。

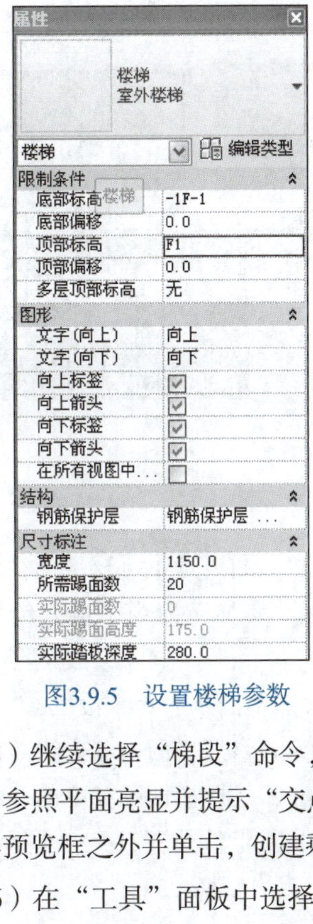

图3.9.5　设置楼梯参数

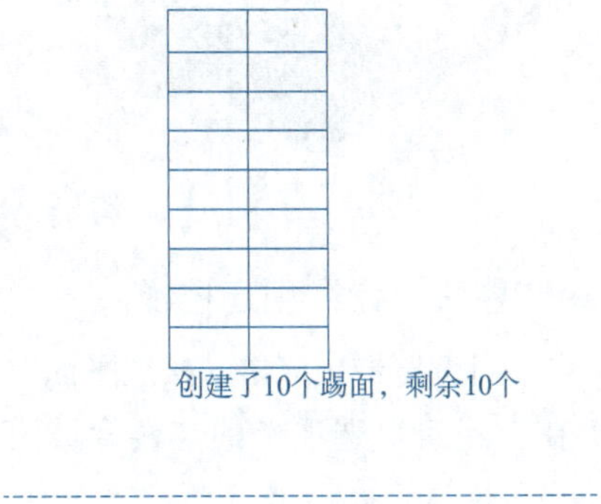

图3.9.6　草图绘制

（5）继续选择“梯段”命令，移动光标至水平参照平面上与梯段中心线延伸相交的位置，当参照平面亮显并提示“交点”时单击捕捉交点作为第二跑起点，向下垂直移动光标到矩形预览框之外并单击，创建剩余的踏步，草图绘制结果如图3.9.7所示。

（6）在“工具”面板中选择“栏杆扶手”命令，在弹出的“栏杆扶手”对话框（见

学习笔记

图3.9.8）的下拉列表框中选择扶手类型为“栏杆-金属立杆”，单击“确定”按钮创建室外楼梯。

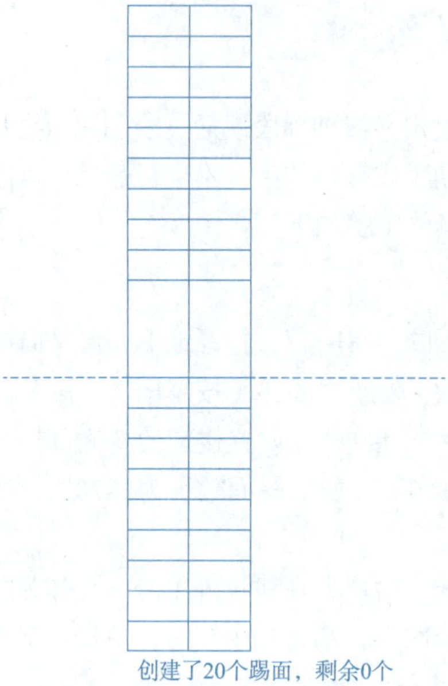

图3.9.7 草图绘制结果

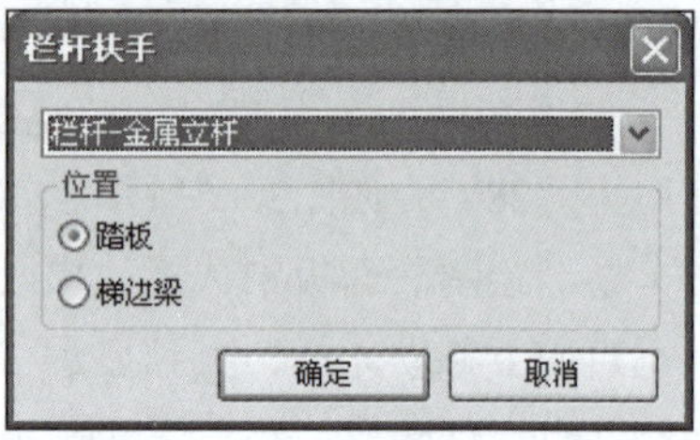

图3.9.8 “栏杆扶手”对话框

（7）打开F1层平面视图，把楼梯移动到图3.9.9所示位置。

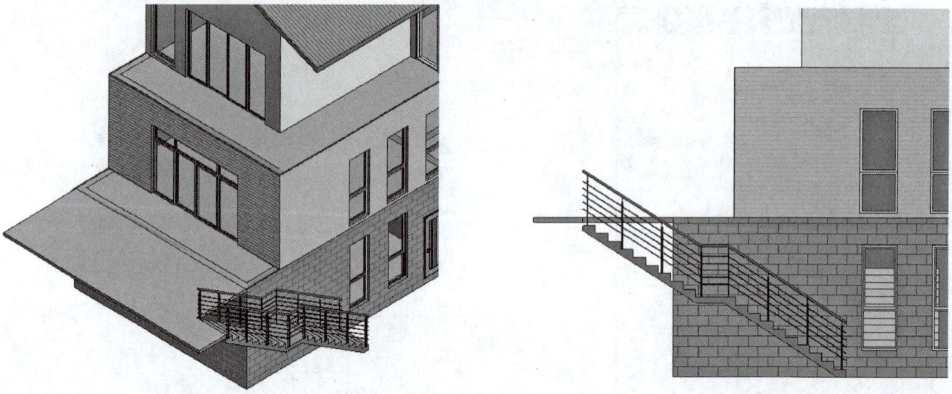

图3.9.9 楼梯位置

2. 用“梯段”命令创建楼梯

（1）在项目浏览器中双击“楼层平面”选项下的“-1F”，打开地下一层平面视图。

（2）在“建筑”选项卡的“楼梯坡道”面板中选择“楼梯”命令，进入绘制草图模式。

（3）绘制参照平面。选择“工作平面”面板中的“参照平面”命令，按图3.9.10所示在地下一层楼梯间绘制四条参照平面，并用临时尺寸精确定位参照平面与墙边线的距离。

其中左右两条垂直参照平面到墙边线的距离为575 mm，是楼梯梯段宽度的一半；下方水平参照平面到下面墙边线的距离为1 380 mm，为第一跑的起跑位置；上方水平参照平面距离下面参照平面的距离为1 820 mm。

学习笔记

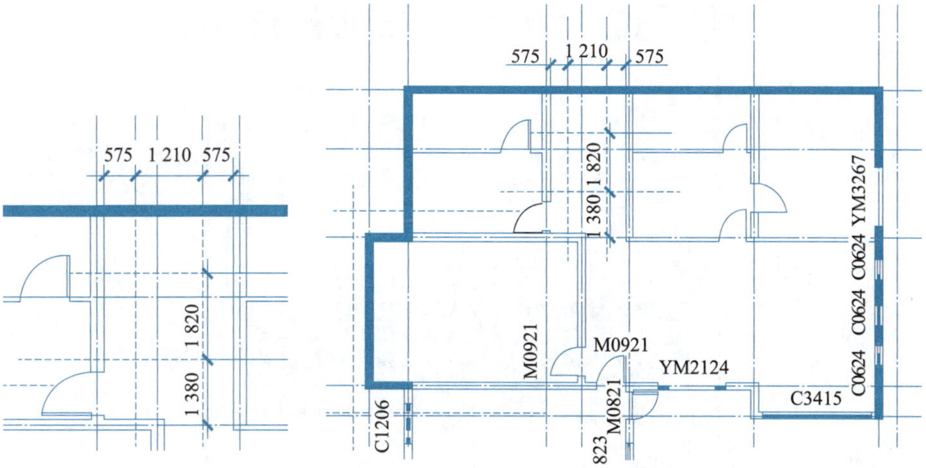

图3.9.10　室内楼梯参照平面

（4）设置楼梯实例参数。选择“楼梯属性”命令，在属性面板中选择楼梯类型为“整体式楼梯”，设置楼梯的“底部标高”为“-1F”，“顶部标高”为“F1”，梯段“宽度”为“1 150”，“所需踢面数”为“19”，“实际踏板深度”为“260”，如图3.9.11所示。

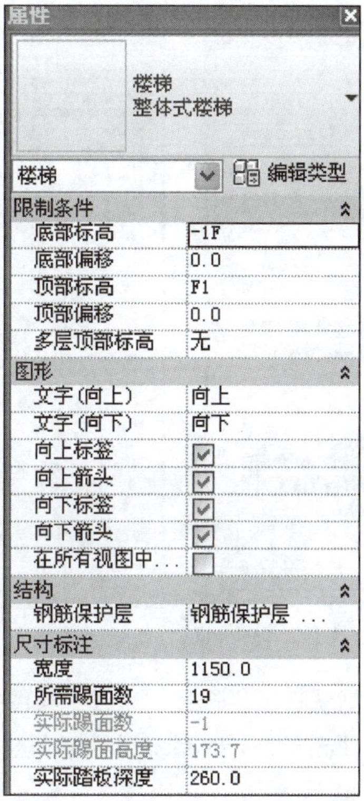

图3.9.11　楼梯属性面板设置

（5）设置楼梯类型参数。单击“编辑类型”按钮，弹出“类型属性”对话框，在“梯边梁”选项中设置参数“楼梯踏步梁高度”为“80”，“平台斜梁高度”为“100”。在“材质和装饰”选项中设置楼梯的“整体式材质”参数为“钢筋混凝土”，如图3.9.12所示。设置完成后单击“确定”按钮关闭所有对话框。

学习笔记

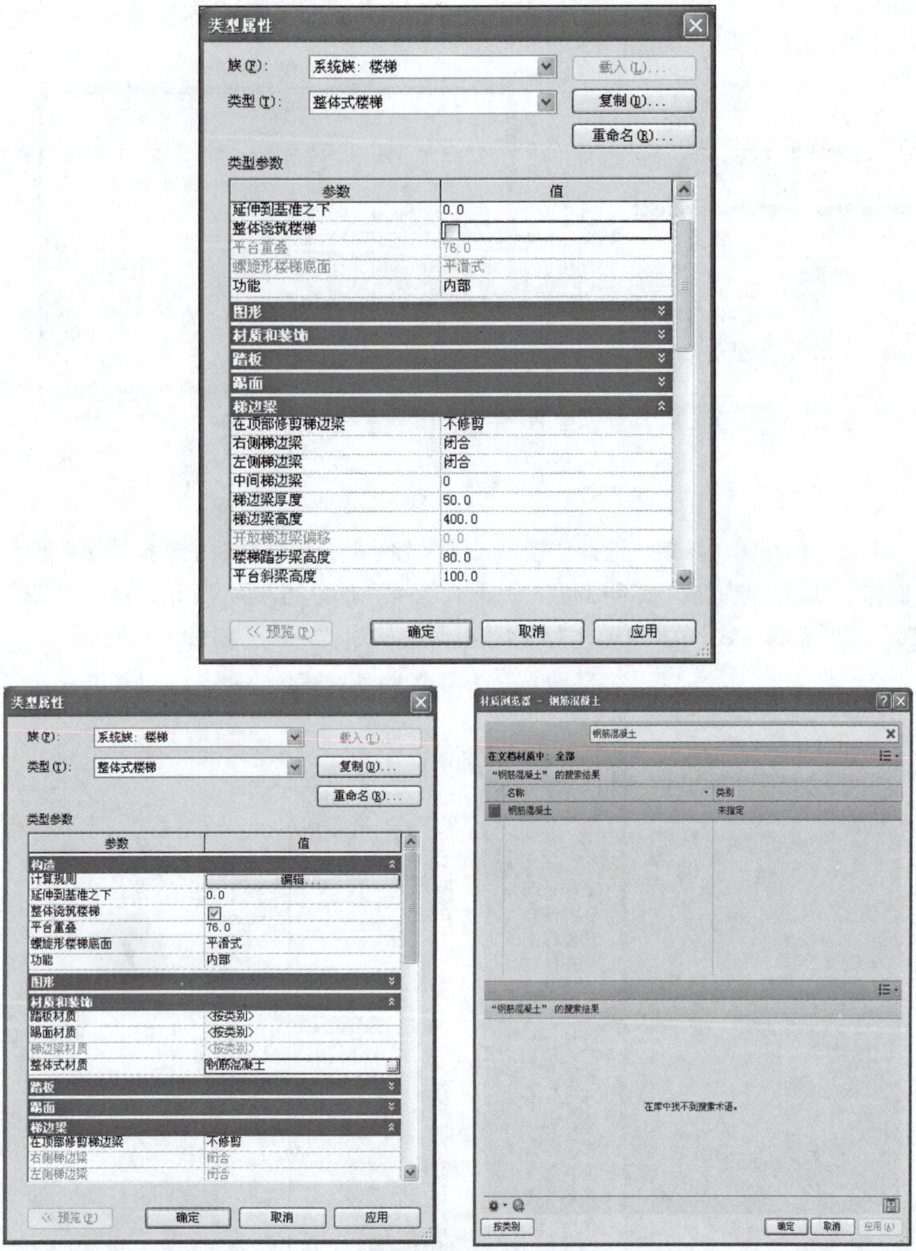

图3.9.12 设置楼梯类型参数

（6）选择“梯段”命令，默认选项栏选择“直线”绘图模式，移动光标至参照平面右下角交点位置，当两条参照平面亮显，同时系统提示“交点”时，单击捕捉该交点作为第一跑的起跑位置。

（7）向上垂直移动光标至右上角参照平面交点的位置，同时在起跑点下方出现灰色显示“创建了7个踢面，剩余12个”提示字样和蓝色临时尺寸，表示从起点到光标所在尺寸位置创建了7个踢面，还剩余12个。单击捕捉该交点作为第一跑的终点位置，自动绘制第一跑踢面和边界草图。

（8）移动光标到左上角参照平面交点的位置，单击捕捉作为第二跑的起点位置。向下

学习笔记

垂直移动光标到矩形预览图形之外单击捕捉一点，系统会自动创建休息平台和第二跑梯段草图，单击选择楼梯顶部的绿色边界线，用鼠标拖动其与顶部墙体内边界重合，此时的草图绘制结果如图3.9.13所示。

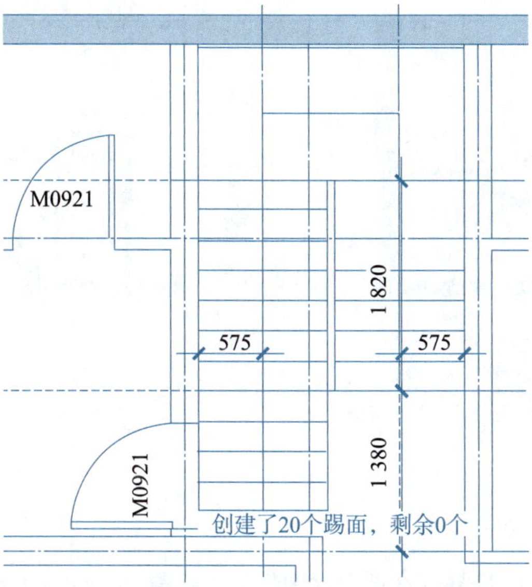

图3.9.13　室内楼梯草图绘制

（9）选择“工具”面板中的“扶手类型”命令，弹出“栏杆扶手”对话框，从下拉列表框中选择需要的扶手类型，此处选择默认类型。选择“完成楼梯”命令创建如图3.9.14所示的地下一层U型不等跑楼梯。

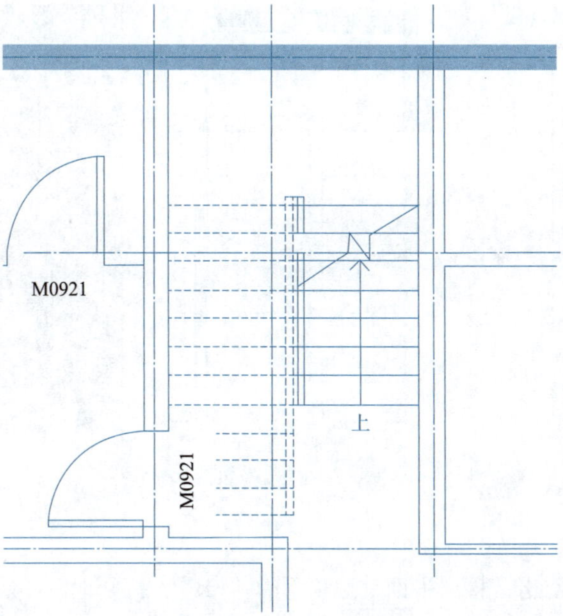

图3.9.14　草图绘制完成

楼梯绘制完成后，扶手栏杆没有落到楼梯踏步上，如图3.9.15所示。此时可以在视图中选择此扶手并右击，在弹出的快捷菜单中选择“翻转方向”命令，扶手自动调整使栏杆

学习笔记

落到楼梯踏步上，设置结果如图3.9.16所示。

图3.9.15　楼梯扶手模型待调整

图3.9.16　楼梯扶手模型设置完成

3. 编辑踢面和边界线

单击选择刚才绘制的楼梯，在选项栏中选择“编辑”命令，重新回到绘制楼梯边界和踢面草图模式。选择右侧第一跑的踢面线，按【Delete】键删除。选择“绘制”面板中的“踢面”→“三点画弧”命令，单击捕捉下方水平参照平面左右两边踢面线的端点，再捕捉弧线中间一个端点绘制一段圆弧，复制7条圆弧踢面。选择“完成楼梯”命令创建圆弧踢面楼梯，如图3.9.17所示。

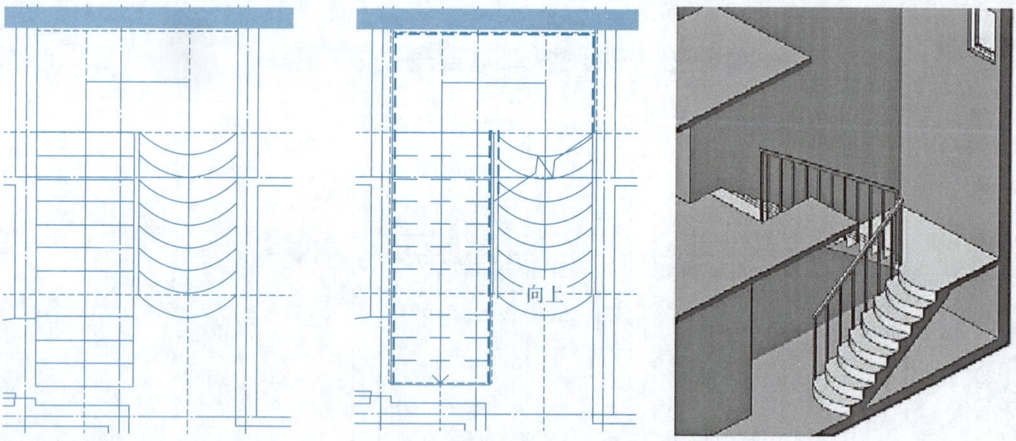

图3.9.17　圆弧踢面楼梯

4. 多层楼梯

在项目浏览器中双击“楼层平面”选项下的“-1F”，打开地下一层平面视图。选择地下一层的楼梯，在属性面板中设置参数“多层顶部标高”为“F2”，如图3.9.18所示。单击“确定”按钮后即可自动创建其余楼层的楼梯和扶手，最终模型如图3.9.19所示，此时保存文件。

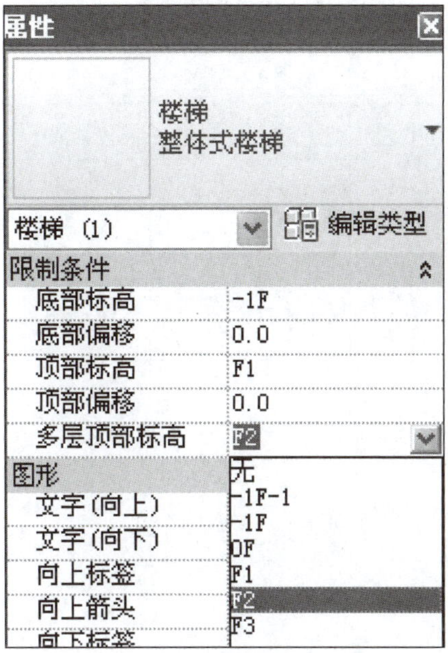

图3.9.18　楼梯多层顶部标高属性设置

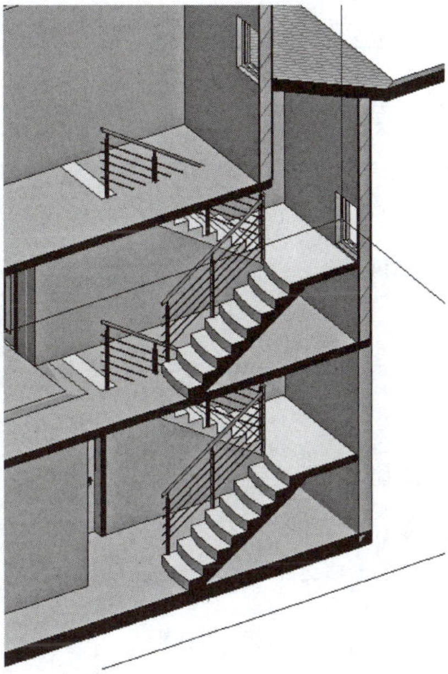

图3.9.19　室内楼梯模型

习题巩固

1. 在Revit中创建楼梯，在“修改|创建楼梯”上下文选项卡的“构件”面板中不包含(　　)。

　A. 支座　　B. 平台　　C. 梯段　　D. 梯边梁

2. 以下关于创建栏杆扶手的说法正确的是(　　)。

　A. 可以直接在建筑平面图中创建栏杆扶手

　B. 可以在楼梯主体上创建栏杆扶手

　C. 可以在坡道主体上创建栏杆扶手

　D. 以上均正确

3. 下列图元属于系统族的是(　　)。

　A. 结构柱　　B. 楼梯　　C. 门　　D. 地形表面

4. 下列关于扶手的描述错误的是(　　)。

　A. 扶手不能作为独立构件添加到楼层中，只能将其附着到主体上，如楼板或楼梯

　B. 扶手可以作为独立构件添加到楼层中

　C. 可以通过选择主体的方式创建扶手

　D. 可以通过绘制的方法创建扶手

5. 在绘制楼梯时，在属性面板中设置“最大踢面高度”为“150”，楼梯到达的高度为3 000，如果设置楼梯图元属性中“所需梯面数”为“18”，则(　　)。

　A. 给出警告，并以18步绘制楼梯　　B. 给出警告，并以20步绘制楼梯

　C. Revit不允许设置为此值　　D. 给出警告，并退出楼梯绘制

学习笔记

学习评价

知识点：楼梯			日期：	
评价内容		学生自评	组内互评	教师评价
理论知识	1. 掌握楼梯的直接绘制步骤； 2. 掌握按草图绘制楼梯的步骤			
实践技能	1. 能够通过“楼梯（构件）”命令创建楼梯； 2. 能够通过“楼梯（草图）”命令创建楼梯			
学生提出的问题				
教师答疑				
总结收获				
学生签字				

学习笔记

3.10　洞　　口

视频

洞口

一、洞口的基础知识

1. 洞口的概念

洞口指洞穴的入口和出口。在建筑工程施工中，经常会有预留洞口。建筑洞口指建筑物立面及平面预留的洞口，如立面图上的门窗洞口、箱盒预留洞口、水平上的电梯洞口、水电井洞口等。在建筑上洞口还有管道预留洞口、施工预留洞口等。

2. 洞口的分类

（1）根据打开方式不同，有推拉洞口、天洞口、固定洞口、平开洞口、落地洞口、百叶洞口等。

（2）根据洞口材质不同，有木质洞口、塑钢洞口、铝合金洞口等。

（3）根据尺寸大小不同，有单扇洞口、双扇洞口、三扇洞口和多扇洞口等。

二、洞口的实际操作

在“建筑”选项卡的“洞口”面板中有五种洞口工具。

1. “按面”工具

可以创建一个垂直于屋面、楼板或天花板等选定面的洞口。

2. “竖井”工具

可以创建一个跨多个标高的垂直洞口，对贯穿其间的屋顶、楼板和天花板进行剪切。常用于电井、风井和电梯井的创建，多层建筑常规需要一层一层地开洞，通过“竖井”工具，可以一次性贯穿多层，形成垂直洞口。

3. “墙”工具

可以在直墙或弯曲墙中剪切一个矩形洞口。

4. “垂直”工具

可以剪切一个贯穿屋顶、楼板或天花板的垂直洞口。

5. 老虎窗

可以剪切屋顶，极为方便地为老虎窗创建洞口。

技能训练

洞口常见的创建方法有竖井、墙洞口、按面、老虎墙等。可以在墙、楼板、屋顶等构件上进行剪切，形成洞口。本项目采用竖井的方式创建垂直洞口，具体步骤如下：

1. 洞口的创建

（1）在楼梯处开竖井洞口。在项目浏览器中双击“F1”打开一层平面视图，在菜单栏

学习笔记

中选择“建筑”→“洞口”→“竖井”命令，进入绘制界面，使用“直线”命令按照楼梯轮廓绘制，如图3.10.1所示。

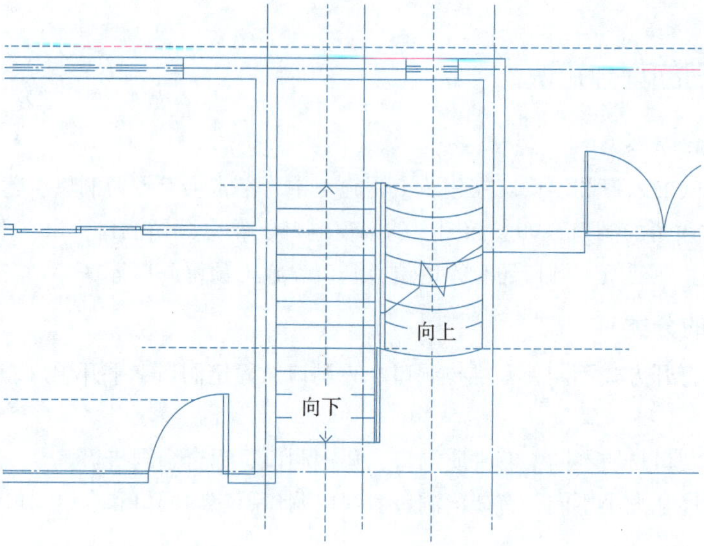

图3.10.1 洞口轮廓线

（2）在三维视图属性面板中，勾选“剖面框”复选框，将视图调整到合适角度，观察楼梯和洞口，如图3.10.2所示。

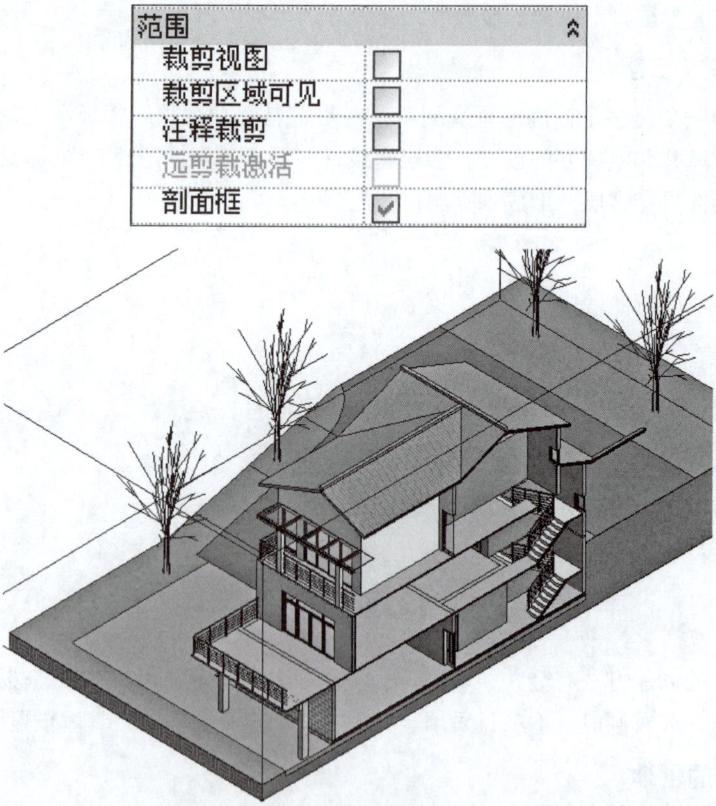

图3.10.2 剖面框的设定

学习笔记

（3）选中绘制的竖井洞口，在属性面板中设置其属性参数，设置及绘制结果如图3.10.3所示。

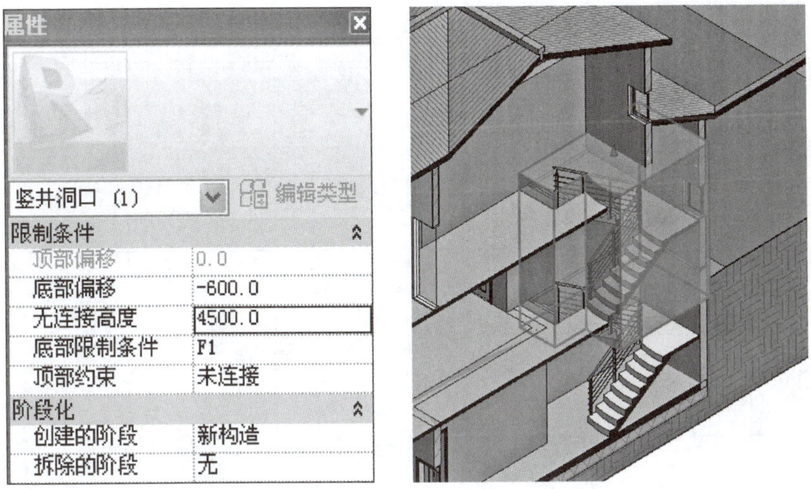

图3.10.3　设置竖井洞口参数及绘制结果

习题巩固

1. Revit专用的创建洞口工具包括（　　）。

A. 按面、墙、竖井　　B. 按面、垂直、竖井

C. 按面、垂直、老虎窗　　D. 按面、垂直、竖井、墙、老虎窗

2. 在“建筑”选项卡的“洞口”面板中不包括（　　）功能。

A. 垂直洞口　　B. 水平洞口　　C. 竖井洞口　　D. 老虎洞口

3. 下列在Revit中创建洞口的说法错误的是（　　）。

A. 使用“洞口”工具可以在墙、楼板、天花板、屋顶、结构梁、支撑和结构柱上剪切洞口

B. 洞口包括面洞口和垂直洞口

C. 需要面洞口可以使用“面洞口”工具在楼板、屋顶或天花板上剪切面洞口

D. 需要垂直洞口可以使用“垂直洞口”工具在楼板、屋顶或天花板上剪切垂直洞口

4. 下列关于Revit中洞口的说法正确的是（　　）。

A. 对于墙，只能创建矩形洞口，不能创建圆形或多边形形状

B. 在墙上剪切洞口时，可以在直墙或弧形墙上绘制一个矩形洞口

C. 在剪切楼板、天花板或屋顶时，可以选择竖直剪切或垂直于表面剪切

D. 创建族时，可以在族几何图形中绘制洞口

5. 下列关于洞口开挖的说法错误的是（　　）。

A.先开挖后支护　　B.自上而下分层开挖，分层支护

C.不得掏底开挖　　D.不得上下垂直重叠开挖

学习笔记

学习评价

知识点：洞口			日期：	
评价内容		学生自评	组内互评	教师评价
理论知识	1. 掌握洞口的创建方法； 2. 掌握洞口的编辑方法			
实践技能	1. 能够通过“竖井洞口”工具创建楼梯井； 2. 能够通过属性面板设置竖井洞口参数			
学生提出的问题				
教师答疑				
总结收获				
学生签字				

学习笔记

3.11　坡　　道

一、坡道的基础知识

1. 坡道的概念

由于使用或其他原因无法建造台阶时，可以采用坡道应对高度的变化。公共绿地和公共建筑通常都需要设置无障碍通道，坡道是其中必不可少的因素，是使行人在地面上进行高度转化的重要方法。

视 频

坡道

2. 坡道的分类

坡道按照其用途的不同，可以分为行车坡道和轮椅坡道。行车坡道又可以分为普通行车坡道与回车坡道两种。

（1）普通行车坡道布置在有车辆出入的入口处，如酒店、车库、库房等。

（2）回车坡道与台阶踏步组合在一起，布置在某些大型建筑设计的入口处，如旅馆、酒店等。

3. 坡道的作用

坡道是一种斜面结构，可以连接两个高度不同的平面，坡道的作用主要有以下几点：

（1）提高房屋的可访问性。坡道可以方便老人、残疾人和行动不便者进出房屋，提高房屋的可访问性。

（2）增加房屋的美观度。合理设计的坡道可以使房屋外观更加美观，提高房屋的审美价值。

（3）提高房屋的安全性。在下雨、下雪或地面湿滑的情况下，坡道可以避免人们因跌倒而受伤。

二、坡道的实际操作

1. 启动坡道工具

在“建筑”选项卡的“楼梯坡道”面板中选择“坡道”命令，启动坡道工具，如图3.11.1所示。

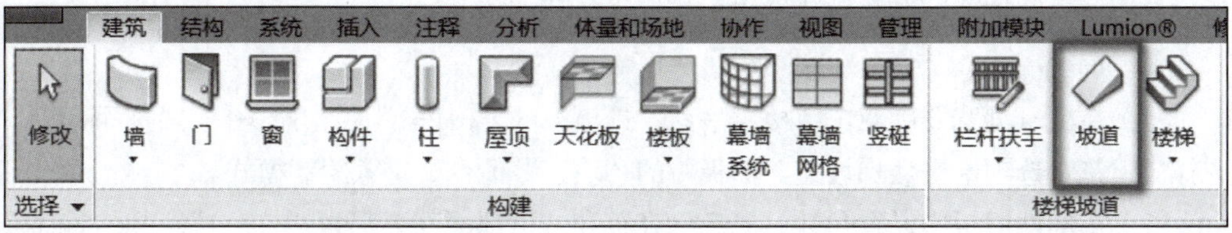

图3.11.1　启动坡道工具

2. 坡道工具的属性参数设定

（1）坡道的实例属性参数如图3.11.2所示。

①底部标高：设置坡道底部的基面标高。

学习笔记

②顶部标高：设置坡道的顶部标高。

③底部偏移：设置相对于底部标高的坡道高度。

④顶部偏移：设置距离顶部标高的坡道高度。

⑤宽度：坡道的实际宽度。

（2）坡道的类型属性参数如图3.11.3所示。

①造型：设置坡道的形式，分为“结构板”和“实体”。

②厚度：设置坡道的实际厚度。

③功能：通过功能指定坡道是内部还是外部。

④坡道材质：用于设置坡道表面渲染表现的材质。

图3.11.2　坡道实例属性

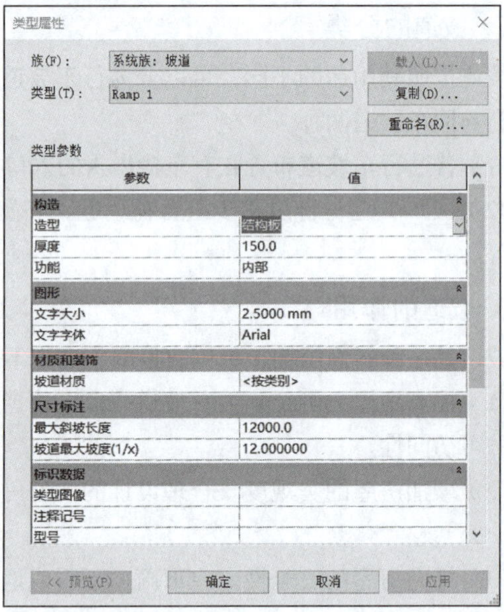

图3.11.3　坡道类型属性

技能训练

坡道的创建方法与楼梯的创建方式类似，特殊造型的坡道可以使用楼板工具创建，本项目采用坡道和楼板的方式创建坡道，具体步骤如下：

1. 坡道

（1）在项目浏览器中双击“楼层平面”选项下的“-1F-1”，打开“-1F-1”平面视图。选择“建筑”选项卡“楼梯坡道”面板中的“坡道”命令，进入绘制模式。

（2）在属性面板中设置参数“底部标高”和“顶部标高”都为“-1F-1”，“顶部偏移”为“200”，“宽度”为“2 500”，如图3.11.4所示。

（3）打开坡道“类型属性”对话框，设置参数“最大斜坡长度”为“6 000”，“坡道最大坡度（1/x）”为“2”，“造型”为“实线”，如图3.11.5所示。设置完成后单击“确定”按钮关闭对话框。

学习笔记

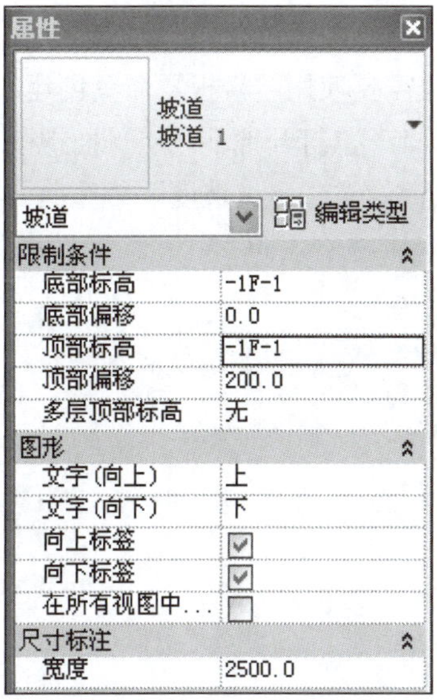

图3.11.4　坡道实例属性

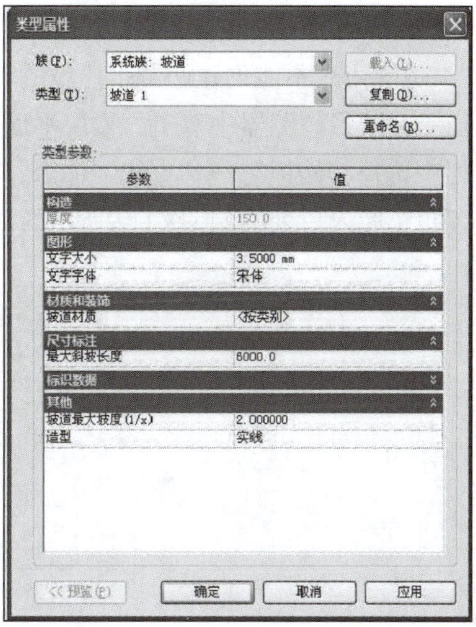

图3.11.5　坡道“类型属性”对话框

（4）选择“工具”面板中的“栏杆扶手”命令，在弹出的“栏杆扶手”对话框中设置“扶手类型”参数为“无”，单击“确定”按钮，如图3.11.6所示。

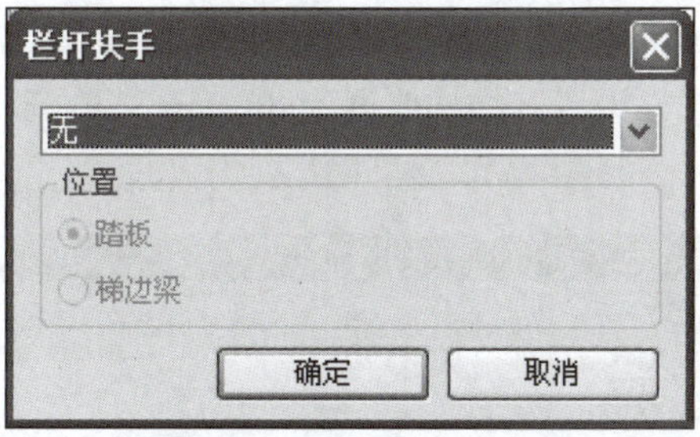

图3.11.6　“栏杆扶手”对话框

（5）选择“绘制”面板中的“梯段”→“直线”工具，移动光标到绘图区域中，从右向左拖动光标绘制图3.11.7所示坡道梯段（也可框选所有草图线，将其移动到图示位置）。单击“完成”按钮，创建的坡道模型如图3.11.8所示，此时保存文件。

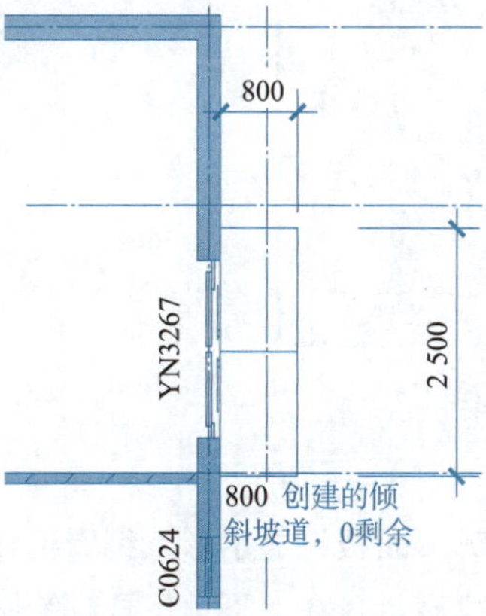

图3.11.7　坡道绘制

图3.11.8　坡道模型

学习笔记

2. 带边坡的坡道

“坡道”命令不能创建两侧带边坡的坡道，此类坡道需要使用“楼板”命令创建。

（1）在项目浏览器中双击“楼层平面”选项下的“-1F”，打开地下一层平面视图。在菜单栏中选择“楼板”→“直线” 命令，在选项栏中取消勾选“定义坡度”复选框，在视图左下角车库入口处绘制图3.11.9所示的楼板轮廓。

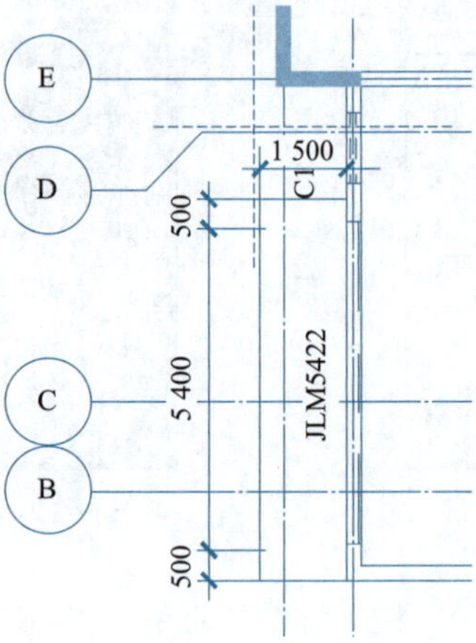

图3.11.9 楼板轮廓线

（2）选中楼板，在属性面板中单击“编辑类型”按钮，弹出“编辑部件”对话框，创建楼板类型为“边坡坡道”，设置其结构厚度为200 mm，单击“确定”按钮关闭对话框，如图3.11.10所示。

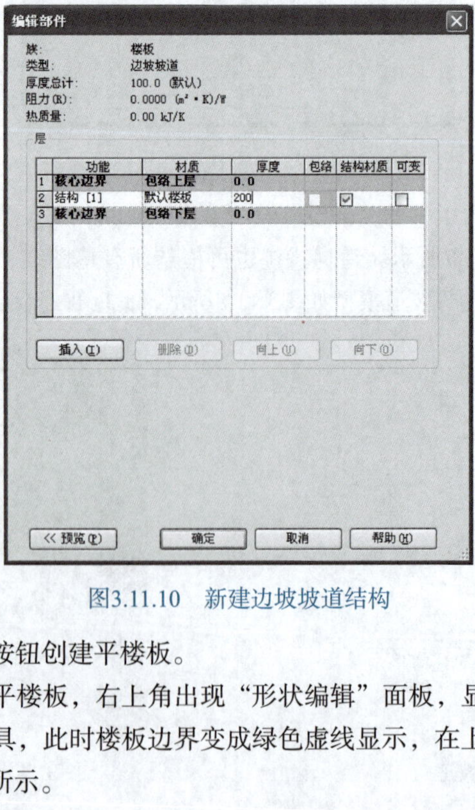

图3.11.10 新建边坡坡道结构

（3）单击“完成”按钮创建平楼板。

（4）选择刚绘制的平楼板，右上角出现“形状编辑”面板，显示形状编辑工具，选择其中“添加分割线”工具，此时楼板边界变成绿色虚线显示，在上下角位置各绘制一条蓝色分割线，如图3.11.11所示。

学习笔记

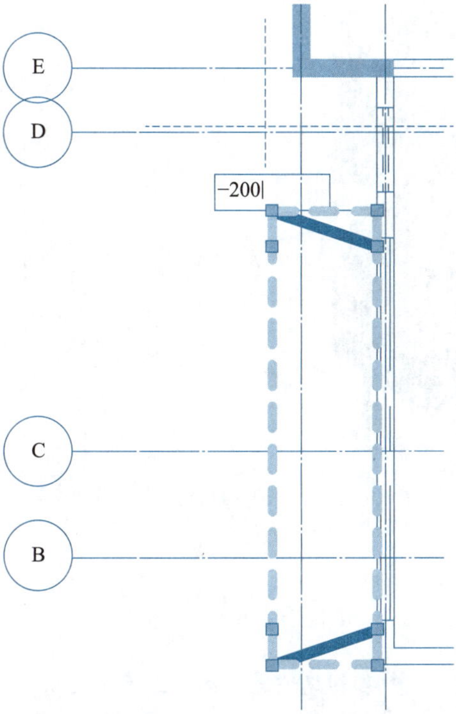

图3.11.11　平楼板形状编辑

（5）选择“修改子图元”工具，拖动点或分割线以修改其位置或相对高程。

（6）选择“添加点”工具，可以向图元几何图形添加单独的点，每个点可设置不同的相对高程值。

（7）选择“添加分割线”工具，可以绘制分割线，将板的现有面分割成更小的子区域。

（8）打开“边坡坡道”的“编辑部件”对话框，勾选“结构材质”复选框，如图3.11.12所示。

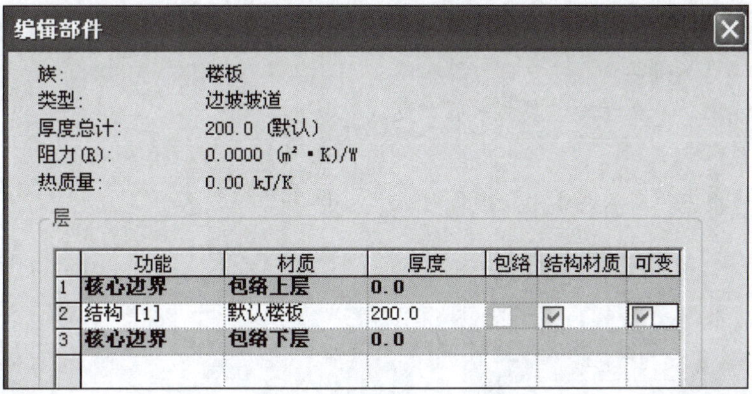

图3.11.12　“编辑部件”对话框

（9）在选项栏中选择“修改子图元”工具，分别单击楼板边界的四个点，出现蓝色临时相对高程值（默认为0），单击文字输入“-200”后按【Enter】键确认。

（10）按【Esc】键结束编辑命令，平楼板变为带边坡的坡道，效果如图3.11.13所示。

学习笔记

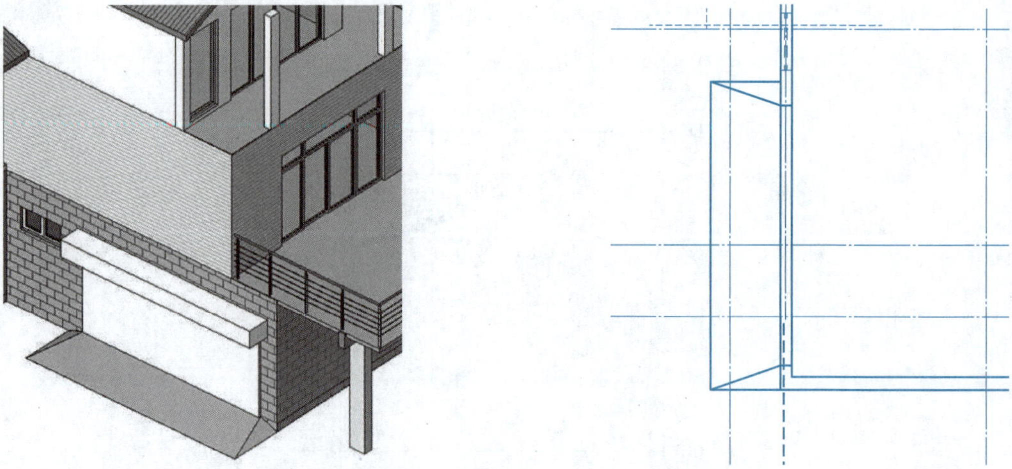

图3.11.13 带边坡坡道效果图

习题巩固

1. 在Revit中创建坡道，“修改|创建坡道草图”上下文选项卡中不包含（　　）。

A. 梯段　　B. 坡度　　C. 边界　　D. 踢面

2. 在Revit中，下列关于编辑坡道的说法正确的是（　　）。

A. 进入平面或透视图，单击选项栏中的“编辑”按钮

B. 不能修改坡道的类型

C. 进入平面或三维视图，单击选项栏中的“编辑”按钮

D. 不能修改坡道的最大坡度

3. 在Revit中，下列关于坡道的说法正确的是（　　）。

A. 可以在平面视图或三维视图中创建坡道

B. 可使用与绘制楼梯所用的相同工具和程序绘制坡道

C. 可以通过修改草图更改坡道的外边界

D. 以上说法都正确

4. 在Revit中，不属于坡道类型属性的是（　　）。

A. 厚度　　B. 功能

C. 坡道最大坡度（1/x）　　D. 体积

学习笔记

学习评价

<table>
<tr><td colspan="2">知识点：坡道</td><td colspan="2">日期：</td><td></td></tr>
<tr><td colspan="2">评价内容</td><td>学生自评</td><td>组内互评</td><td>教师评价</td></tr>
<tr><td>理论知识</td><td>1. 掌握坡道的绘制步骤；
2. 掌握栏杆和扶手的绘制步骤</td><td></td><td></td><td></td></tr>
<tr><td>实践技能</td><td>1. 能够通过坡道工具创建普通坡道；
2. 能够运用楼板工具创建带边坡坡道</td><td></td><td></td><td></td></tr>
<tr><td>学生提出的问题</td><td colspan="4"></td></tr>
<tr><td>教师答疑</td><td colspan="4"></td></tr>
<tr><td>总结收获</td><td colspan="4"></td></tr>
<tr><td>学生签字</td><td colspan="4"></td></tr>
</table>

学习笔记

3.12 柱

视频

柱

一、柱的基础知识

1. 柱的概念

柱是建筑物中垂直的主结构件，承托上方物件的重量及各种荷载，并把这些重量、荷载可靠地传递给基础构件。是在工程结构中主要承受压力，有时也同时承受弯矩，用以支撑梁、楼板等的竖向杆件。

2. 柱的分类

（1）按截面形状分为方柱、圆柱、八菱形柱、六菱形柱。

（2）按材质分为木柱、石柱、砖柱。

（3）按长细比分为长柱、短柱、中长柱。

（4）柱还可以分为建筑柱和结构柱。建筑柱用于装饰柱等非承重结构；结构柱用于承重柱。

二、柱的实际操作

1. 启动柱创建工具

在“建筑”选项卡的“构建”面板中选择“柱”“建筑柱”“结构柱”命令。

2. 柱的属性

（1）柱的实例属性如图3.12.1所示。

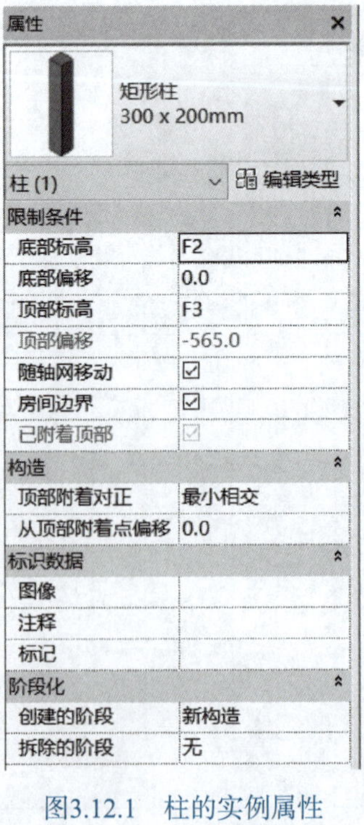

图3.12.1 柱的实例属性

①底部标高：设置柱基准所在的标高。

②顶部标高：指定柱顶部所在的标高。

③底部偏移：指定距底部标高的距离。

④顶部偏移：指定距顶部标高的距离。

⑤已附着顶部：指定将柱的顶部附着到表面。

（2）柱的类型属性如图3.12.2所示。

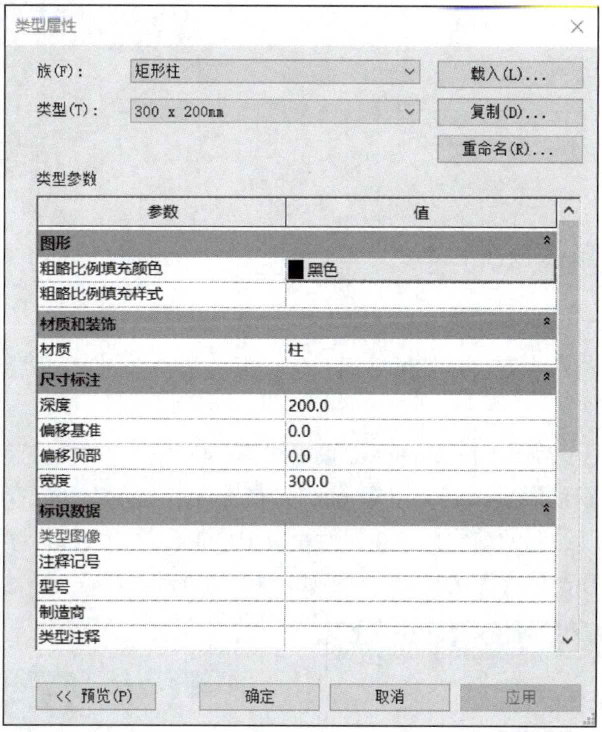

图3.12.2　柱的类型属性

①粗略比例填充颜色：指定在任一粗略平面视图中，粗略比例填充样式的颜色。

②粗略比例填充样式：指定在任一粗略平面视图中，柱内显示的截面填充图案。

③材质：指定柱的材质。

④深度：设置柱的深度。

⑤宽度：设置柱的宽度。

技能训练

柱是常用构件，属于族构件，在项目中放置柱需要提前将柱族载入到项目中。本项目中地下一层、地上二层柱放置的具体步骤如下：

1. 地下一层平面结构柱

（1）在项目浏览器中双击“楼层平面”选项下的“-1F-1”，打开“-1F-1”平面视图。

（2）选择“建筑”选项卡“构建”面板中的“柱”→“结构柱”命令，在类型选择器中选择柱类型为“钢筋混凝土250×450 mm”，使结构柱的中心点位于相对于2轴为

学习笔记

600 mm、A轴为1 100 mm的位置，单击放置结构柱（可先放置结构柱，然后编辑临时尺寸调整其位置）。

（3）打开三维视图，选择刚绘制的结构柱，在选项栏中选择“附着”命令，再单击拾取一层楼，将柱的顶部附着到楼板下面，三维效果如图3.12.4所示，此时保存文件。

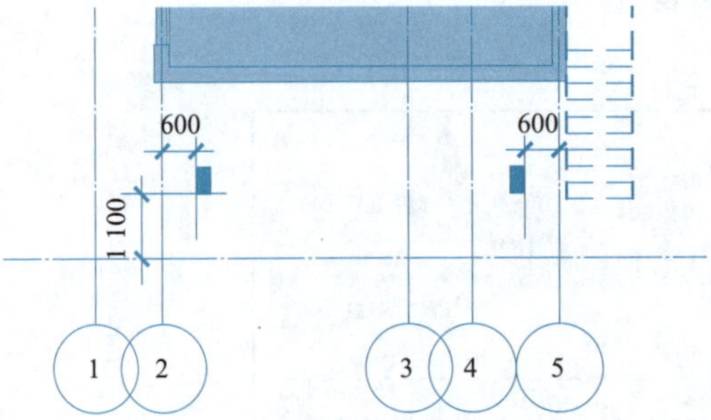

图3.12.3　柱的位置

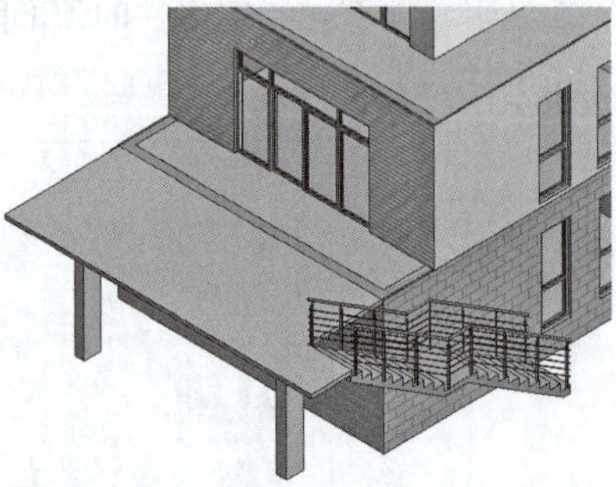

图3.12.4　柱的三维效果

2. 地下一层平面结构柱

（1）在项目浏览器中双击“楼层平面”选项下的“F1”，打开一层平面视图，创建一层平面结构柱。

（2）在“建筑”选项卡的“构建”面板中选择“柱”→“结构柱”命令，在类型选择器中选择柱类型为“钢筋混凝土350 × 350 mm”，在主入口上方单击放置两个结构柱。从左下向右上方向框选刚绘制的结构柱，在属性面板中设置参数“底部标高”为“0F”，“顶部标高”为“F1”，“顶部偏移”为“2 800”，如图3.12.5所示。

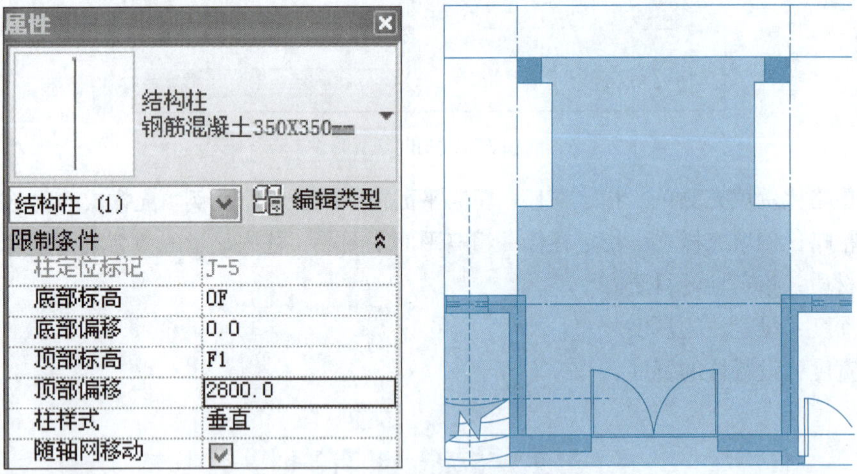

图3.12.5　地下一层结构柱的放置

（3）在“建筑”选项卡的“构建”面板中选择“柱”→“建筑柱”命令，在类型选择器中选择柱类型为“矩形柱250 × 250 mm”，设置“底部偏移”为“2 800”，单击“确定”按钮。这时“矩形柱250 × 250 mm”底部正好在“钢筋混凝土350 × 350 mm”结构柱的顶部位置。

（4）单击捕捉两个结构柱的中心位置，在结构柱上方放置两个建筑柱。

（5）打开三维视图，选择两个矩形柱，在选项栏中选择“附着”命令，“附着对正”选

学习笔记

项选择“最大相交”，再单击拾取上面的屋顶，将矩形柱附着于屋顶下方，完成后的地下一层结构柱三维模型如图3.12.6所示，此时保存文件。

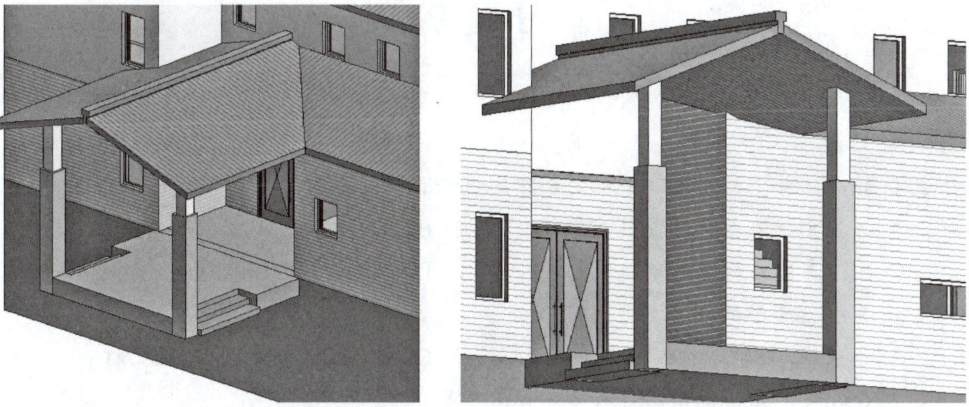

图3.12.6　地下一层结构柱的三维模型

3. 二层平面建筑柱

（1）在项目浏览器中双击“F2”，打开二层平面视图，创建二层平面建筑柱。

（2）在“建筑”选项卡的“构建”面板中选择“柱”→“建筑柱”命令，在类型选择器中选择柱类型为“矩形柱300 × 200 mm”。

（3）移动光标捕捉B轴与4轴的交点并单击放置建筑柱。移动光标捕捉C轴与5轴的交点，先按【Space】键调整柱的方向，再单击放置建筑柱，结果如图3.12.7右下角所示两个建筑柱。

（4）选择刚创建的B轴上的柱，选择工具栏中的“复制”命令，在4轴上单击捕捉一点作为复制的基点，水平向左移动光标，输入“4 000”后按【Enter】键，即在左侧4 000 mm处复制一个建筑柱，如图3.12.7左下角所示柱。

（5）选择刚创建的C轴上的柱，选择工具栏中的“复制”命令，在选项栏中勾选“多个”复选框以连续复制，在C轴上单击捕捉一点作为复制的基点，垂直向上移动光标，连续两次输入“1 800”后按【Enter】键，在右侧复制两个建筑柱，如图3.12.7所示。

（6）完成后的二层平面建筑柱三维模型如图3.12.8所示，此时保存文件。

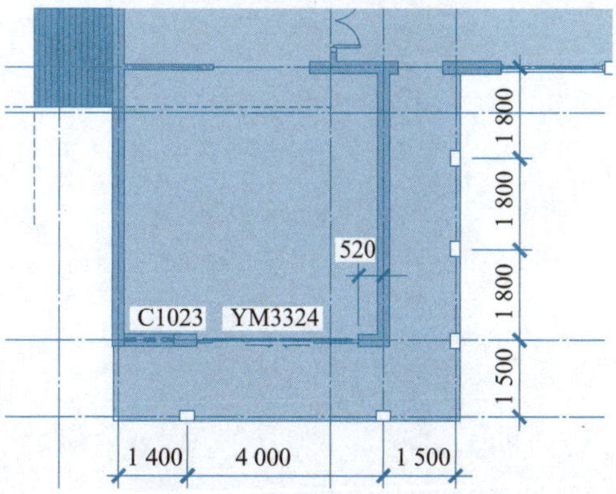

图3.12.7　二层平面建筑柱放置

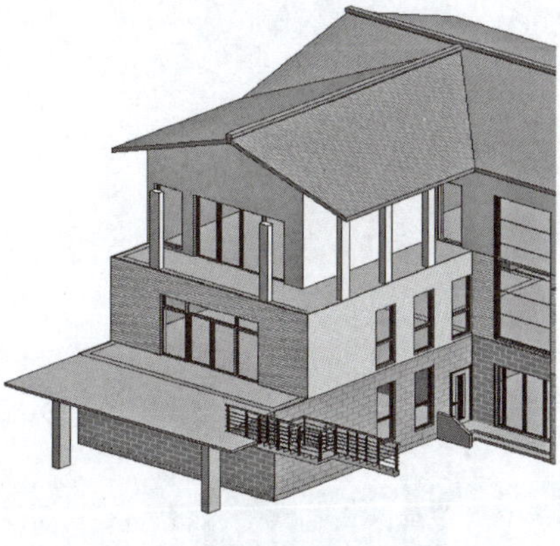

图3.12.8　二层平面建筑柱三维模型

学习笔记

习题巩固

1. 在Revit中创建建筑柱，需单击（　　）选项卡。

A. 结构　　B. 建筑　　C. 系统　　D. 插入

2. 在Revit软件中，下列有关柱的创建的说法正确的是（　　）。

A. 只能创建直柱，不能创建斜柱　　B. 在轴网处可以成批创建直柱

C. 无法在建筑柱内部创建结构柱　　D. 柱的材质无法修改

3. 柱编号LZ表示的柱的类型为（　　）。

A. 框架柱　　B. 构造柱　　C. 框支柱　　D. 梁上柱

4. 在Revit中，系统提供的柱有（　　）类型。

A. 1种　　B. 2种　　C. 3种　　D. 4种

5. 在Revit软件中，布置墙垛、装饰柱应采用（　　）。

A. 建筑柱　　B. 结构柱　　C. 构造柱　　D. 钢柱

学习笔记

学习评价

<table>
<tr><td colspan="2">知识点：柱</td><td colspan="3">日期：</td></tr>
<tr><td colspan="2">评价内容</td><td>学生自评</td><td>组内互评</td><td>教师评价</td></tr>
<tr><td>理论知识</td><td>1. 掌握建筑柱的绘制步骤；
2. 掌握结构柱的绘制步骤</td><td></td><td></td><td></td></tr>
<tr><td>实践技能</td><td>1. 能够通过选项栏、实例属性设置柱的参数；
2. 能够根据需求，以参照平面作为参照放置柱</td><td></td><td></td><td></td></tr>
<tr><td>学生提出的问题</td><td colspan="4"></td></tr>
<tr><td>教师答疑</td><td colspan="4"></td></tr>
<tr><td>总结收获</td><td colspan="4"></td></tr>
<tr><td>学生签字</td><td colspan="4"></td></tr>
</table>

学习笔记

3.13 雨 篷

一、雨篷的基础知识

1. 雨篷的概念

视频

雨篷

雨篷是设置在建筑物进出口上部的遮雨或遮阳篷，是建筑物入口处和顶层阳台上部用以遮挡雨水和保护外门免受雨水浸蚀的水平构件。雨篷梁是典型的受弯构件。雨篷一般有以下三种形式：

（1）小型雨篷，如悬挑式雨篷、悬挂式雨篷。

（2）大型雨篷，如墙或柱支承式雨篷，一般可分为玻璃钢结构和全钢结构。

（3）新型组装式雨篷。

2. 雨篷的分类

（1）按雨篷主结构材料，可分为钢结构雨篷、铝合金雨篷、混凝土结构雨篷。

（2）按面板材料，可分为玻璃面板雨篷、铝板面板雨篷、PC面板雨篷、膜结构雨篷。

二、内建模型的实际操作

1. 内建模型

（1）启动内建模型工具。在“建筑”选项卡的“构建”面板中选择“构件”→“内建模型”命令，如图3.13.1所示，弹出“族类别和族参数”对话框，如图3.13.2所示。

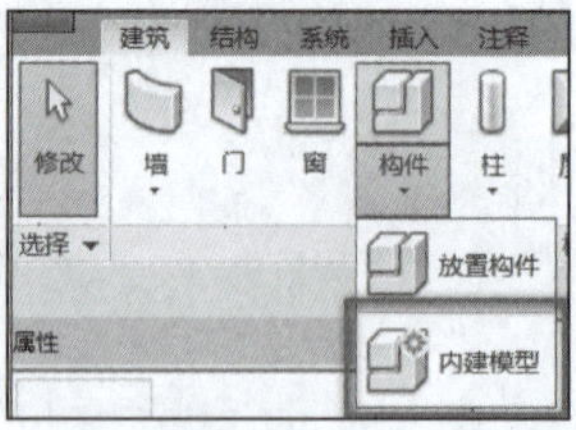

图3.13.1 启动内建模型

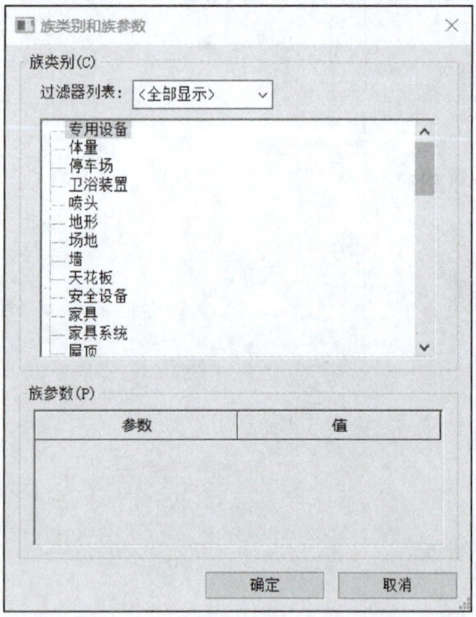

图3.13.2 “族类别和族参数”对话框

（2）族类别。不同“族类别”对应不同的“族参数”，根据想要创建的模型构件，选择相应的族类别，对模型构件命名（见3.13.3）后进行构件的创建。

学习笔记

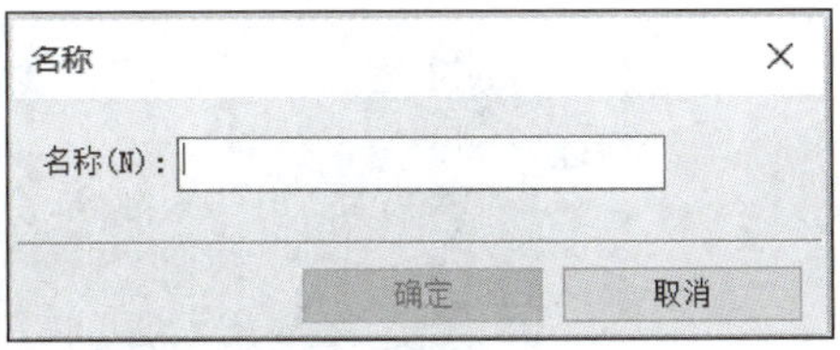

图3.13.3　模型构件命名

（3）确认模型构件名称后，会进入族编辑界面，可通过拉伸、融合、旋转等工具创建族模型，如图3.13.4所示。

图3.13.4　族编辑界面

2. 放置构件

（1）启动放置构件工具。在“建筑”选项卡的“构建”面板中选择“构件”→“放置构件”命令。

（2）放置构件。除了墙、门、窗、柱等构件，如灯、沙发、桌椅、花草、停车场等构件均可通过放置构件工具直接放置在绘图区中。

技能训练

内建族是当前项目专有的独特构件，内建族创建的构件往往与项目中的其他部分相关联。地上二层和地上一层雨篷创建与编辑的具体步骤如下：

1. 二层雨篷玻璃

（1）在项目浏览器中双击“楼层平面”选项下的“F2”，打开二层平面视图。在“建筑”选项卡的“屋顶”面板中选择“迹线屋顶”→“线”命令，在选项栏中取消勾选“定义坡度”复选框，绘制平屋顶轮廓线。

（2）在属性面板中选择“玻璃斜窗”类型，设置“自标高的底部偏移”为“2 600”，如图3.13.5所示。

（3）单击“完成”按钮，创建二层南侧雨篷玻璃，将柱附着到玻璃斜窗，二层雨篷玻璃三维模型如图3.13.6所示，此时保存文件。

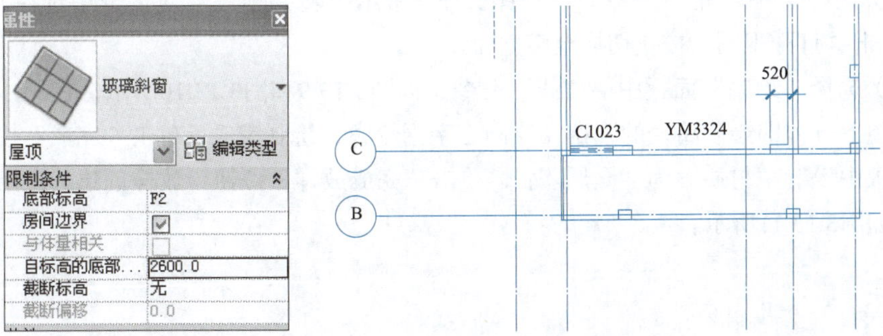

图3.13.5　雨篷玻璃参数设置与绘制

学习笔记

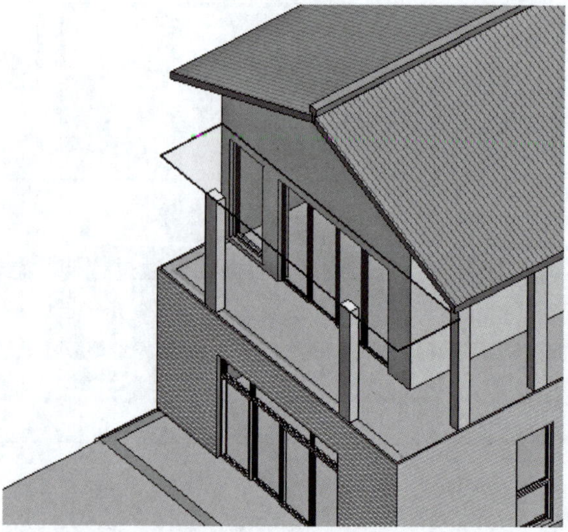

图3.13.6 二层雨篷玻璃三维模型

2. 二层雨篷工字钢梁

（1）在项目浏览器中双击“楼层平面”选项下的“F2”，打开二层平面视图。

（2）在“建筑”选项卡的“构建”面板中选择“构件”→“内建模型”命令，在弹出的“族类别和族参数”对话框中选择适当的族类别（本项目选择“屋顶”或“楼板”），命名为“玻璃斜窗-工字钢”，进入族编辑器模式。

（3）使用“放样”和“绘制路径”命令，绘制图3.13.7所示路径，单击“完成”按钮，完成路径绘制。

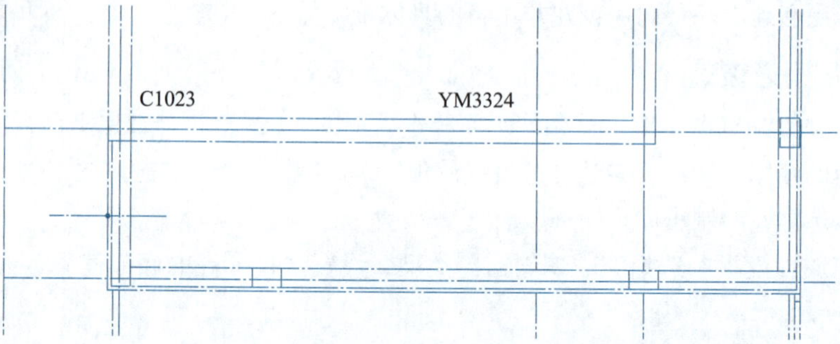

图3.13.7 玻璃斜窗-工字钢放样路径

（4）选择“编辑轮廓”命令，在图3.13.8所示“转到视图”对话框中选择“立面：南”，单击“打开视图”按钮切换至南立面。

（5）选择“绘制”面板中的“线”命令，如图3.13.9和图3.13.10所示，在刚才绘制的玻璃屋顶下方，即绘制路径的开始端绘制工字钢轮廓，绘制完成后单击“完成”按钮。在属性面板中设置“材质”为“金属-钢”，单击“完成放样”按钮，放样创建的工字钢梁三维模型如图3.13.11所示。

学习笔记

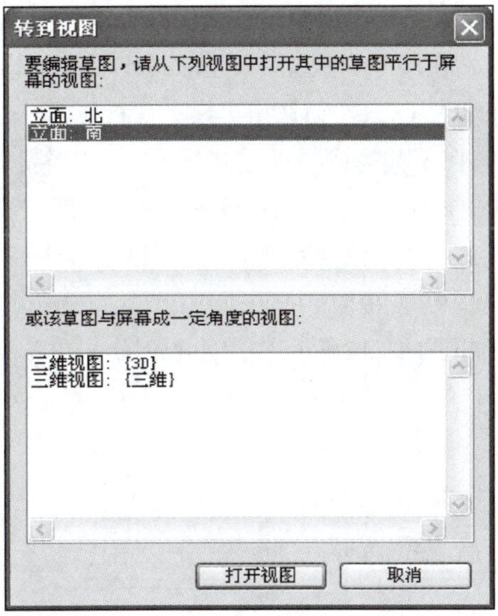

图3.13.8　“转到视图”对话框

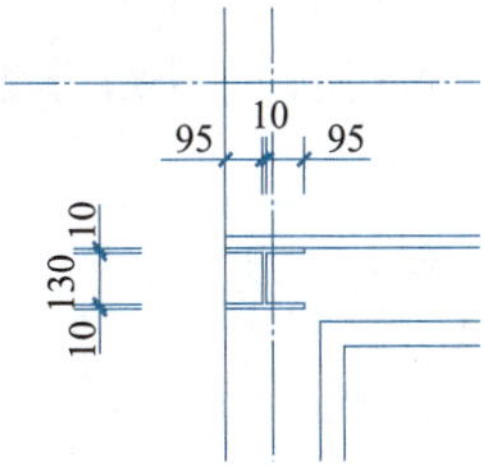

图3.13.9　工字钢轮廓绘制

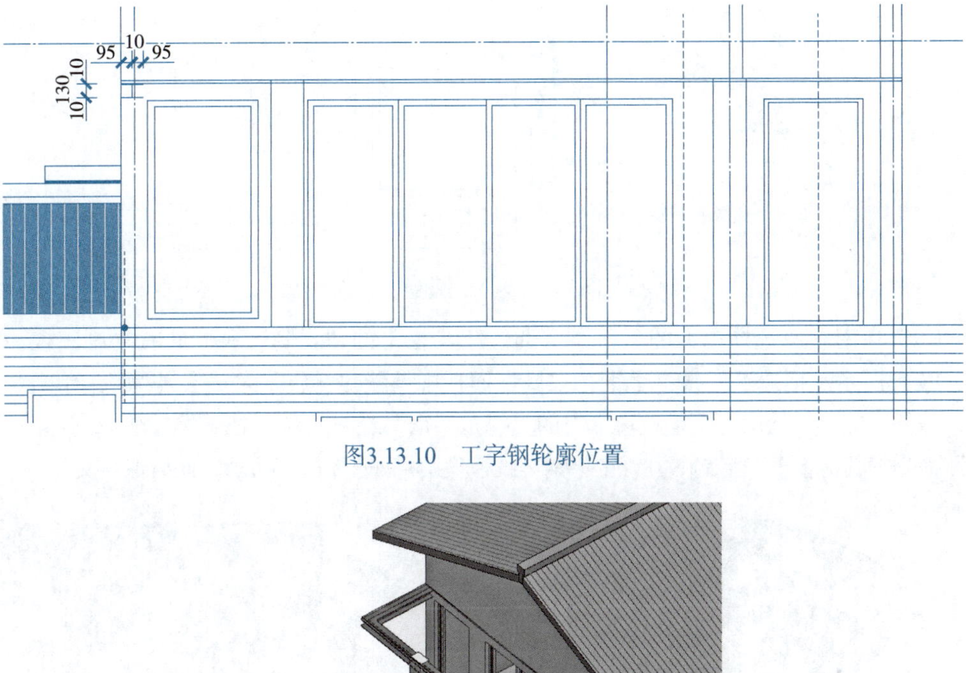

图3.13.10　工字钢轮廓位置

图3.13.11　工字钢梁三维模型

学习笔记

（6）在菜单栏中选择“拉伸”→“创建”→“工作平面”→“设置”命令，弹出“工作平面”对话框，选择“拾取一个平面”选项，在F2平面视图中单击拾取B轴，弹出“进入视图”对话框，选择“立面：南”，单击“打开视图”按钮切换至南立面视图。

Revit中的每个视图都有相关的工作平面。在某些视图（如楼层平面、三维视图、图纸视图）中，工作平面是自动定义的，而在其他视图（如立面和剖面视图）中，必须自定义工作平面。工作平面必须用于某些绘制操作（如创建拉伸屋顶）和在视图中启用某些命令，如在三维视图中启用“旋转”和“镜像”命令。

（7）在南立面视图中使用“线”命令，绘制图3.13.12所示工字钢的轮廓，单击“完成拉伸”按钮创建一根工字钢。

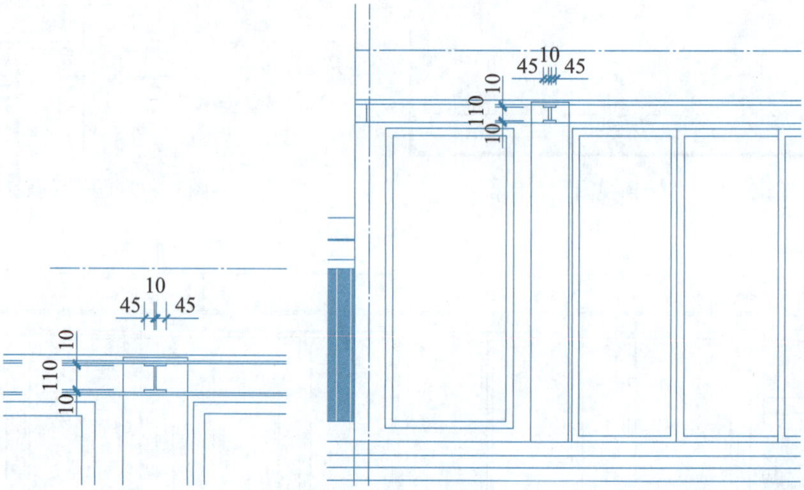

图3.13.12　工字钢轮廓

（8）在南立面选择拉伸的工字钢，通过工具栏中的“复制”命令向右复制三根，如图3.13.13所示。框选这四根工字钢，在属性面板中设置“材质”为“金属-钢”。单击“完成”按钮，完成二层南侧雨篷玻璃下方的支撑工字钢梁绘制。选择雨篷下方的柱，使用“附着”命令将其附着于工字钢下方，工字钢三维模型结果如图3.13.14所示，此时保存文件。

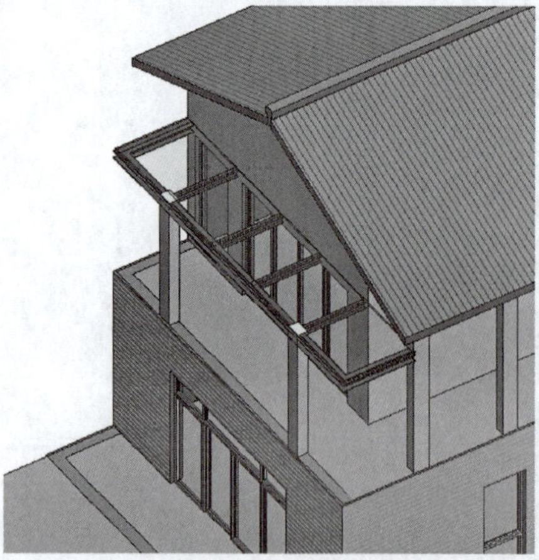

图3.13.13　复制操作

图3.13.14　工字钢三维模型

学习笔记

3. 地下一层雨篷

（1）在项目浏览器中双击“楼层平面”选项下的“-1F-1”，打开“-1F-1”平面视图。

（2）绘制挡土墙。选择“建筑”选项卡下的“墙”命令，在属性面板中选择墙类型为“挡土墙”。在属性面板中设置参数“底部限制条件”为“1F-1”，“顶部约束”为“F1”。在别墅右侧按图3.13.15所示位置绘制四面挡土墙。

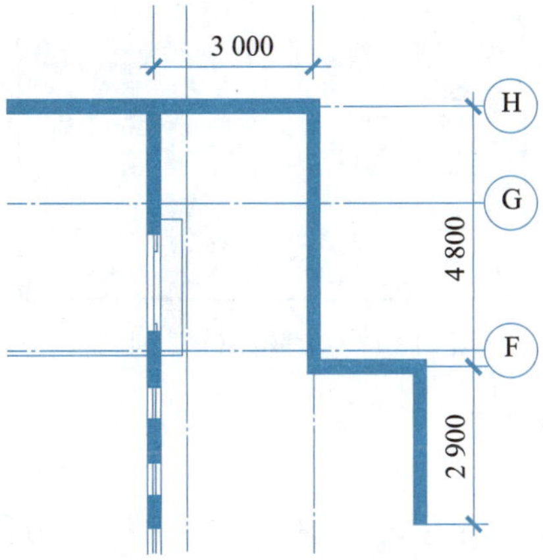

图3.13.15　挡土墙绘制

（3）绘制雨篷玻璃。选择“建筑”选项卡下的“屋顶”→“迹线屋顶”命令，进入绘制草图模式。取消勾选“定义坡度”复选框，如图3.13.16所示绘制屋顶轮廓线。在属性面板中将“族”设置为“系统族：玻璃斜窗”，“底部标高”为“F1”，“自标高的底部偏移”为“550”。单击“完成”按钮创建雨篷顶部玻璃，三维模型如图3.13.17所示。

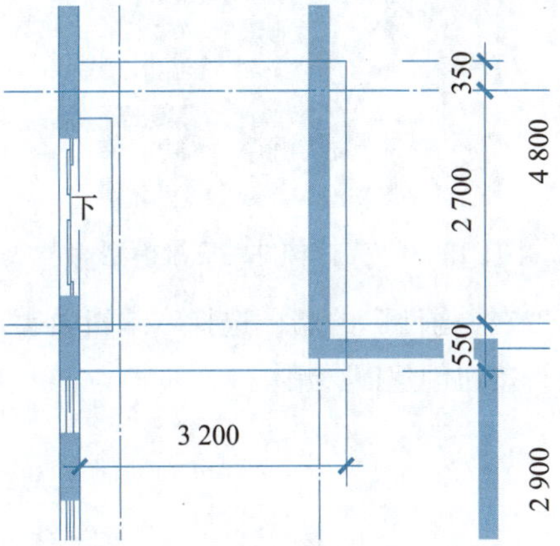

图3.13.16　雨篷玻璃轮廓线绘制

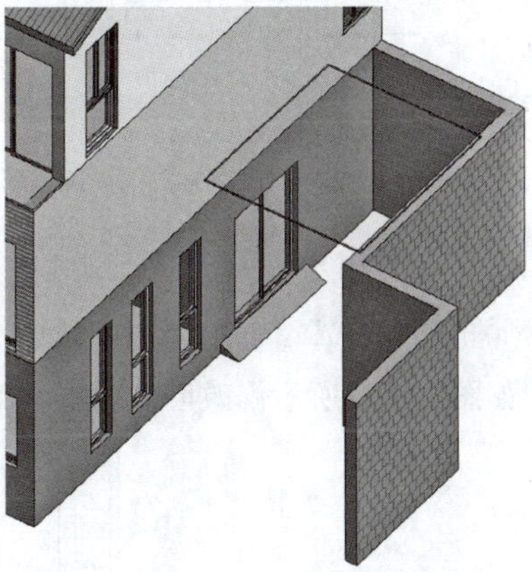
图3.13.17　雨篷顶部玻璃三维模型

（4）在项目浏览器中双击“楼层平面”选项下的“F1”，打开一层平面视图。

（5）选择“建筑”选项卡下的“墙”命令，在属性面板中选择墙类型为“支撑构件”。

（6）在“类型属性”对话框中单击“结构”参数后的“编辑”按钮，弹出“编辑部件”对话框，设置参数如图3.13.18所示。

学习笔记

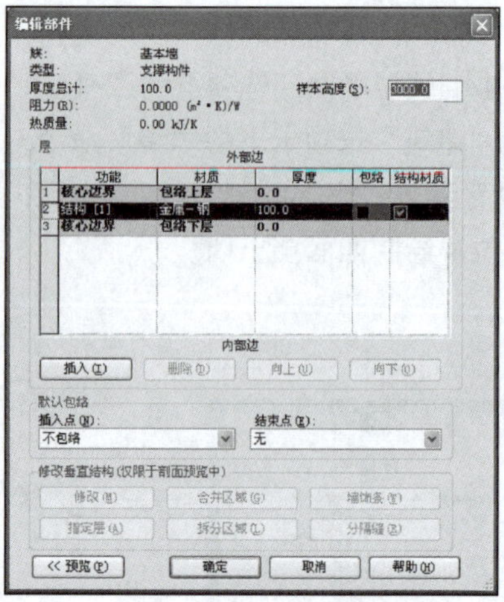

图3.13.18　“编辑部件”对话框

（7）在属性面板中设置参数“底部限制条件”为“F1”,“顶部约束”为“未连接”,“无连接高度”为“550”。

（8）选择“直线”命令，“定位线”选择“墙中心线”，在图3.13.19所示位置绘制一面墙，长度为3 000 mm。完成后的支撑构件三维模型如图3.13.20所示。

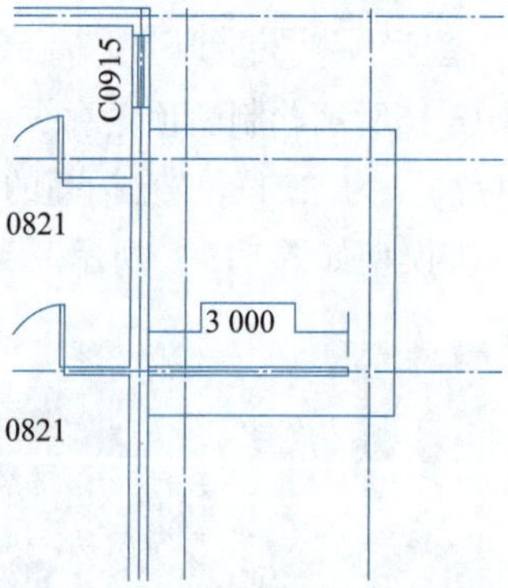

图3.13.19　支撑构件的绘制

图3.13.20　支撑构件的三维模型

（9）切换至南立面，选中刚创建的名称为“支撑构件”的墙，选择“编辑轮廓”命令，如图3.13.21所示修改墙体轮廓，单击“完成”按钮创建L形墙体。

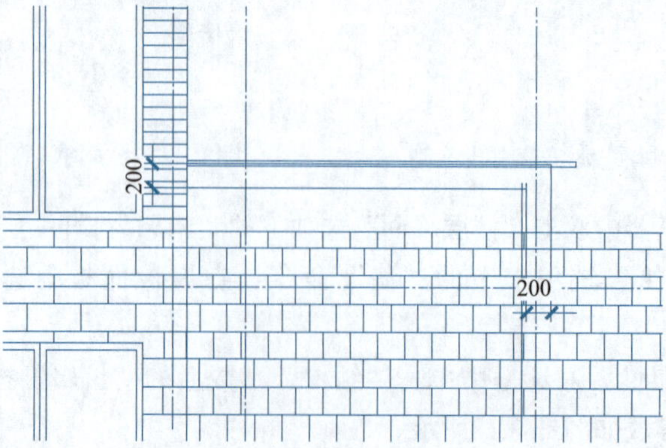

图3.13.21　L形墙体绘制

学习笔记

（10）打开一层平面视图，选中刚编辑完成的“支撑构件”墙体，选择工具栏中的“阵列”命令，在弹出的“视图范围”对话框中设置参数如图3.13.22所示。

图3.13.22　“视图范围”对话框

（11）移动光标单击捕捉下方墙体所在轴线上一点作为阵列起点（见图3.13.23中的圆点位置），再垂直移动光标单击捕捉上方轴线上一点为阵列终点，阵列出的三维模型如图3.13.24所示。

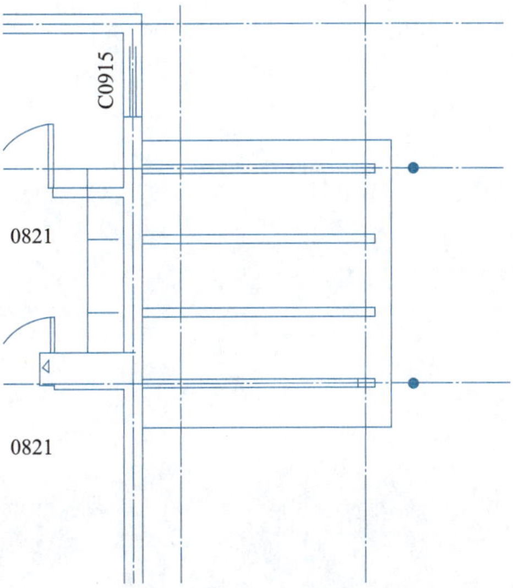

图3.13.23　L形墙体阵列

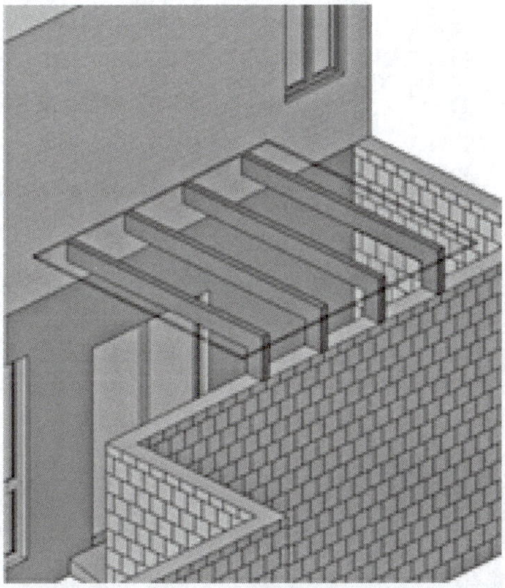

图3.13.24　L形墙体三维模型

（12）注意线性阵列两个“移动到”选项的区别：指定第一个图元和第二个图元之间的间距（使用“移动到：第二个”选项），所有后续图元将使用相同的间距；指定第一个图元和最后一个图元之间的间距（使用“移动到：最后一个”选项），所有剩余的图元将在它们之间以相等间隔分布。至此，完成地下一层雨篷的设计，此时保存文件。

习题巩固

1. 在Revit中内建模型时，空心形式和实心形式的创建工具（　　）。

A. 都相同　　　　B. 都不同

学习笔记

C. 有相同的，也有不同的　　D. 无法比较

2. 在Revit中，不可以创建内建族的模型类型为（　　）。

A. 管路附件　　B. 管道　　C. 机械设备　　D. 专用设备

3. 以下不符合Revit内建族的相关描述为（　　）。

A. 可使用“内建模型”命令新建　　B. 可使用“内建体量”命令新建

C. 不能单独存为rfa文件　　D. 可以在其他项目文件中引用

4. 在Revit中不属于“族”分类的有（　　）。

A. 可载入族　　B. 系统族　　C. 块　　D. 内建模型

5. Revit中创建模型的最基本单元为（　　），所有添加到Revit项目中的构件都是使用其创建的。

A. 族　　B. 内建体量模型

C. 构件模型　　D. 门模型

学习笔记

学习评价

<table>
<tr><td colspan="2">知识点：雨篷</td><td colspan="3">日期：</td></tr>
<tr><td colspan="2">评价内容</td><td>学生自评</td><td>组内互评</td><td>教师评价</td></tr>
<tr><td>理论知识</td><td>1. 理解雨篷的概念和分类；
2. 掌握“内建模型”工具的启动方法</td><td></td><td></td><td></td></tr>
<tr><td>实践技能</td><td>1. 能够运用“内建模型”工具创建工字梁；
2. 能够运用“内建模型”工具创建雨篷</td><td></td><td></td><td></td></tr>
<tr><td>学生提出的问题</td><td colspan="4"></td></tr>
<tr><td>教师答疑</td><td colspan="4"></td></tr>
<tr><td>总结收获</td><td colspan="4"></td></tr>
<tr><td>学生签字</td><td colspan="4"></td></tr>
</table>

学习笔记

3.14 场　地

一、场地的基础知识

1. 场地的概念

视频

场地

场地是指建筑物所在的区域，其范围相当于厂区、居民小区和自然村，是用于建造建筑物的土地或空地，是建筑物的基础，建筑工程的重要组成部分。在选择建筑场地时，需要考虑多个因素，包括土地的性质、周边环境、交通状况等。

2. 场地的分类

场地类别的划分标准可以基于以下几个方面：

（1）用途。场地可以根据其主要用途进行分类，如体育场、会议场所、演艺场所等。

（2）建筑结构。场地可以根据其建筑结构的不同特点进行分类，如室内场馆、室外场馆、帐篷、临时搭建场地等。

（3）容纳人数。场地可以根据其容纳人数的多少进行分类，如大型场馆、中型场馆、小型场馆等。

（4）所在地区。场地可以根据其所在地区的不同进行分类，如城市场地、乡村场地等。

二、场地的实际操作

1. 地形表面

地形表面是建筑场地地形或地块地形的图形表示。默认情况下，楼层平面视图不显示地形表面，可以在三维视图或专用的“场地”视图中创建。

在“体量和场地”选项卡的“场地建模”面板中选择“地形表面”命令启动地形表面工具，如图3.14.1所示。

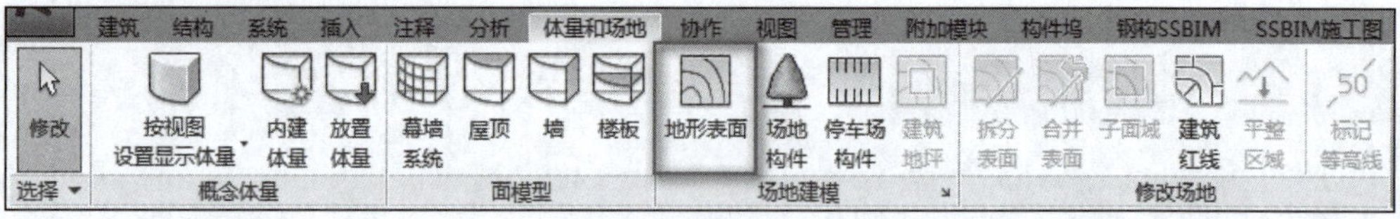

图3.14.1　地形表面工具

2. 建筑地坪

建筑地坪工具可以快速创建水平地面、停车场、水平道路等。在“体量和场地”选项卡的“场地建模”面板中选择“建筑地坪”命令启动建筑地坪工具，如图3.14.2所示。

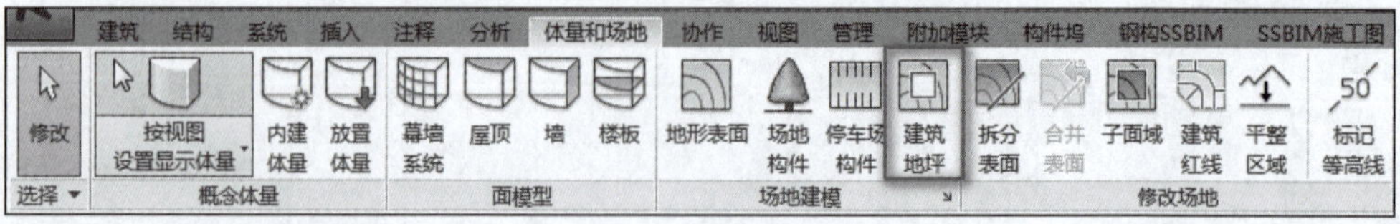

图3.14.2　建筑地坪工具

学习笔记

3. 子面域

使用子面域工具在地形表面上绘制道路，例如，可以使用子面域在地形表面绘制道路或停车场区域。子面域工具和建筑地坪工具不同，建筑地坪工具会创建出单独的水平表面并剪切地形，而创建子面域不会生成单独的地平面，而是在地形表面上圈定了某块可以定义不同属性集（如材质）的表面区域。

在“体量和场地”选项卡的“修改场地”面板中选择“子面域”命令启动子面域工具，如图3.14.3所示。

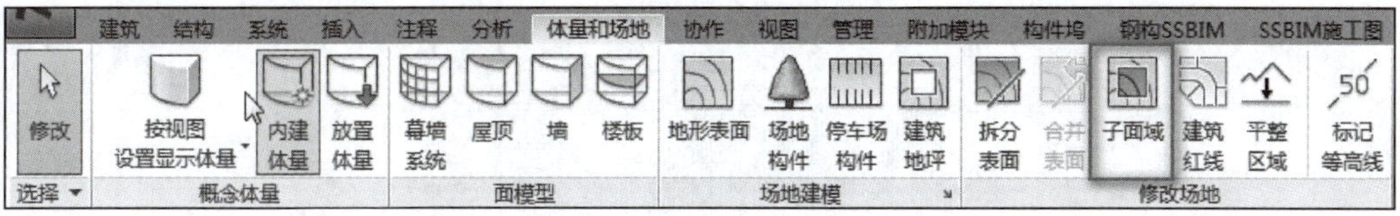

图3.14.3　子面域工具

4. 场地构件

有了地形表面和道路，再配上生动的花草、树木、车等场地构件，可以使整个场景更加丰富。在“体量和场地”选项卡的“场地建模”面板中选择“场地构件”命令启动场地构件工具，如图3.14.4所示。

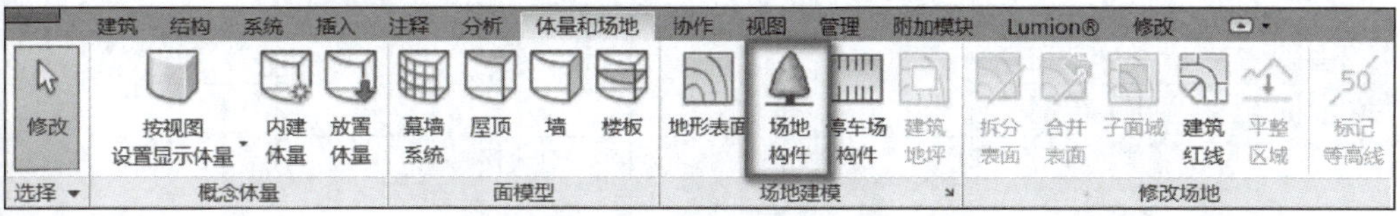

图3.14.4　场地构件工具

技能训练

地形表面是建筑场地地形的图形表示。建筑地坪工具适合创建单独的水平地面（如水平地面、停车场、水平道路等）并剪切地形。地形子面域（道路）工具区别于建筑地坪，不会生成单独的地坪表面，而是在地形表面上圈定某块可以定义不同材质的表面区域。场地构件工具用于添加花草、树木等构件。地形表面、建筑地坪、地形子面域、场地构件创建与编辑的具体步骤如下：

1. 地形表面

（1）在项目浏览器中双击“场地”选项，打开场地平面视图。

（2）为了便于捕捉，在场地平面视图中根据绘制地形的需要，绘制六条参照平面，如图3.14.5所示。

（3）在菜单栏中选择“建筑”→“工作平面”→“参照平面”命令，移动光标到图3.14.5中1号轴线左侧，单击垂直方向上下两点绘制一条垂直参照平面。

（4）选择刚绘制的参照平面，出现蓝色临时尺寸，单击蓝色尺寸文字，输入10 000，按【Enter】键确认，使参照平面到1号轴线之间距离为10 m（如临时尺寸右侧尺寸界线不

学习笔记

在1号轴线上，可以拖动尺寸界线上的蓝色控制柄到轴线上后松开鼠标按键，以调整尺寸参考位置）。

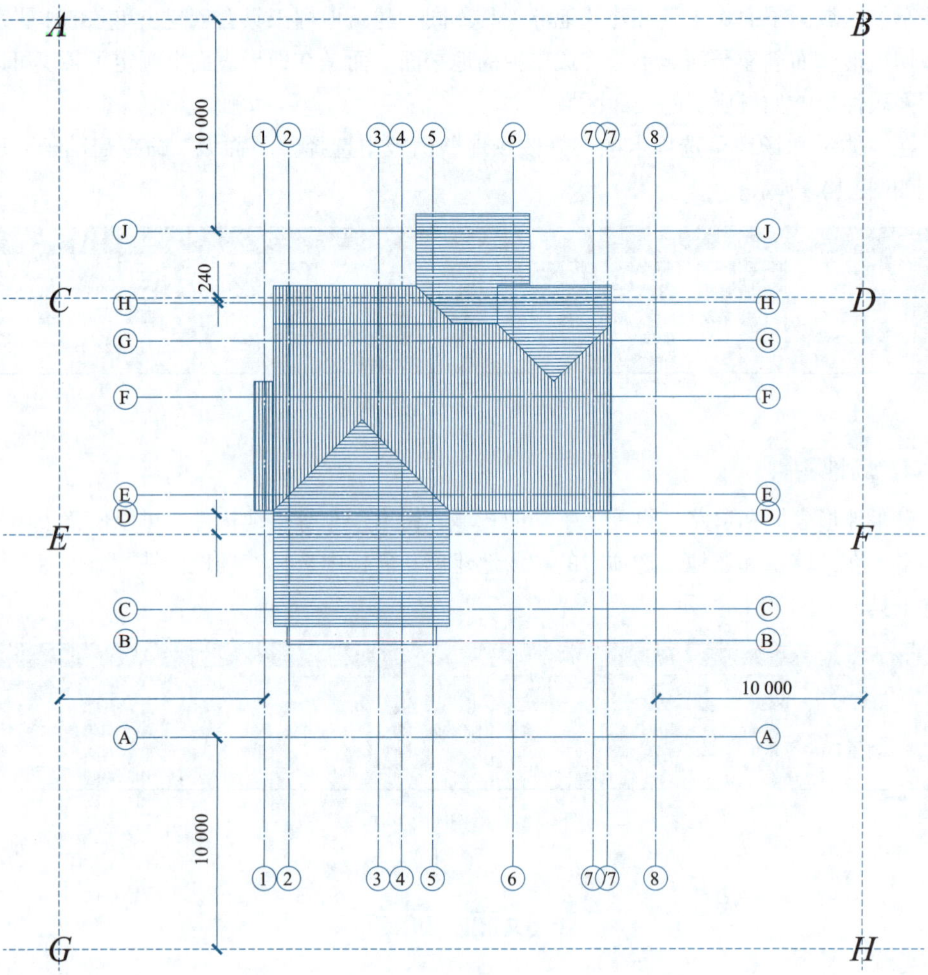

图3.14.5　绘制地形表面六条参照平面

（5）使用同样方法，在8号、A号轴线外侧10 m、H轴上方240 mm、D轴下方1 100 mm位置绘制其余五条参照平面。

（6）下面将捕捉六条参照平面的八个交点*A~H*，通过创建地形高程点设计地形表面。在菜单栏中选择“体量和场地”→“场地建模”→“地形表面”命令，移动光标回到绘图区域，进入草图模式。

（7）单击“放置点”按钮，选项栏显示“高程”选项，将光标移至高程数值“0.0”上双击，即可设置新值，输入“-450”，按【Enter】键完成高程值的设置。

（8）移动光标至绘图区域，依次单击图3.14.5中的*A*、*B*、*C*、*D*四点，即放置四个高程为“-450”的点，并形成一个以该四点为端点的高程为“-450”的地形平面。

（9）再次将光标移至选项栏，双击“高程”值“-450”，设置新值为“-3 500”，按【Enter】键确认。移动光标回到绘图区域，依次单击*E*、*F*、*G*、*H*四点，放置四个高程为“-3 500”的点。

（10）单击建成的场地进入属性面板，单击“材质”选项后的矩形浏览图标，如图3.14.6所示。弹出图3.14.7所示的“材质浏览器”对话框，选择“场地-草”材质，单击“确定”按钮，关闭所有对话框，此时给地形表面添加草地材质。

单击“完成表面”命令创建地形表面，三维模型如图3.14.8所示，此时保存文件。

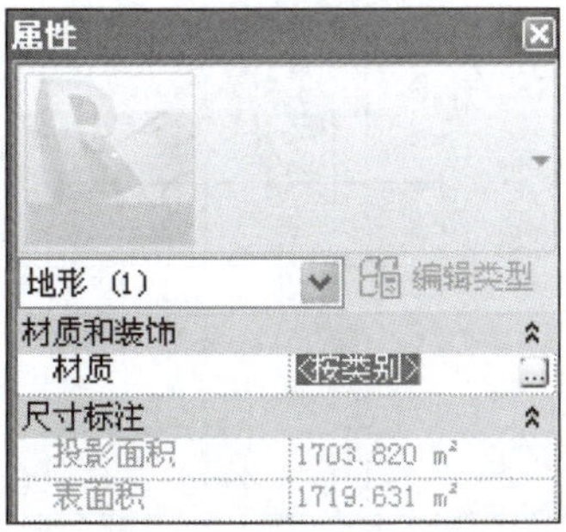

图3.14.6　设置属性

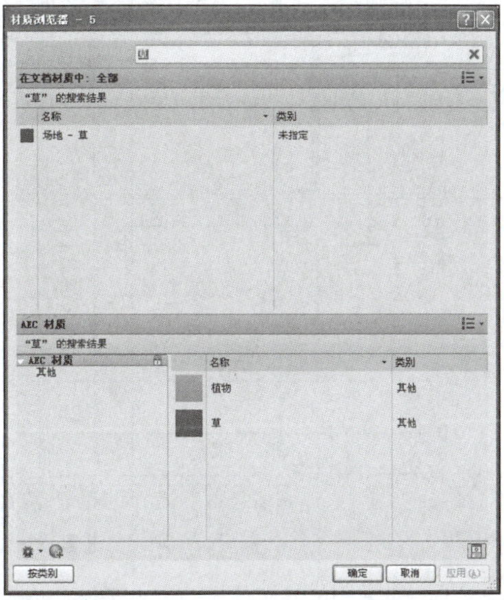

图3.14.7　“材质浏览器”对话框

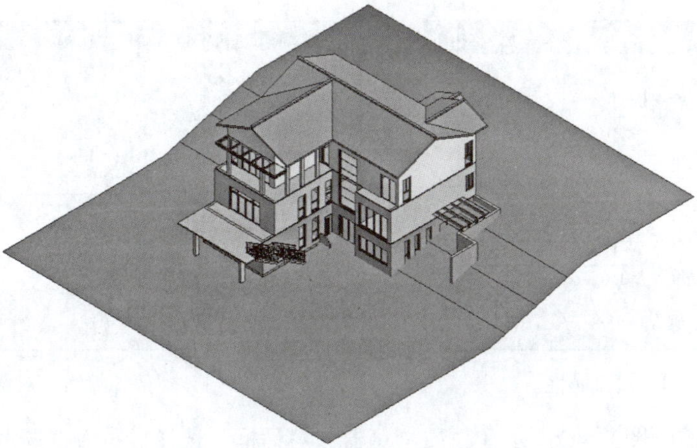

图3.14.8　地形表面三维模型

2. 建筑地坪

（1）在项目浏览器中双击“楼层平面”选项下的“-1F”，打开地下一层平面视图。在菜单栏中选择“场地建模”→“建筑地坪”命令，进入建筑地坪的草图绘制模式。

（2）在菜单栏中选择“绘制”→“直线”命令，移动光标到绘图区域，开始顺时针绘制建筑地坪轮廓，如图3.14.9所示，必须保证轮廓线闭合。

（3）选中创建的建筑地坪并在属性面板中设置属性，选择标高为“-1F-1”，如图3.14.10所示。

（4）在菜单栏中选择“属性”→“编辑类型”→“类型属性”→“结构”→“编辑”

学习笔记

命令，弹出“编辑部件”对话框，设置参数如图3.14.11所示。

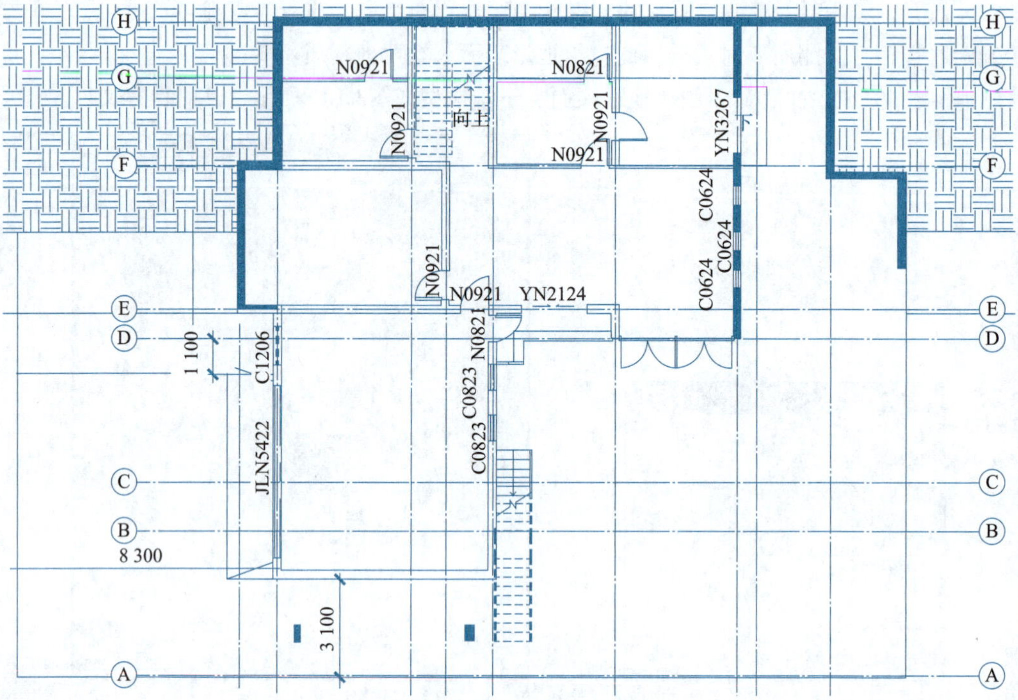

图3.14.9　建筑地坪轮廓线

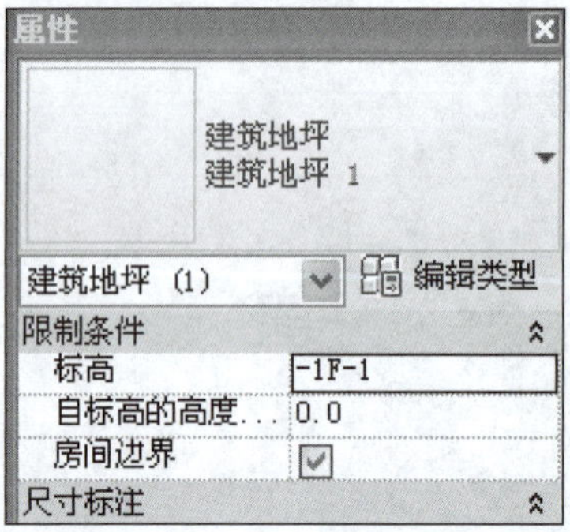

图3.14.10　设置属性

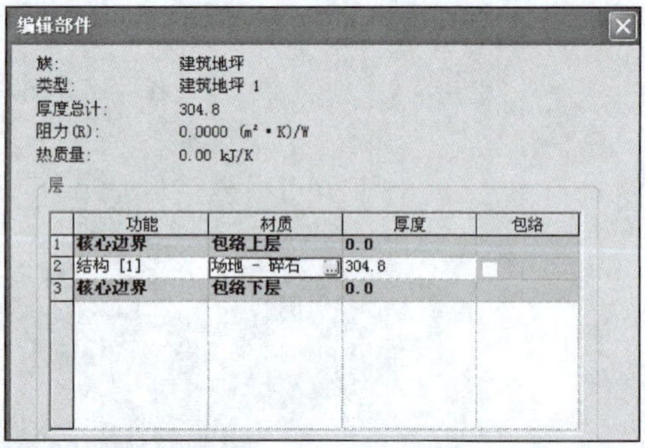

图3.14.11　“部件编辑”对话框

（5）再次进入图3.14.7所示“材质浏览器”对话框，选择材质为“场地-碎石”，此时保存文件。

3. 地形子面域（道路）

（1）在项目浏览器中双击“楼层平面”选项下的“场地”，打开场地平面视图。在菜单栏中选择“体量和场地”→“修改场地”→“子面域”命令，进入草图绘制模式。

（2）在菜单栏中选择“绘制”→“直线”命令，顺时针绘制图3.14.12所示子面域轮廓。绘制到弧线时，在“绘制”面板中选择“起点-终点-半径弧”命令，勾选选项栏中的“半径”复选框，将半径值设置为“3 400”。绘制完弧线后，在选项栏中选择“直线”命令，即可切换回直线继续绘制。

（3）再次进入图3.14.7所示“材质浏览器”对话框，选择材质为“场地-柏油路”。

学习笔记

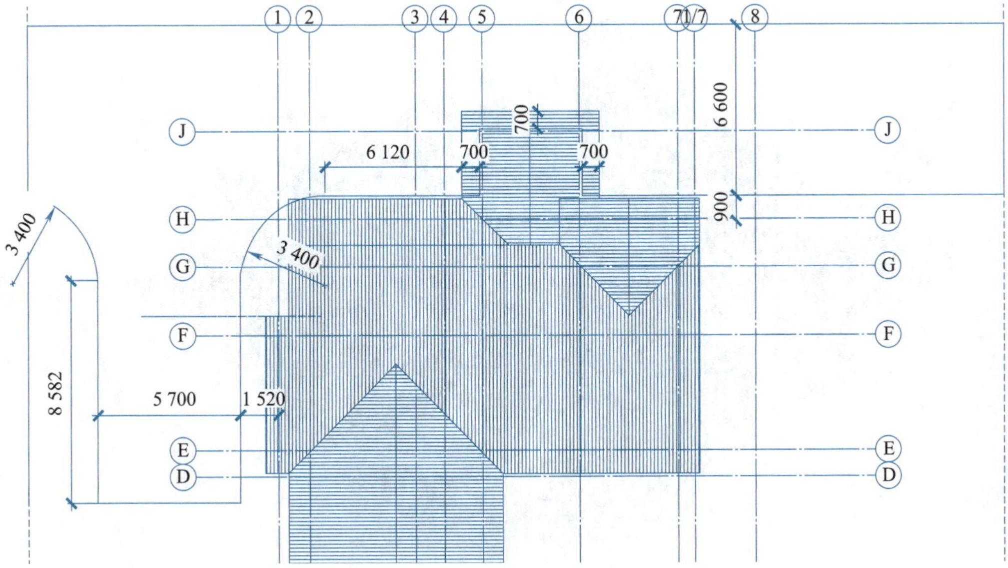

图3.14.12　地形子面域轮廓

（4）单击“完成”按钮，完成子面域道路的绘制，此时保存文件。

4. 场地构件

（1）在项目浏览器中双击“楼层平面”选项下的“场地”，打开场地平面视图。

（2）在菜单栏中选择“体量和场地”→“场地建模”→“场地构件”命令，在类型选择器中选择需要的构件。也可在菜单栏中选择“模型”→“载入族”命令，打开“载入族”对话框，如图3.14.13所示。

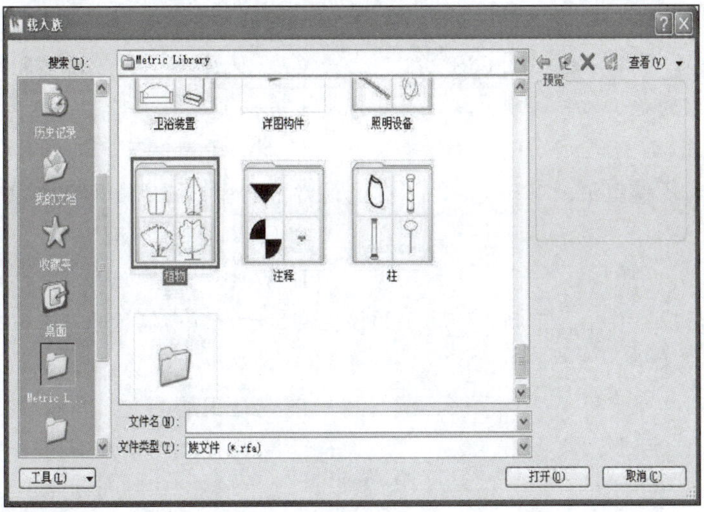

图3.14.13　“载入族”对话框

（3）在“载入族”对话框中双击“植物”→“乔木”文件夹，选择“白杨.rfa”，单击“确定”按钮载入到项目中。

（4）在场地平面图中根据需要在道路及别墅周围添加场地构件树。

（5）至此完成场地构件的添加，三维模型如图3.14.14所示。

学习笔记

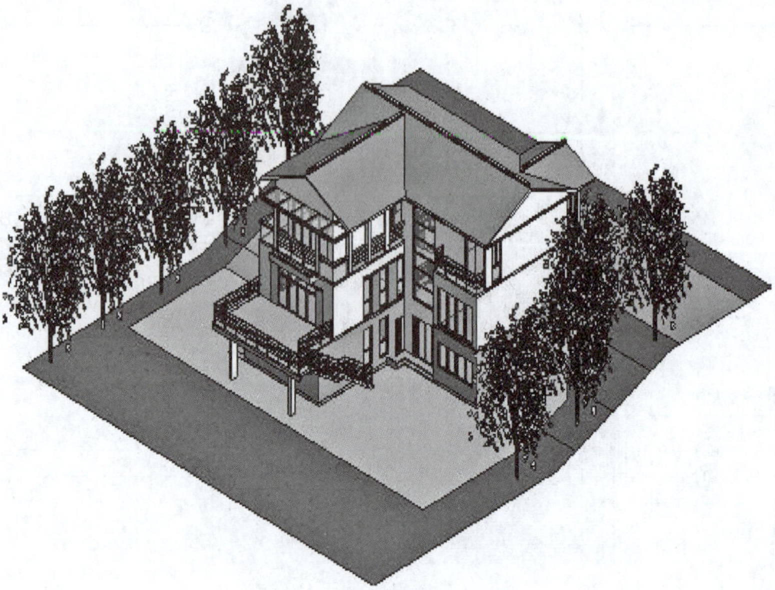

图3.14.14 场地构件三维模型

习题巩固

1. 导入场地生成地形的DWG文件必须具有（　　）数据。

A. 颜色　　B. 图层　　C. 高程　　D. 厚度

2. 在场地分析中，通过BIM结合（　　）进行场地模拟分析，得出较好的分析数据，能够为设计单位后期提供理想的场地规划、交通流线组织关系、建筑布局等关键决策。

A. 物联网　　B. GIS　　C. 互联网　　D. AR

3. 基于BIM的施工机具管理包括机具管理和（　　）。

A. 场地管理　　B. 人员管理　　C. 材料管理　　D. 环境管理

4. 在BIM场地模型中，下列（　　）信息通常不包含在场地地形数据中。

A. 高程点　　B. 土壤类型

C. 等高线　　D. 坡度

5. 在BIM场地布置中，下列（　　）构件主要用于控制车辆行驶路径。

A. 停车场构件　　B. 道路中心线

C. 景观小品　　D. 场地围墙

学习笔记

学 习 评 价

<table>
<tr><td colspan="3">知识点：场地</td><td colspan="2">日期：</td></tr>
<tr><td colspan="2">评价内容</td><td>学生自评</td><td>组内互评</td><td>教师评价</td></tr>
<tr><td>理论知识</td><td>1. 掌握添加建筑地坪的方法；
2. 掌握创建道路的方法；
3. 掌握添加场地构件的方法</td><td></td><td></td><td></td></tr>
<tr><td>实践技能</td><td>1. 能通过“地形子面域”工具创建道路；
2. 能通过“场地构件”工具创建树木、花草、交通工具等构件</td><td></td><td></td><td></td></tr>
<tr><td>学生提出的问题</td><td colspan="4"></td></tr>
<tr><td>教师答疑</td><td colspan="4"></td></tr>
<tr><td>总结收获</td><td colspan="4"></td></tr>
<tr><td>学生签字</td><td colspan="4"></td></tr>
</table>

模块4

数字模型应用

本模块使学生能够利用数字模型创建颜色方案、效果图、漫游动画等应用，全方位展示项目的创意和应用成果。让学生能够理解，在一款软件环境中，就能够完成从CAD图纸到可视化应用的全部工作，减少了重复性的劳动和数据流失，大大提升了工作效率。

学习笔记

学习目标

知识目标

1. 了解颜色方案、渲染、漫游创建的参数；
2. 掌握利用相机命令创建相机视图的方法；
3. 掌握创建漫游动画的方法。

能力目标

1. 能够对构造选择适合的图形表达方式；
2. 具备查找图集资料等获取信息的能力。

素质目标

1. 能够进行人际交往和团队协作；
2. 具有优良的职业道德修养，能够遵守职业道德规范。

4.1 颜色方案

视频

颜色方案

一、基础概念

颜色方案以图形方式表示空间的类别，当设计者希望出图或者展示的时候能更加直观地反映出房间的占地面积，并对房间的颜色进行修改。

运用颜色方案到实际应用中，还可以做填色方案图、防火分区示意图、面积视图、净高分析图，只需要更改参数的值就可以自动变化颜色以及透明度，最终达到所需效果。

二、实际操作

（1）首先，在“建筑”选项卡的“房间和面积”面板中选择“房间分隔”和“房间”命令，完成房间的分隔和标记，如图4.1.1所示。

学习笔记

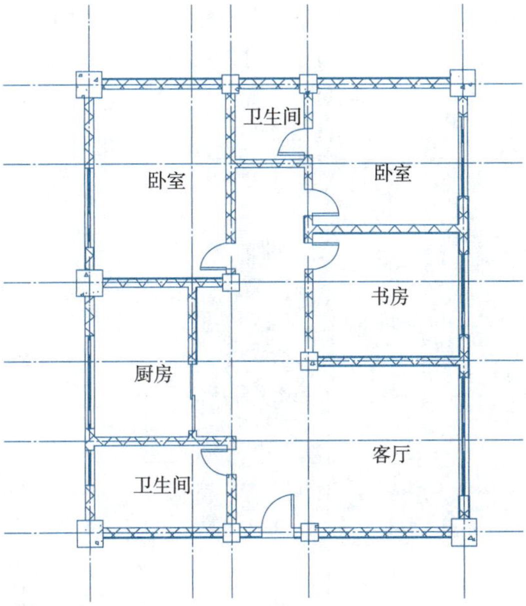

图4.1.1　房间创建

（2）在菜单栏中选择“建筑”→“房间和面积”→“颜色方案”命令，如图4.1.2所示。

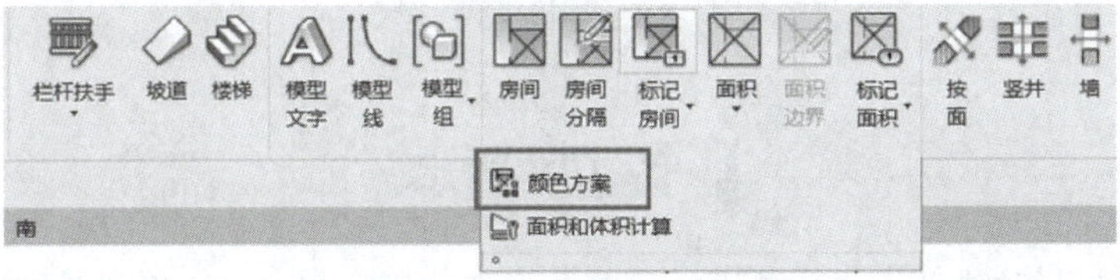

图4.1.2　颜色方案功能启动

（3）弹出“编辑颜色方案”对话框，将“类别”修改为“房间”，设置“颜色”分类标准为“名称”，如图4.13所示。

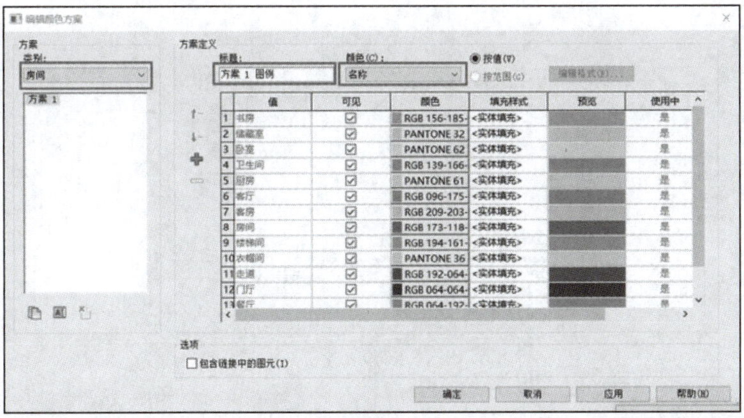

图4.1.3　颜色方案参数设定

（4）此时软件已经自动将各个房间名称定义了颜色填充方案，也可以自行对颜色进行修改，单击“确定”按钮，在“楼层平面”的属性面板中，单击“颜色方案”后的“<无>”，选择刚才创建的“房间”类别及方案并进行修改，如图4.1.3所示。

学习笔记

（5）在平面图旁边添加填充图例，选择“注释”选项卡中的“颜色填充图例”命令，将图例放置在平面合适的位置并单击“确定”按钮，效果如图4.1.4所示。

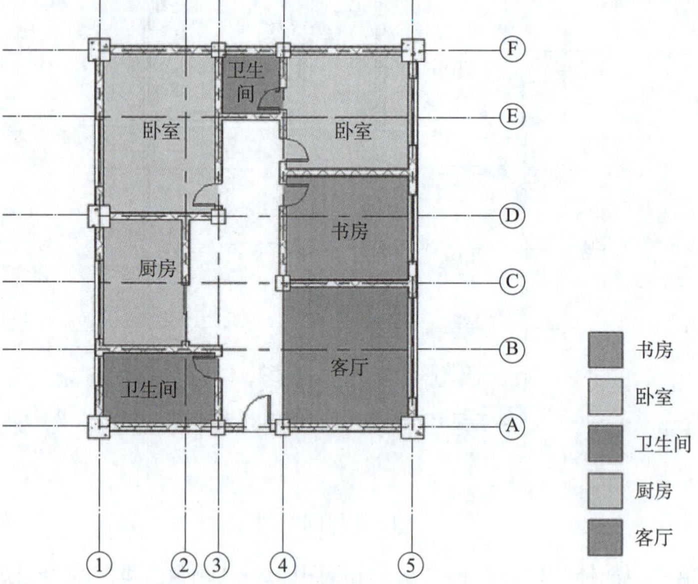

图4.1.4　颜色方案效果

技能训练

用户可以根据特定值或值的范围，将颜色方案应用于楼层平面视图。使用颜色方案可以将颜色应用到房间、面积、空间中。房间颜色方案创建与编辑的具体步骤如下：

（1）打开一层平面视图，如图4.1.5所示。

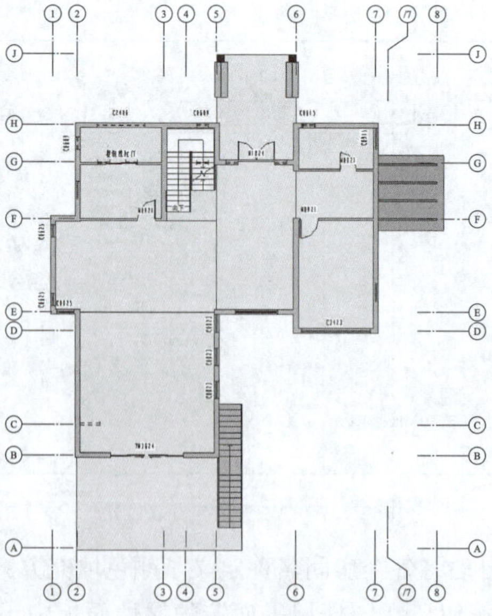

图4.1.5　进入一层平面视图

学习笔记

（2）创建房间和房间分隔，如图4.1.6所示。

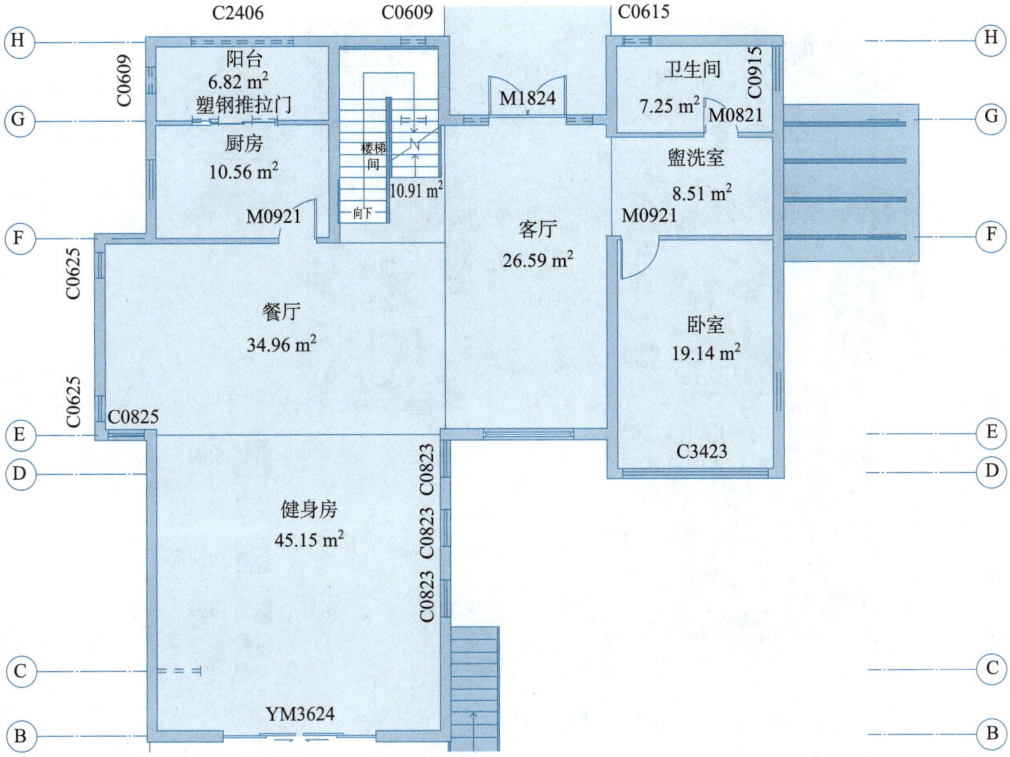

图4.1.6　房间分隔

（3）设置颜色填充参数如图4.1.7所示。

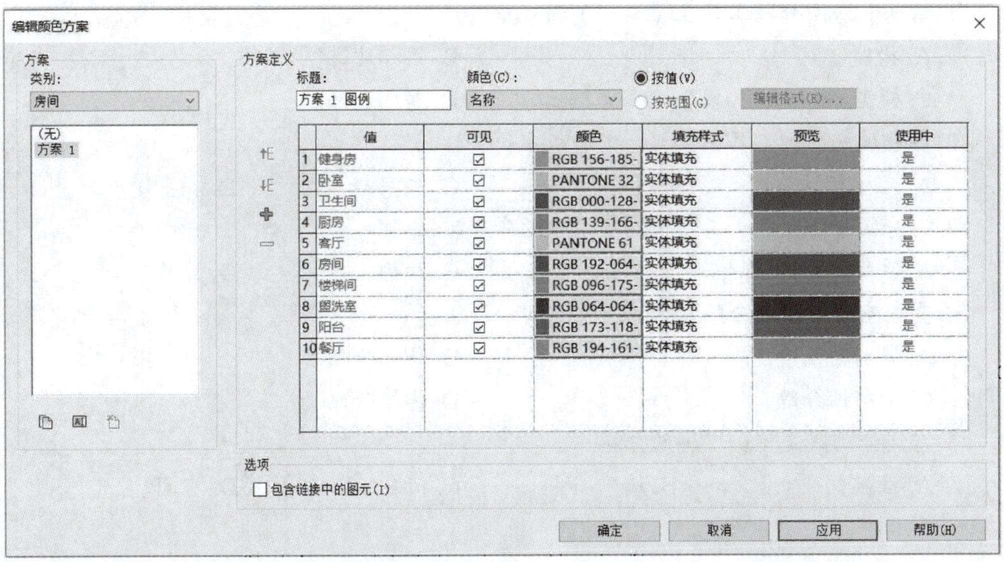

图4.1.7　颜色填充参数设置

学习笔记

（4）最终颜色方案效果如图4.1.8所示。

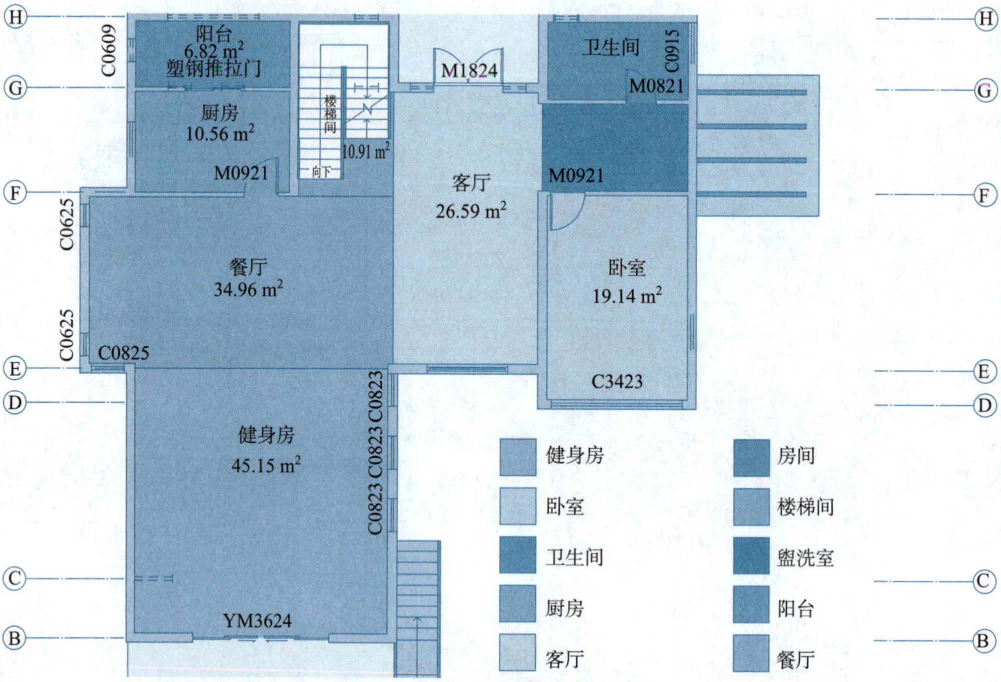

图4.1.8 最终颜色方案效果

习题巩固

1. 房间和房间分隔工具在（　　）面板中。

A. 构建　　B. 楼梯坡道　　C. 模型　　D. 房间和面积

2. 颜色填充图例工具在（　　）面板中。

A. 尺寸标注　　B. 详图　　C. 文字　　D. 颜色填充

3. “房间分隔”是（　　）选项卡中的命令。

A. 系统　　B. 建筑　　C. 结构　　D. 协作

4. 室内空间常用的分隔方式为（　　）。

A. 绝对分隔　　B. 局部分隔　　C. 象征性分隔　　D. 弹性分隔

5. 房间分隔线是（　　）的分界。

A. 楼板　　B. 墙　　C. 门窗　　D. 房间

学习笔记

学习评价

知识点：颜色方案			日期：	
评价内容		学生自评	组内互评	教师评价
理论知识	1. 理解颜色方案的概念和应用方法； 2. 掌握房间的颜色设置步骤			
实践技能	1. 能够通过选择空间类型和颜色方案设置平面图颜色方案效果； 2. 能够通过编辑颜色方案设置显示房间的填充颜色			
学生提出的问题				
教师答疑				
总结收获				
学生签字				

学习笔记

视频

渲染

4.2 渲　　染

一、创建相机视图

1. 创建正交视图

在Revit中直接单击快捷访问栏中的“默认三维视图”按钮，出现的视图就是正交视图，正交视图中的构件大小都是一致的，可以使用相机从建筑物内部创建正交视图，步骤如下：

（1）在项目浏览器中双击楼层平面，进入对应平面视图，在视图控制栏中将“显示程度”设置为“精细”，“视觉样式”设置为“真实”。

（2）在菜单栏中选择“视图”→“三维视图”→“相机”命令。

（3）取消勾选选项栏中的“透视图”复选框，在选项栏中设置相机视图比例和标高，默认的偏移量“1 750”代表人的身高，如图4.2.1所示。

图4.2.1　创建正交视图参数设置界面

（4）在绘图区域中放置第一个相机视点位置（视点1），然后放置第二个相机视点位置（视点2），如图4.2.2所示。放置完第二个视点位置后会直接转换到三维视图，并在项目浏览器的三维视图选项下新增“三维视图1”选项，即用户创建的一个三维正视图。

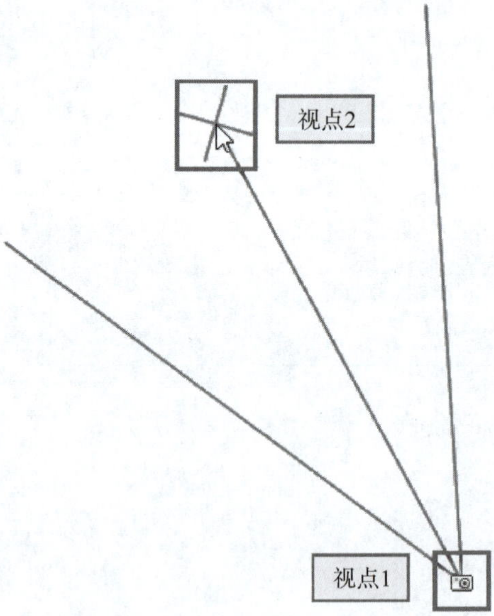

图4.2.2　相机视点位置设置

（5）选择“尺寸裁剪”命令（执行相机命令时自动激活），设置宽度和高度数值以控制视图的显示大小，也可以直接在绘图区域中单击相机的边界，拖动控制点控制视图的显示大小，如图4.2.3所示。

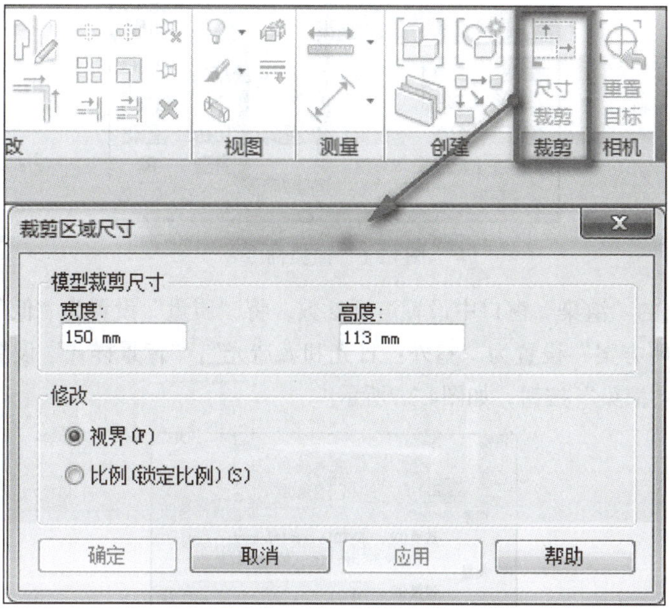

图4.2.3 控制视图的显示大小

2. 创建透视图

与创建正交视图的步骤基本相同，区别是在选择“视图”→“三维视图”→“相机”命令后，需要勾选选项栏中的“透视图”复选框，如图4.2.4所示，在放置第二个视点时会显示三个范围。

图4.2.4 创建透视图参数设置界面

创建视点位置后，将三维视图命名为“模型透视图”，并将“详细程度”设置为“精细”，将“视觉样式”设置为“真实”，如图4.2.5所示。

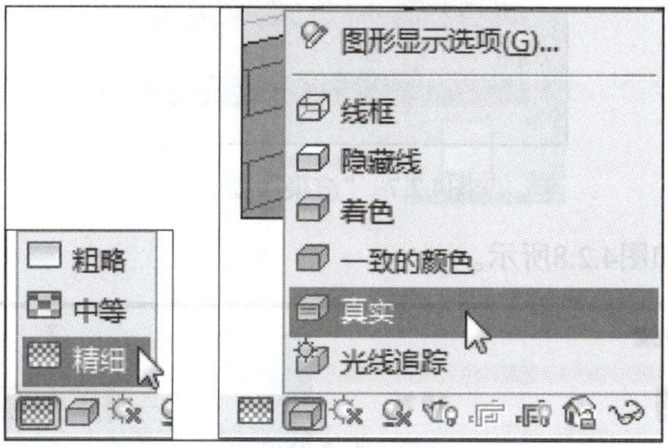

图4.2.5 详细程度和视觉样式参数设置

二、渲染操作

（1）进入三维视图，选择“视图”选项卡“图形”面板下的“渲染”命令，如图4.2.6所示。

学习笔记

（2）启动相机工具，如图4.2.11所示。

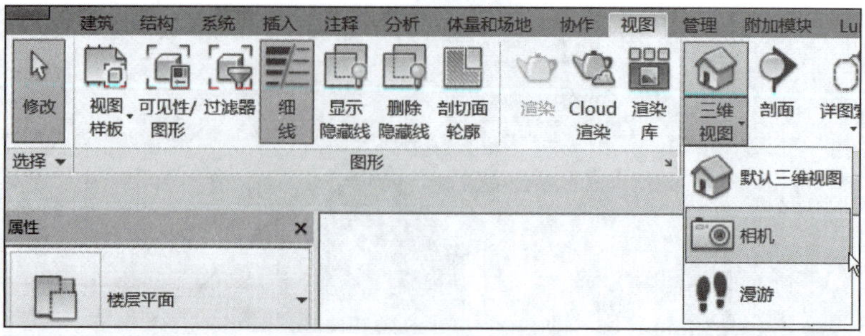

图4.2.11 相机工具

（3）放置相机拍摄点，如图4.2.12所示。

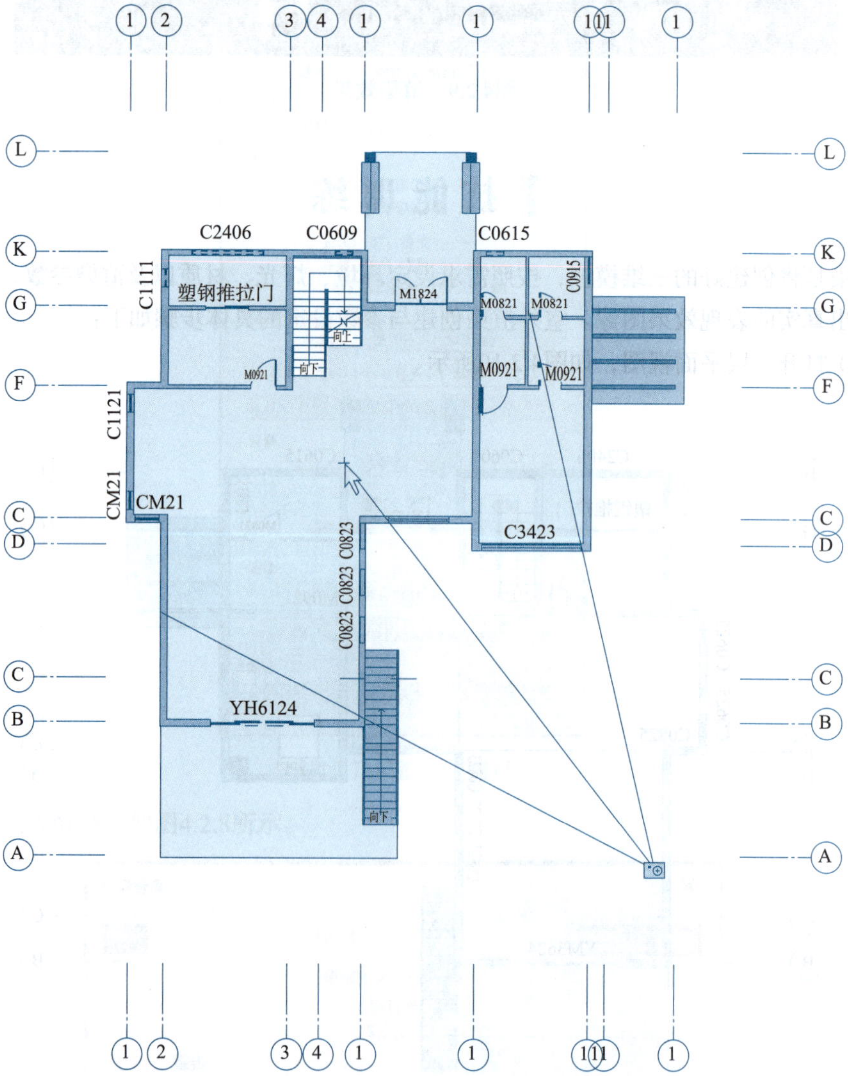

图4.2.12 放置相机拍摄点

学习笔记

（4）渲染参数设置，如图4.2.13所示。

（5）渲染效果如图4.2.14所示。

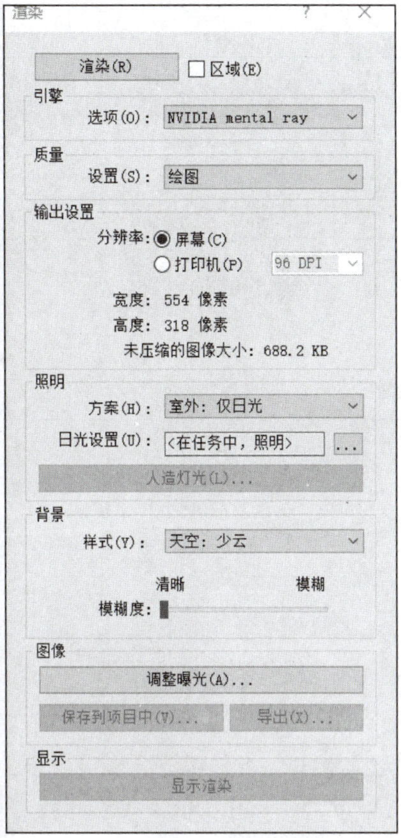

图4.2.13　渲染参数设置

图4.2.14　渲染效果

习题巩固

1. 显示实时渲染样式的视图样式为（　　）。

A. 着色　　B. 真实　　C. 光线追踪　　D. 选项B、C均是

2. 在渲染时，可设置渲染的分辨率为（　　）。

A. 基于屏幕显示　　B. 基于打印精度　　C. 光线追踪　　D. 选项B、C均是

3. 渲染工具在（　　）面板中。

A. 图形　　B. 创建　　C. 图纸组合　　D. 房间和面积

4. 渲染是（　　）选项卡中的命令。

A. 系统　　B. 建筑　　C. 结构　　D. 窗口

学习笔记

学习评价

知识点：渲染			日期：	
评价内容		学生自评	组内互评	教师评价
理论知识	1. 掌握布置相机的方法； 2. 掌握渲染视图的设计步骤			
实践技能	1. 能够按照需求放置相机拍摄点； 2. 能够按照需求设置渲染参数			
学生提出的问题				
教师答疑				
总结收获				
学生签字				

学习笔记

4.3 漫　游

使用Revit制作漫游动画是由多个相机创建的三维视图基于给定路径输出形成的，一个三维视图就是一个关键帧，可以直接导出为avi或其他格式。

视频

漫游

1. 创建漫游路径

（1）打开Revit模型，双击项目浏览器切换到对应楼层平面视图。

（2）在菜单栏中选择“视图”→“三维视图”→“漫游”命令，漫游选项栏与相机选项栏设置相同。

（3）在平面图绘图区域中连续单击放置关键帧的位置，即相机位置，出现的连接相机的蓝色线条即漫游路径，如图4.3.1所示。

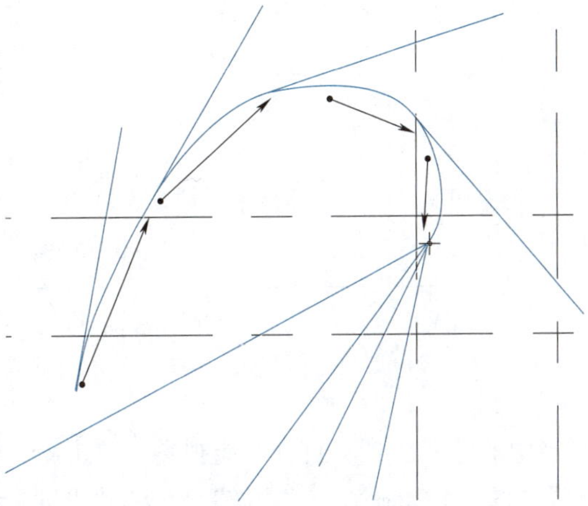

图4.3.1　漫游路径设定

（4）单击“完成漫游”按钮，即可创建一个漫游视图，在项目浏览器中会增加“漫游”选项，包含“漫游1”选项，即为用户刚刚创建的漫游。

2. 编辑漫游

在创建漫游路径的过程中无法修改已经放置的相机，所以在完成漫游后继续单击修改选项卡中的“编辑漫游”按钮，这样在楼层平面图中会沿着漫游路径出现红色圆点相机位置，即关键帧位置。单击“编辑漫游”选项卡中的“上一关键帧”或“下一关键帧”按钮显示相机符号。

在选项栏中，控制方式有四种：活动相机、路径、添加/删除关键帧，如图4.3.2所示。

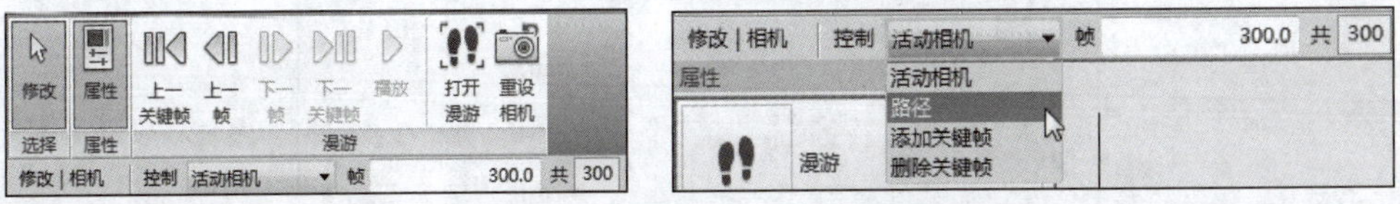

图4.3.2　漫游关键帧控制界面

路径和关键帧都调试完毕后，在菜单栏中选择“编辑漫游”→“播放”命令，在绘图区域中的相机范围内会播放漫游动画。

在漫游视图中也可以像相机视图中一样通过在“图形显示选项”对话框中添加“背景”，使动画中出现不同背景，如天空或渐变。

在漫游视图中单击属性面板中的漫游帧“300”，弹出“漫游帧”对话框，图4.3.3所示设置为默认匀速播放，帧速为15帧/秒。当取消勾选“匀速”复选框时，用户可以自定义每一帧的加速器（0.1~10），每一帧可以设置相同，也可以不同，可按照需求进行设置。

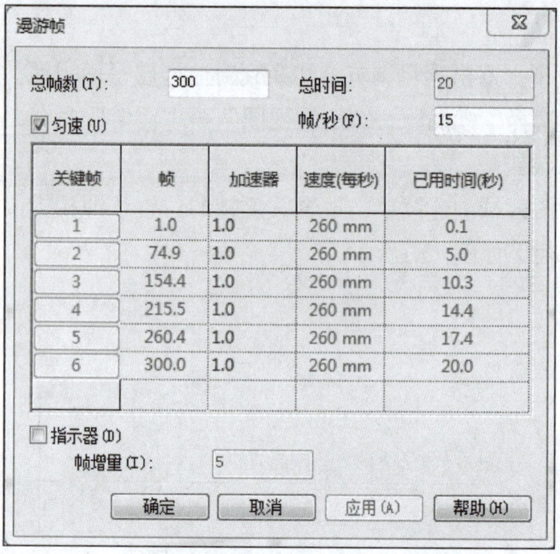

图4.3.3　漫游帧数和帧率控制界面

3. 导出漫游

（1）双击项目浏览器中的“漫游1”，打开对应视图，单击Revit左上角应用程序菜单中的“导出”按钮，选择“图像和动画”→“漫游”命令，如图4.3.4所示。

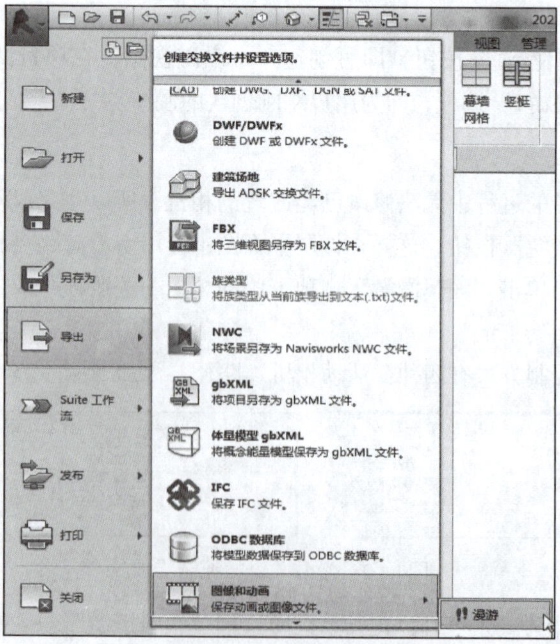

图4.3.4　导出漫游动画

学习笔记

（2）弹出“长度/格式”对话框，其中输出长度可以选择是全部帧还是部分帧，如平面图中添加了20帧，但只选取5~20帧，那么就将帧范围的“起点”和“终点”分别设置为“5”和“20”，再将“帧/秒”设置为15（即每秒15帧），这样总时间会自动更新为1 s。在实际项目中，按照体量大小以及每一帧展示内容的重要性进行调试更佳。在格式区域中可以设置视觉样式和尺寸，设置导出的长宽，并且可以选择是否显示时间和日期，如图4.3.5所示。

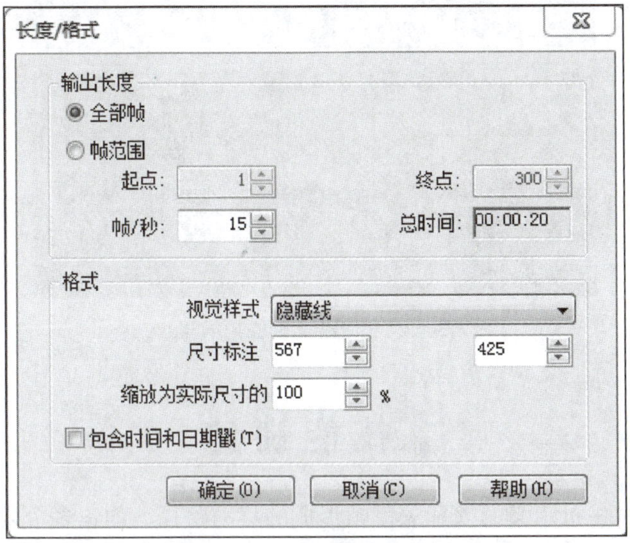

图4.3.5　“长度/格式”对话框

（3）设置长度与格式后单击“确定”按钮，弹出“导出漫游”对话框，在该对话框中可以选择保存漫游动画的路径以及文件类型。文件类型中除AVI格式外都是图像文件格式，需要注意的是导出为图像文件格式时，每一帧都是一个单独的图像文件，如按jpeg格式导出全部300帧，那么文件夹下就会有300个.jpg图像文件。如果导出视频格式为avi，单击“保存”按钮，弹出“视频压缩”对话框，可以选择计算机中已经安装的压缩程序进行视频压缩，如图4.3.6所示。

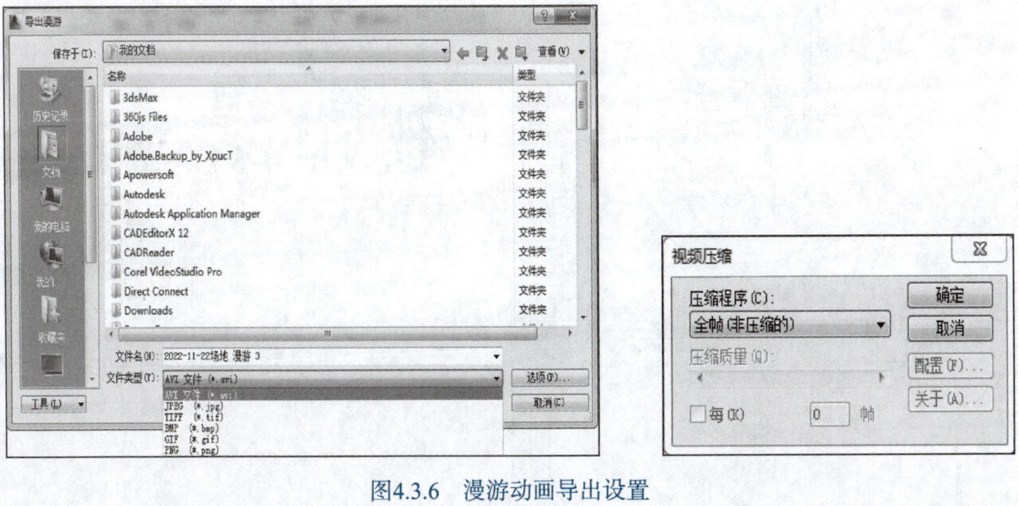

图4.3.6　漫游动画导出设置

学习笔记

（4）设置好相应的参数后，进行漫游动画的输出，效果如图4.3.7所示。

图4.3.7　漫游动画输出效果

技能训练

渲染是沿着由相机定义的帧和关键帧形成的移动路径，创建多个列透视图构成的视频。室外渲染创建与参数设定的具体步骤如下：

（1）打开一层平面视图，如图4.3.8所示。

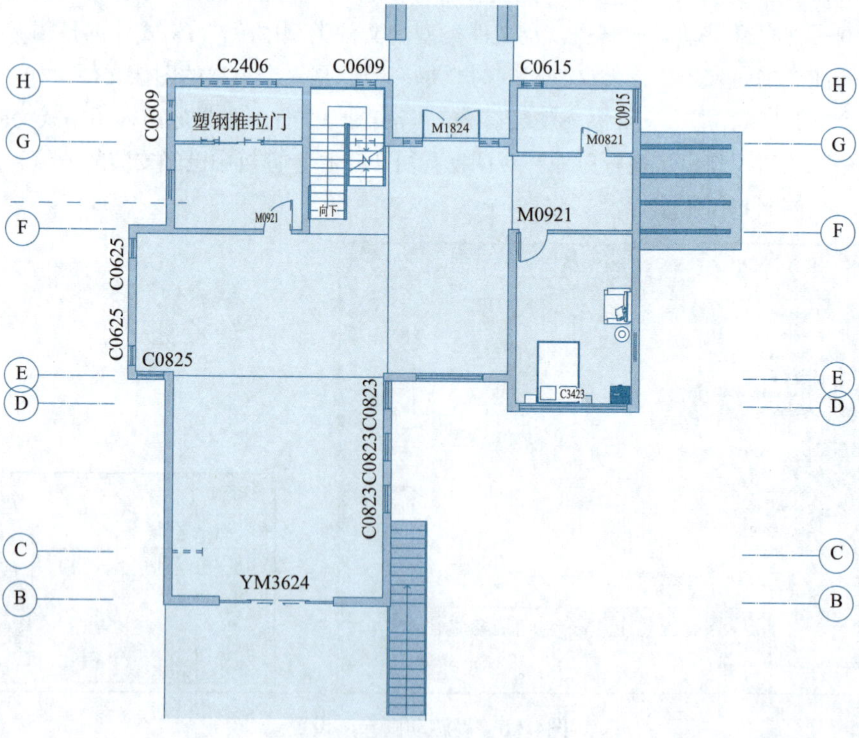

图4.3.8　一层平面视图

学习笔记

（2）创建漫游路径路线，如图4.3.9所示。

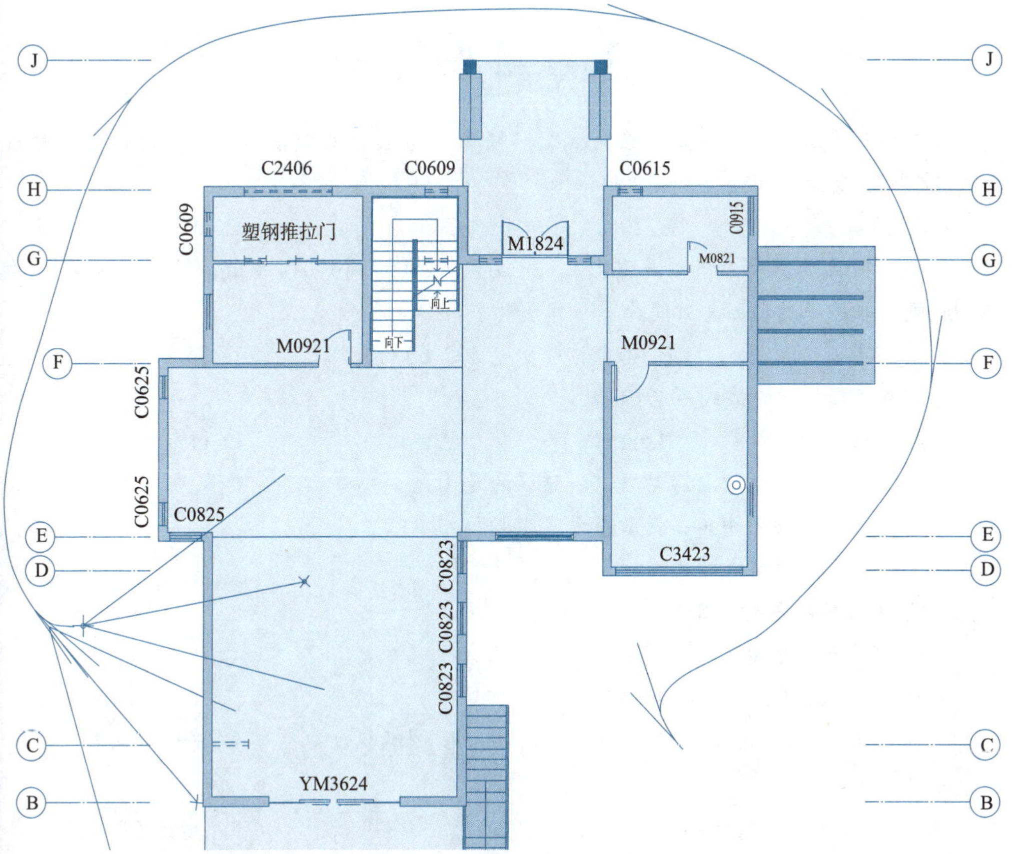

图4.3.9　创建漫游路径路线

（3）漫游效果如图4.3.10所示。

图4.3.10　漫游效果

学习笔记

习题巩固

1. 在编辑漫游时，漫游总帧数为600，“帧/秒”为15，关键帧为5，将第5帧的加速器由1修改为5，其总时间为（　　）。

A. 40 s　　B. 20 s　　C. 60 s　　D. 50 s

2. 一个项目漫游动画模型是500帧，先设置从200帧到500帧导出，根据“帧/秒”为15，这段截取的漫游动画总时间为（　　）。

A. 13. 3 s　　B. 20 s　　C. 60 s　　D. 75 s

3. 漫游视频导出的格式不包括（　　）。

A. mp4　　B. png　　C. avi　　D. gif

4. 下列关于Revit软件漫游动画说法错误的是（　　）。

A. 可在漫游视图中单击播放查看漫游动画

B. 可以wmv的格式导出

C. 可以图片格式导出

D. 可将漫游导出为avi格式

5. 漫游工具在（　　）面板中。

A. 图形　　B. 创建　　C. 图纸组合　　D. 房间和面积

学习笔记

学习评价

知识点：漫游			日期：	
评价内容		学生自评	组内互评	教师评价
理论知识	1. 掌握相机位置的确定方法； 2. 掌握实现漫游的步骤			
实践技能	1. 能够通过漫游路径创建漫游视频； 2. 能够选择动画格式导出漫游动画			
学生提出的问题				
教师答疑				
总结收获				
学生签字				

模块5 族建模

学习笔记

本模块使学生能够通过Revit快速自定义创建族构件，进而提高建模效率。创建完成的族构件可以供项目重复调用，大大降低人工和时间成本，同时族库的创建可以使建模更加规范化、标准化。

学习目标

知识目标

1. 了解族的概念；
2. 掌握系统族的定义和系统族的编辑方法；
3. 掌握拉伸、融合、旋转、放样、放样融合的编辑方法。

能力目标

1. 能够根据图纸创建不同类型的族模型；
2. 能够根据具体情况选择合理的绘制方案；
3. 能够利用族文件创新模型。

素质目标

1. 能够进行人际交往和团队协作；
2. 具有较强的口头与书面表达能力、人际沟通能力。

族是一个包含通用属性（参数）集和相关图形表示的图元组，属于一个族的不同图元的部分或全部参数可能有不同的值，但是参数（包括名称与含义）的集合是相同的。族中的这些变体称为族类型或类型。

一、三种族类型

视频

族建模

1. 系统族

系统族是在Revit中预定义的族，包含基本建筑构件，如墙、窗和门等。例如，基本墙系统族包含定义内墙、外墙、基础墙、常规墙和隔断墙样式的墙类型。可以复制或修改现有系统族，但不能创建新系统族，可以通过指定新参数定义新的族类型。

2. 可载入族

使用族样板在项目外创建的rfa文件可以载入到项目中，且具有高度可自定义的特征，因此可载入族是用户最经常创建和修改的族。

学习笔记

3. 内建族

内建族可以是特定项目中的模型构件，也可以是注释构件。只能在当前项目中创建内建族，因此它们仅可用于该项目特定的对象，如自定义墙的处理。创建内建族时，可以选择类别，且使用的类别将决定构件在项目中的外观和显示控制。

二、创建标准构件族的常规步骤

（1）选择适当的族样板。

（2）定义有助于控制对象可见性的族的子类别。

（3）布局有助于绘制构件几何图形的参照平面。

（4）添加尺寸标注以指定参数化构件的几何图形。

（5）全部标注尺寸以创建类型或实例参数。

（6）调整新模型以验证构件行为是否正确。

（7）用子类别和实体可见性设置指定二维和三维几何图形的显示特征。

（8）通过指定不同的参数定义族类型的变化。

（9）保存新定义的族，然后将其载入新项目并观察它如何运行。

三、建族方式

（1）拉伸。拉伸命令是通过绘制一个封闭的拉伸端面并赋予其一个拉伸高度进行建模，拉伸过程如图5.1.1所示。

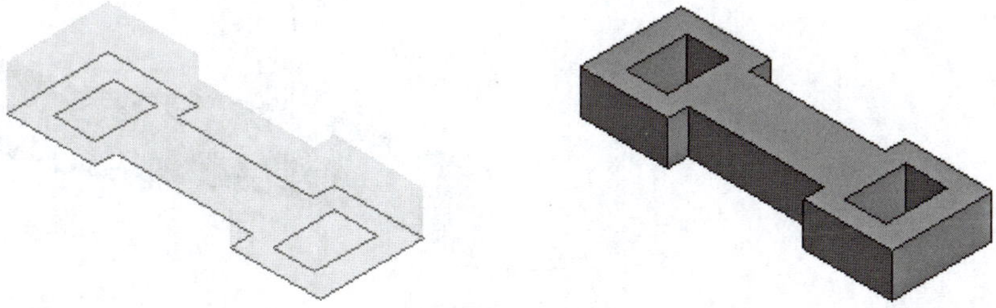

图5.1.1　拉伸过程

（2）融合。融合命令可以将两个平行平面上不同形状的端面进行融合建模，融合过程如图5.1.2所示。

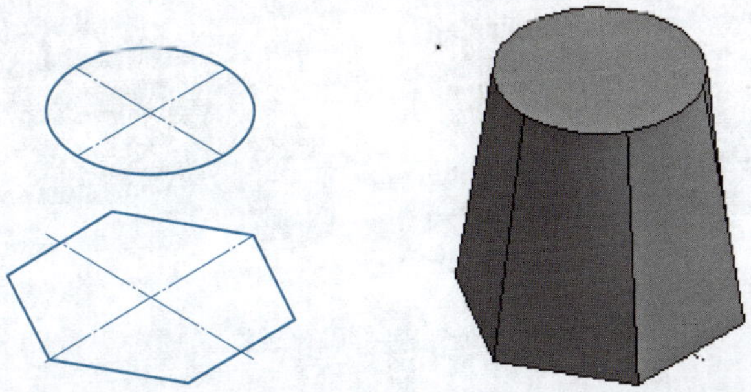

图5.1.2　融合过程

（3）旋转。绘制封闭的二维轮廓并指定中心轴，轮廓围绕中心轴旋转形成模型，旋转过程如图5.1.3所示。

学习笔记

图5.1.3　旋转过程

（4）放样。绘制路径并创建一个封闭的二维截面轮廓以生成模型，放样过程如图5.1.4所示。

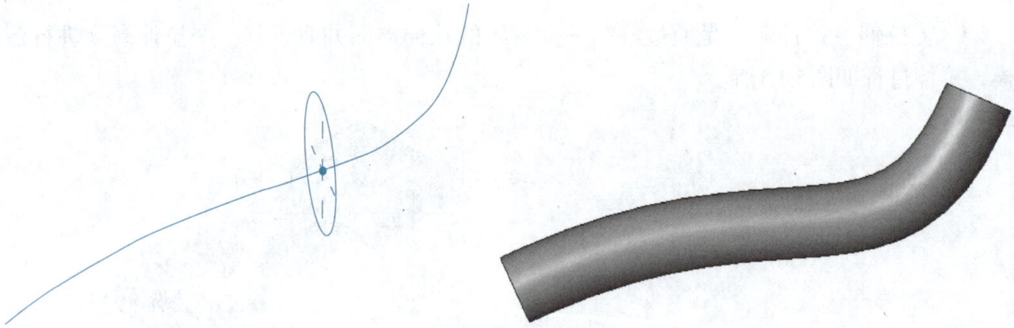

图5.1.4　放样过程

（5）放样融合。放样融合便于创建具有两个不同轮廓的融合实体，由两个轮廓形状通过指定路径确定，放样融合过程如图5.1.5所示。

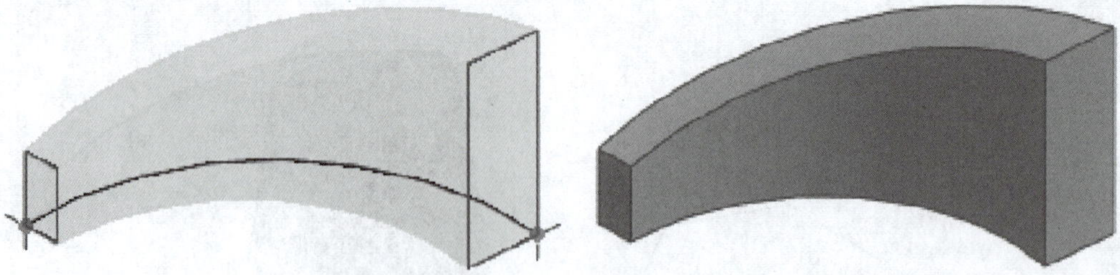

图5.1.5　放样融合过程

（6）空心。通过空心形状可以剪切掉实心形状上的多余部分，形成所需模型，空心过程如图5.1.6所示。

学习笔记

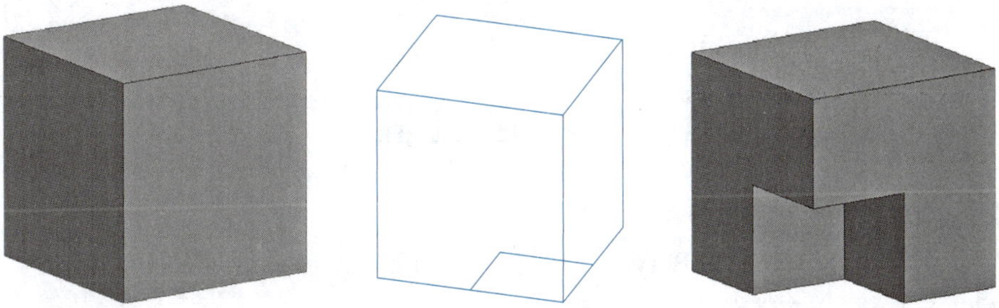

图5.1.6　空心过程

技能训练

可载入族是用于创建构件和注释图元的族，如门、窗、装置、家具和一些常规自定义的注释图元（包括符号、标题栏）。已导入项目的族，可在多个项目之间进行重复使用，具体操作步骤如下：

1. 系统族与项目交互

将一个或多个选定的系统族从一个项目传递到另一个项目中，可以先在项目1中选中要传递的系统族，在“修改|<墙>”上下文选项卡的“剪贴板”面板中选择“复制”命令，然后在项目2中选择“粘贴”命令，即可成功传递，如图5.1.7所示。

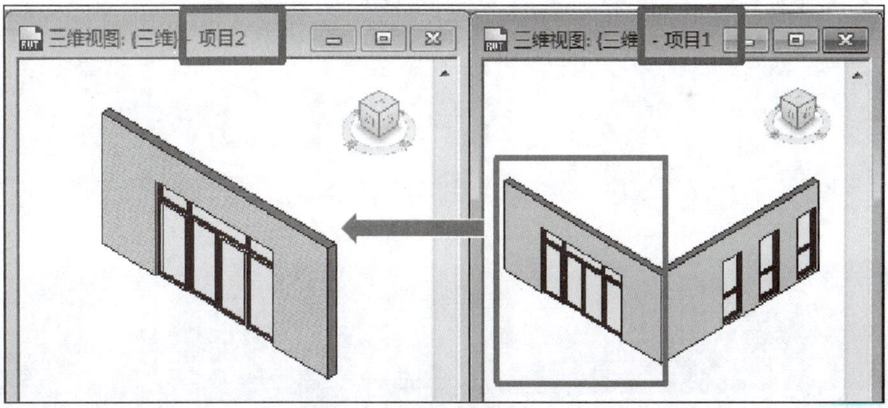

图5.1.7　系统族在项目间传递

2. 可载入族与项目交互

在项目中，在“插入”选项卡的“从库中载入”面板中选择“载入族”命令，即可将可载入族加载到项目中，如图5.1.8所示。

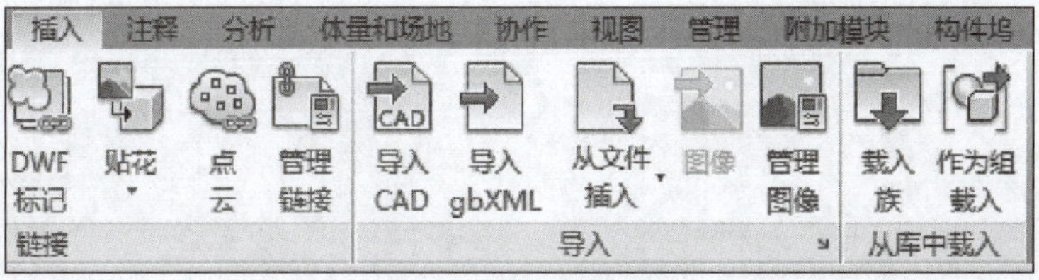

图5.1.8　“载入族”命令

学习笔记

习题巩固

1. Revit族文件的扩展名为（　　）。

A. rvp　　B. rvt　　C. rfa　　D. rft

2. 以下（　　）不是创建族的工具。

A. 扭转　　B. 融合　　C. 旋转　　D. 放样

3. 以下说法错误的是（　　）。

A. 实心形式的创建工具多于空心形式

B. 空心形式的创建工具多于实心形式

C. 空心形式和实心形式的创建工具都相同

D. 空心形式和实心形式的创建工具都不同

4. Revit的族可分为（　　）类型。

A. 系统族、内建族、可载入族　　B. 外部族、内建族

C. 内建族、可载入族　　D. 系统族、外部族

5. Revit中（　　）属于系统族。

A. 天花板　　B. 家居

C. 条形基础　　D. RPC

学习笔记

学 习 评 价

知识点：族			日期：	
评价内容		学生自评	组内互评	教师评价
理论知识	1. 理解族的概念； 2. 掌握常规模型中物种实体绘制工具的使用方法			
实践技能	1. 能够通过剪贴板实现族在项目间的传递； 2. 能够将可载入族载入到项目中			
学生提出的问题				
教师答疑				
总结收获				
学生签字				

模块6

体量建模

学习笔记

本模块让学生能够掌握曲面异形建模、参数化设计等基本操作，使学生能够逐步运用造型形成建筑模型的概念，从而探究设计的理念；掌握运用体块模型研究建筑形体与空间关系的方法。

学习目标

知识目标

1. 掌握自由形状的创建方法；
2. 掌握形状表面有理化处理的方法。

能力目标

1. 能够运用拉伸、融合、放样等操作独立完成体量模型的创建；
2. 能够运用面模型中的墙、楼板等工具独立完成体量实体化的操作。

素质目标

1. 能够进行人际交往和团队协作；
2. 具有较强的口头与书面表达能力、人际沟通能力。

视频

体量建模

1. 概念体量简介

（1）概念体量。为了满足现代建筑的形体多变性，Revit首次提出体量族概念，用于解决使用族困难、无法创建模型或可以建立模型却无法参数化控制等情况。

（2）体量的分类。概念体量可分为外部可载入体量族（简称体量）和内建概念体量族（简称内建体量）。外部可载入体量在项目外部可单独创建，支持创建新类型，且可同时载入不同的项目提供使用；内建体量需要在项目内部创建，创建方法与可载入体量一样，但是内建体量不支持创建新类型，仅为个体构件且仅支持当前项目使用，不支持同时载入其他项目。

2. 体量建模基本操作

（1）拉伸。拉伸要基于单一闭合轮廓的表面创建，创建过程如图6.1.1所示。

（2）融合。基于两个（或以上）封闭轮廓、两条（或以上）曲线、一个封闭轮廓和一条平面曲线均可融合成模型，创建过程如图6.1.2所示。

学习笔记

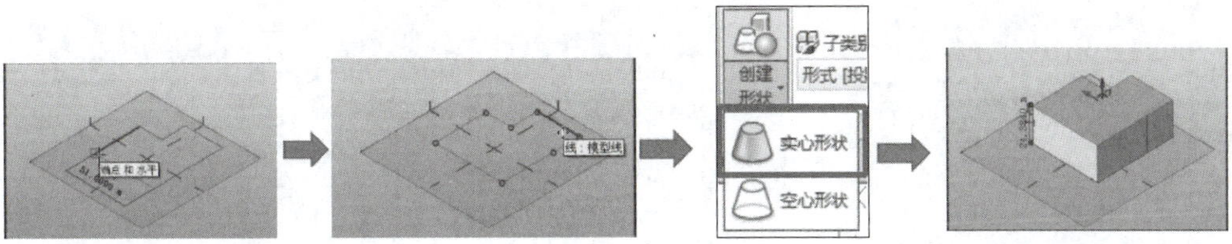

绘制线　选择线　创建实心形状　创建形状

图6.1.1　拉伸

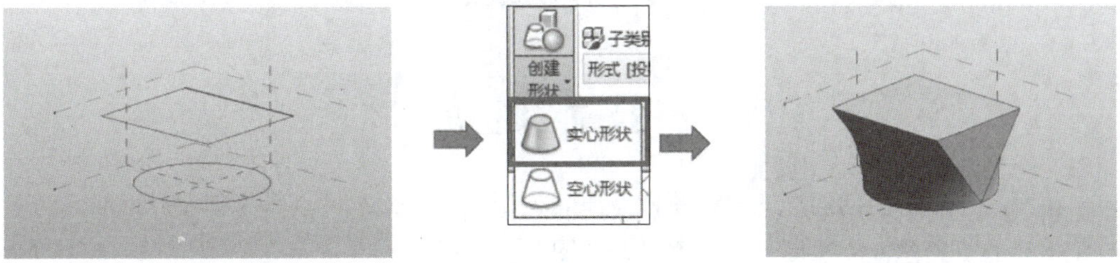

拾取内容　创建实心形状　创建形状

图6.1.2　融合

（3）旋转。位于同一平面内的直线（或曲线）和封闭轮廓可创建旋转模型，创建过程如图6.1.3所示。

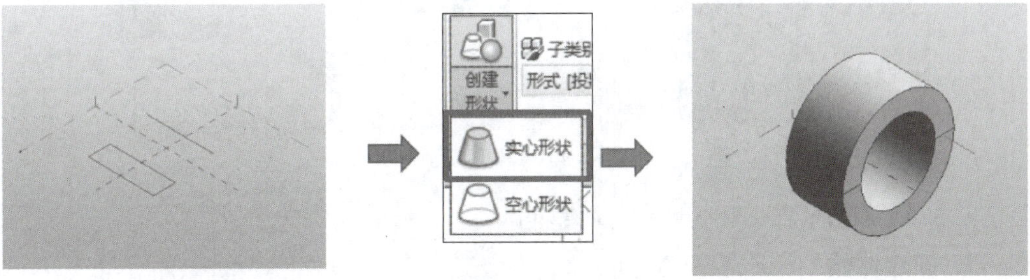

拾取线　创建实心形状　创建形状

图6.1.3　旋转

（4）放样。框选一条路径和垂直路径的一个封闭轮廓，即可生成放样模型，创建过程如图6.1.4所示。

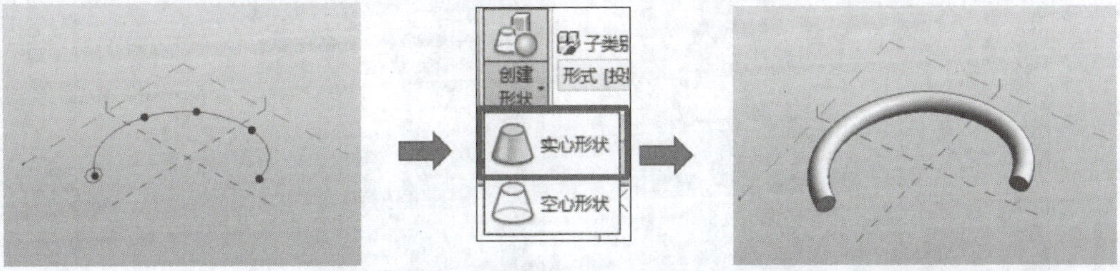

框选线　创建实心形状　创建形状

图6.1.4　放样

（5）放样融合。框选一条路径和垂直于路径的多个封闭轮廓，即可生成放样融合模型，创建过程如图6.1.5所示。

学习笔记

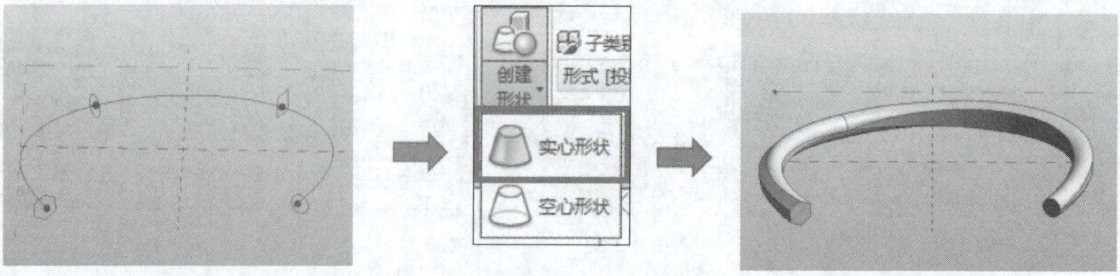

框选线　　创建实心形状　　创建形状

图6.1.5　放样融合

技能训练

体量用于项目前期的概念设计阶段，概念模型功能强大，可以作为创建异形曲面、参数化设计的工具弥补族建模环境的不足，如图6.1.6所示。

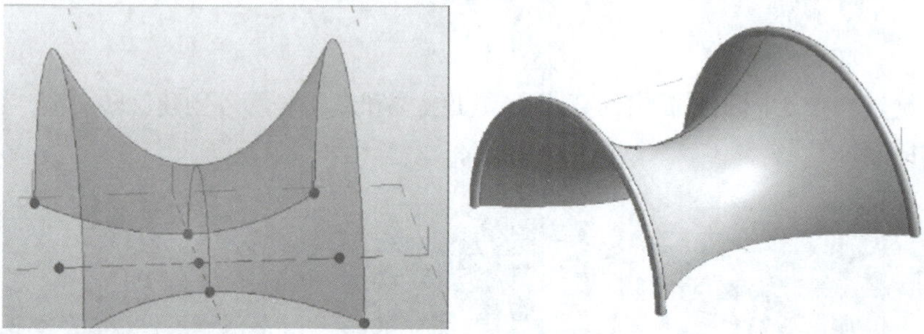

图6.1.6　异形曲面

体量异形曲面创建与编辑的具体步骤如下：

1. 新建体量

在Revit中单击“新建概念体量”按钮，在弹出的对话框中选择“公制体量”样板，如图6.1.7所示。

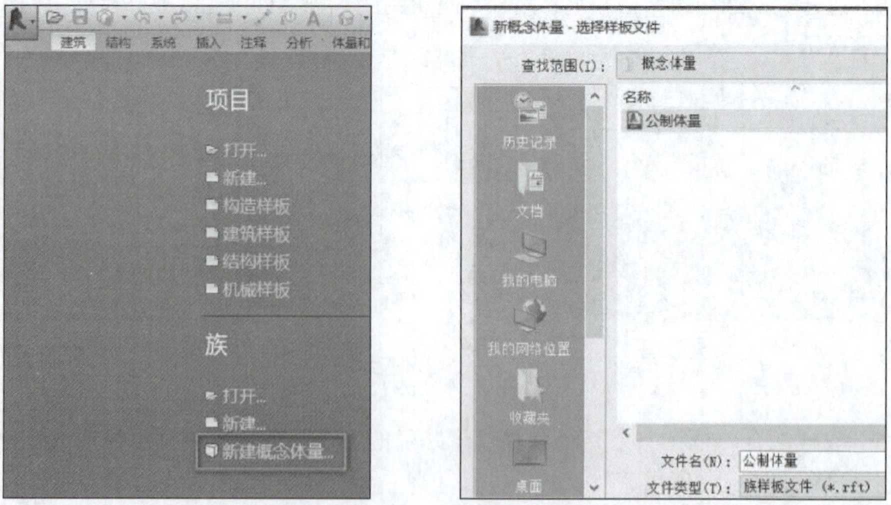

图6.1.7　新建概念体量并选择体量样板

学习笔记

2. 绘制参照平面

（1）打开标高1平面视图，在“修改”选项卡的“绘制”面板中选择“平面”命令，如图6.1.8所示。

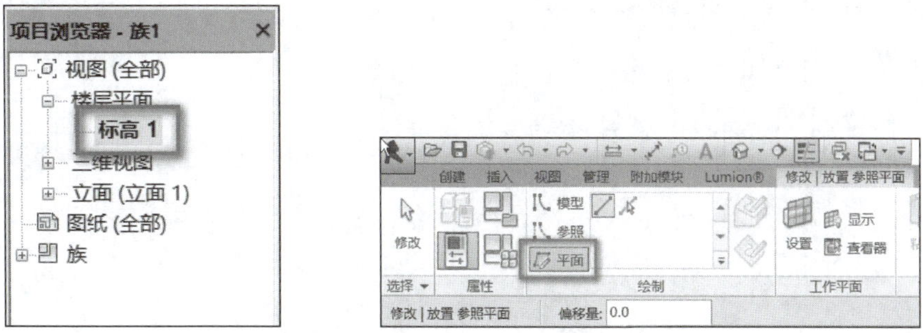

图6.1.8　“平面”命令

（2）绘制两个参照平面，距离中线均为30 m，如图6.1.9所示。

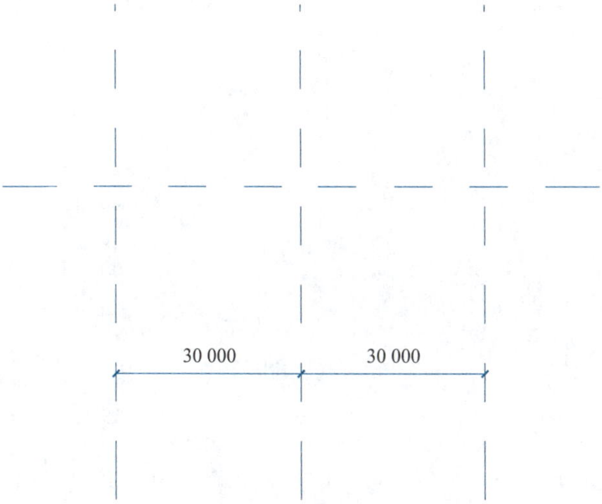

图6.1.9　距离中线30 m的两个参照平面

3. 绘制圆弧

（1）进入默认三维视图，移动光标至中间平面高亮显示后单击，激活中间平面为工作平面，如图6.1.10所示。

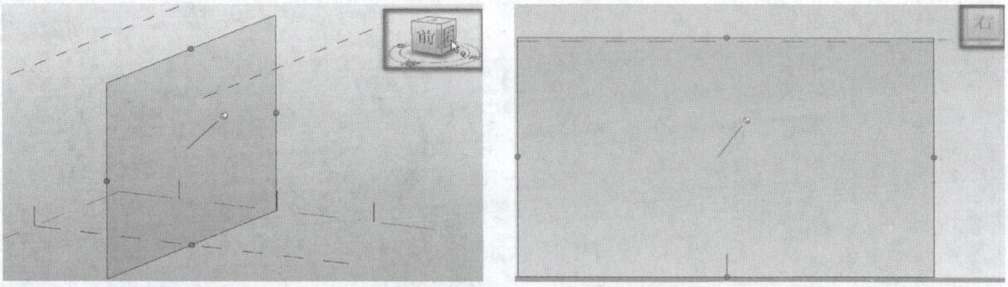

图6.1.10　激活工作平面

（2）在平面上用端点弧的方法，按照指定圆点→输入圆弧的半径30 m→指定弧的起点→

指定弧的终点的顺序，依次单击相应的位置，绘制一段弧，如图6.1.11所示。

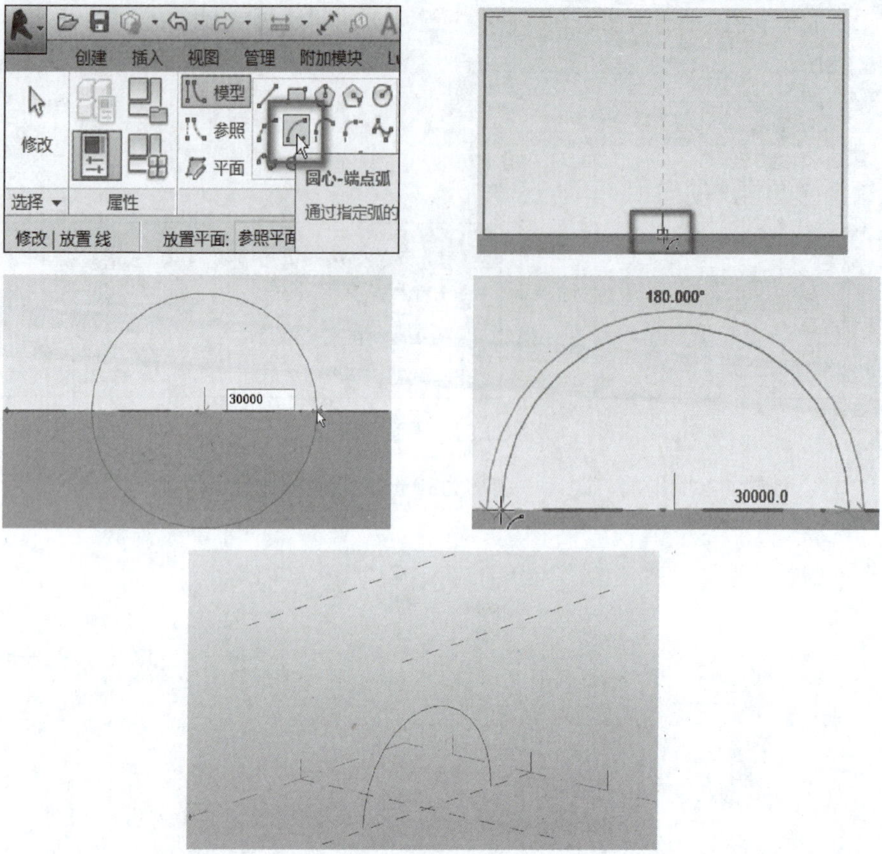

图6.1.11 绘制一段弧

4. 生成体量

选中刚绘制的圆弧，在“修改|线”上下文选项卡的“形状”面板中选择“创建形状”→“实心形状”命令，生成体量，如图6.1.12所示。

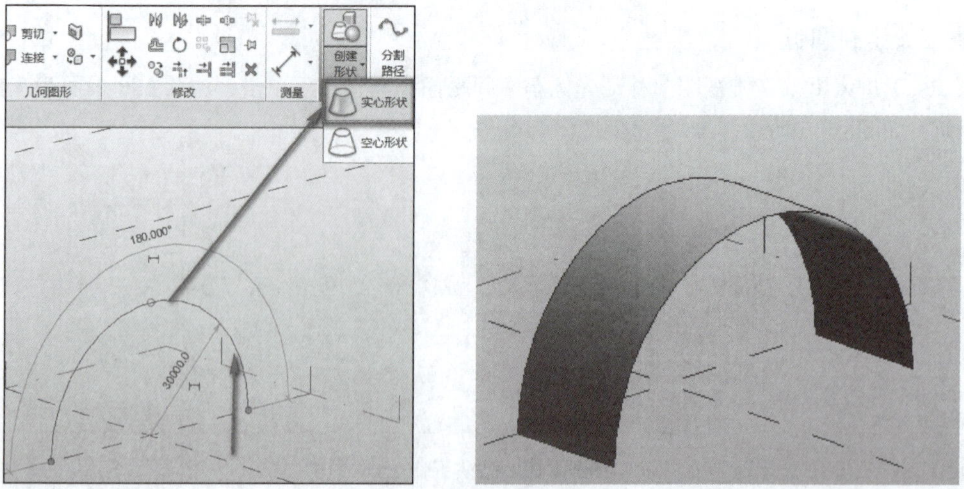

图6.1.12 生成体量

5. 曲面编辑

（1）模型左右边界线与参照平面对齐。在项目浏览器中双击打开南立面，选中体量模型的右侧边界线，拖动箭头与右边参照平面对齐。同理，将光标放到左侧边界线上按【Tab】键，选中左侧边界线，拖动箭头与右边参照平面对齐。单击三维视图并显示拱形模型，如图6.1.13所示。

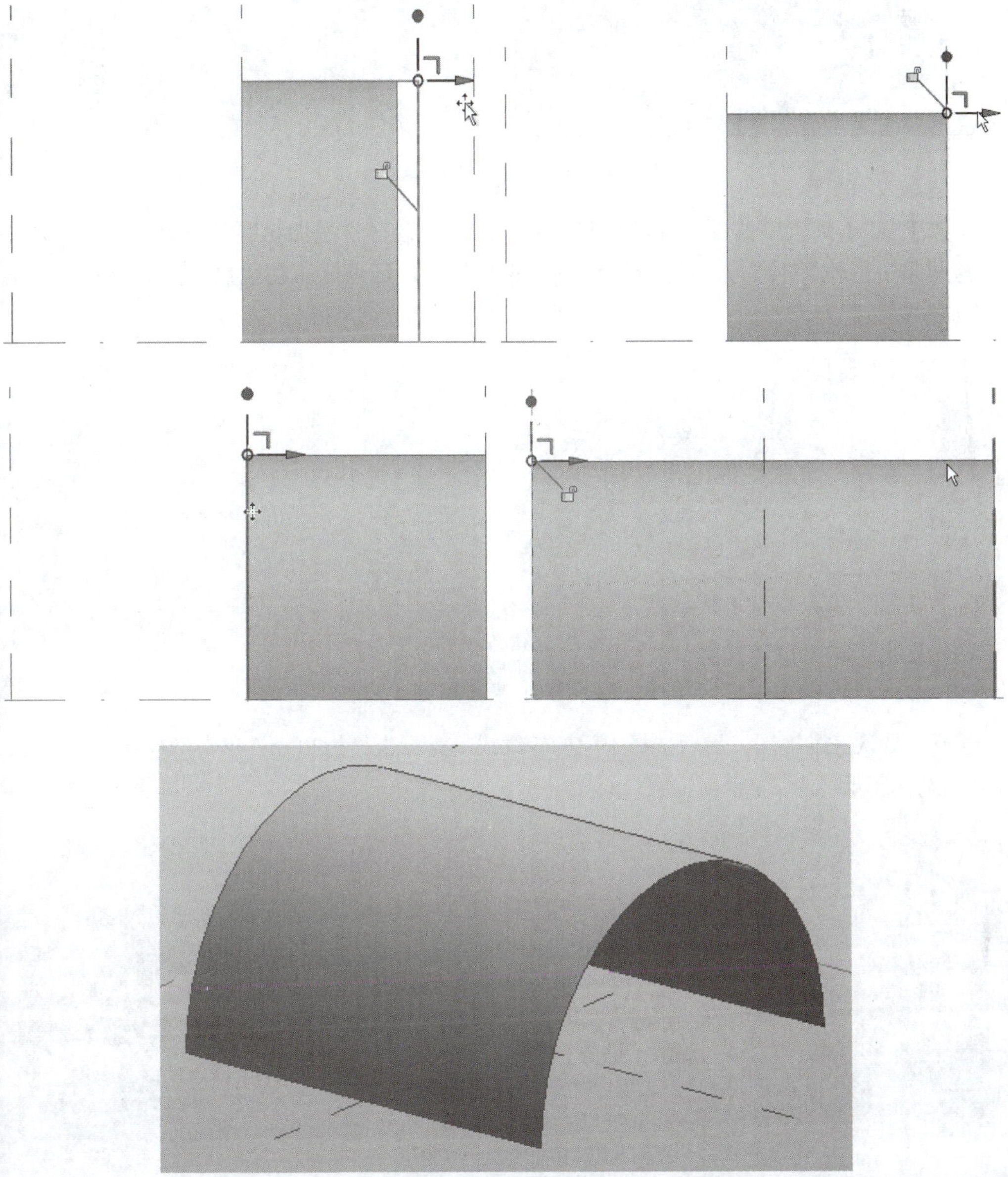

图6.1.13　拱形模型

（2）拱形模型透视。将光标移动到曲面边界后按【Tab】键，当曲面整体高亮显示时单击，选中整个曲面。然后选择“透视”命令，曲面出现四个控制点，在不选择曲面的情况下，控制点为紫色，如图6.1.14所示。

学习笔记

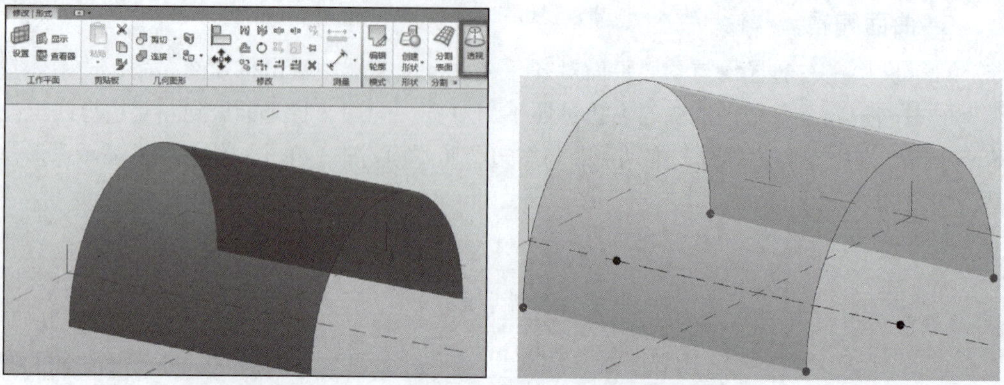

图6.1.14　拱形模型透视

按【Tab】键选中曲面，在“形状图元”面板中选择“添加轮廓”命令，当移动光标至这两条边的位置时，会出现新加轮廓线的预览，并且光标所在边也会高亮显示。单击“添加”按钮进入南立面，将添加的轮廓线与中线对齐，如图6.1.15所示。

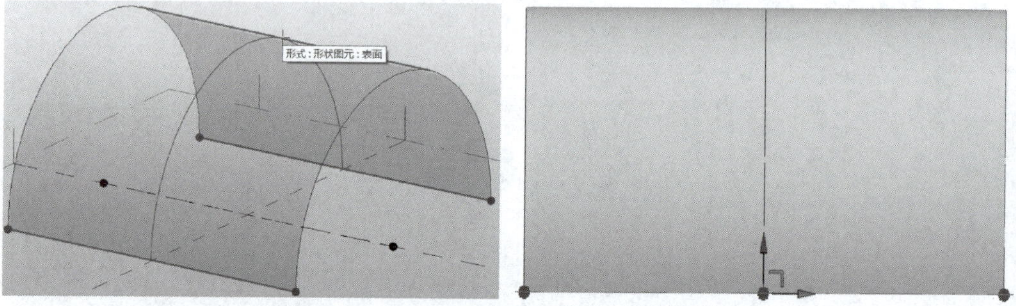

图6.1.15　添加轮廓线并与中线对齐

打开默认三维视图，然后选择中间的轮廓线，查看半径为30 m，单击半径修改为15 m，如图6.1.16所示。

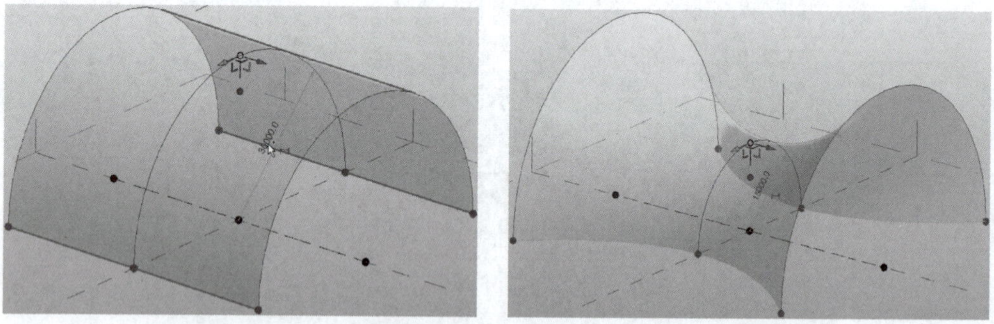

图6.1.16　修改半径

（3）形成异形曲面模型。选择“点”工具，为曲面的边线添加其他开关的边界。单击创建一个点并选择，会生成一个基于点且垂直于边线的平面，如图6.1.17所示。

在该平面上绘制一个小圆，选择“圆”工具，选定圆心，点选或输入半径为3 000 mm，如图6.1.18所示。

学习笔记

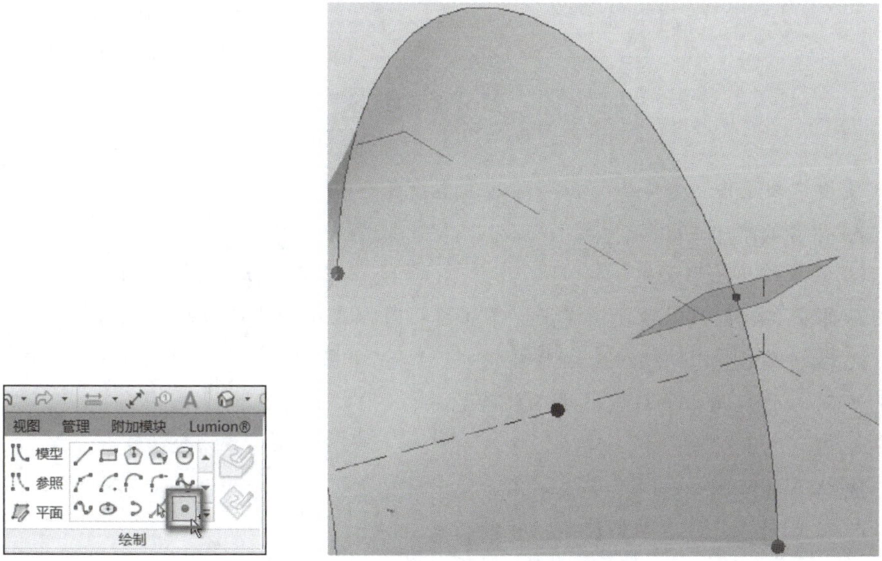

图6.1.17　添加点并设置工作平面

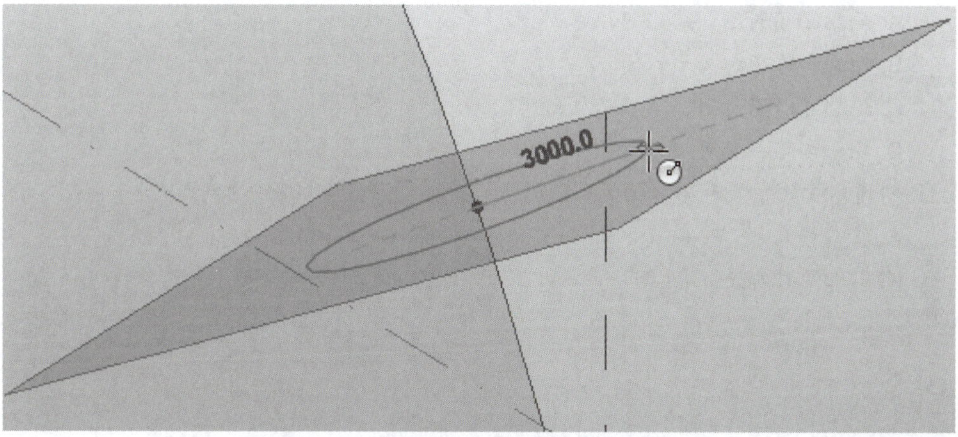

图6.1.18　添加半径为3 000 mm的圆

按住【Ctrl】键，依次选择圆和边界线，选择“实心形状”命令，同理左侧同样形成实心形状，选中整体形状图元，单击“透视”按钮实现最终异形曲面模型，如图6.1.19所示。

图6.1.19　异形曲面模型

学习笔记

习题巩固

1. 使用“面屋顶”命令，可以将屋顶放置在（　　）。

A. 体量的水平面上　　B. 体量的任意面上

C. 体量的非弧形面上　　D. 体量的任意非垂直面上

2. 从体量实例创建屋顶使用（　　）工具，可以在体量的任意非垂直面上创建屋顶。

A. 拉伸屋顶　　B. 迹线屋顶　　C. 平屋顶　　D. 面屋顶

3. 下列关于Revit体量与族说法正确的是（　　）。

A. 体量和族完全一样，没有区别

B. 体量的绘制工具与族完全不同，没有相似之处

C. 体量制作大多在三维视图，族制作则不一定

D. 族可以转化为体量，但体量不能转化为族

4. 在 Revit 中使用实心放样命令创建体量时，下列说法正确的是（　　）。

A. 轮廓必须封闭，路径可以不封闭

B. 轮廓和路径都必须封闭

C. 轮廓可以不封闭，路径必须封闭

D. 轮廓和路径都可以不封闭

5. 创建体量的方式有（　　）。

A. 实心形式　　B. 空心形式

C. 以上两种都是　　D. 以上两种都不是

学习笔记

学习评价

知识点：体量			日期：	
评价内容	评价项目	学生自评	组内互评	教师评价
理论知识	1. 理解概念体量的基本概念； 2. 了解内建体量和可载入体量建模的工作流程			
实践技能	1. 能够通过体量建模基本操作创建体量基础模型； 2. 能够通过体量创建异形曲面			
学生提出的问题				
教师答疑				
总结收获				
学生签字				

模块7

交互应用

学习笔记

本模块使学生能够运用Navisworks将不同设计应用程序创建的多个领域模型整合进单一集成的项目模型，以NWD格式发布，并对整合后的模型进行渲染和漫游操作。

学习目标

知识目标

1. 掌握Navisworks和Lumion的操作功能及流程；
2. 掌握Navisworks、Lumion与Revit格式互换的方法；
3. 掌握后期效果图的渲染方法；
4. 掌握动画渲染的制作方法。

能力目标

1. 具有Navisworks和Lumion软件渲染能力；
2. 能运用Navisworks和Lumion创建漫游、动画等效果；
3. 能够根据具体情况选择合理的绘制方案。

素质目标

1. 培养学生的团队协作能力和协调能力，根据工作任务合理分工、内外沟通、互帮互助、协作完成任务的能力；
2. 具有审美意识，能表达设计重点；
3. 具备优良的职业道德修养，能遵守职业道德规范。

7.1 Navisworks概述

视频

Navisworks概述

Navisworks具有漫游和动画制作功能，可在计算机上实现对模型的漫游和审查，实现人机互动、动画模拟，输出实时漫游效果和视频，实现实时可视化，支持漫游并探索复杂的三维模型以及其中包含的所有项目信息，而无须预编程的动画或先进的硬件。

一、渲染

Navisworks拥有两个自带图形系统：Autodesk渲染和Presenter渲染。不过这两个渲染平台的材质库、光源等渲染的相关功能都不通用，即Presenter材质仅在使用Presenter渲染系统时可用，而Autodesk材质也仅在使用Autodesk渲染系统时可用，两者都支持实时导

学习笔记

航。通过对比使用可以发现，两者都可以渲染出比较好的效果，不过Autodesk渲染器的效果会更加真实。自Navisworks 2015版本后，去除了Presenter渲染器，增添云端渲染平台，通过云计算功能，降低本地机器的渲染压力，通过云端服务器完成高速度、高品质的渲染效果。

1. Autodesk 渲染器

1）材质设置

在Revit环境中设置的材质，由于Revit引用的材质库和Navisworks是同一个，所以从Revit导出到Navisworks后，会在Navisworks的Autodesk渲染界面自定义材质库中发现提取出的Revit材质列表，如图7.1.1所示。

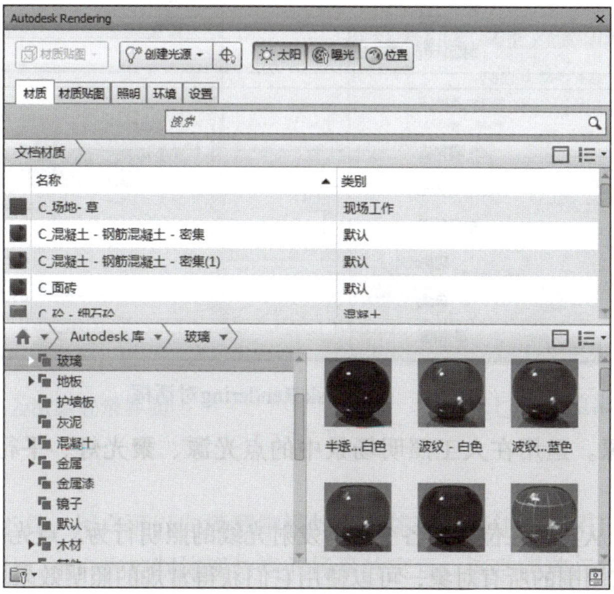

图7.1.1　Autodesk渲染界面

（1）Autodesk库中包含软件预置的材质，可以供支持Autodesk材质的应用程序使用。可将Autodesk库中的材质作为自定义材质的基础添加并保存在用户库中。

（2）文档材质库包含当前打开的文件中正在使用或定义的材质，且这些材质仅可在当前文件中使用。此材质库是通过Autodesk库添加或从原始模型当中自动提取出来的材质。

（3）用户库为个人自定义创建的材质库文件夹，其中包含可以与其他模型共享的材质，这些材质是通过Autodesk库以及文档材质库添加进来的。此库也可以复制到其他计算机上进行材质库传递。

2）光源设置

（1）自然光源。自然光源受天气因素影响，可以根据实际需求进行调整。如在晴朗的天气，太阳光的颜色为浅黄色，而暴风雨天气则使日光变为深灰色，在日出和日落时，空气中的微粒会使日光变为橙色或褐色。

自然光源可以模拟日光效果和自然照明，单击“渲染”选项卡“系统”面板中的Autodesk Rendering按钮，弹出Autodesk Rendering对话框，选中“太阳”和“曝光”选项，同时可以设置太阳、天空和曝光的参数，如图7.1.2所示。

学习笔记

2. 基本设置

对三维模型进行导航时，可以单击“视点”选项卡“导航”面板中的“真实效果”按钮，勾选“碰撞”“重力”“蹲伏”“第三人”复选框，以控制导航的速度和真实效果，如图7.1.8所示。

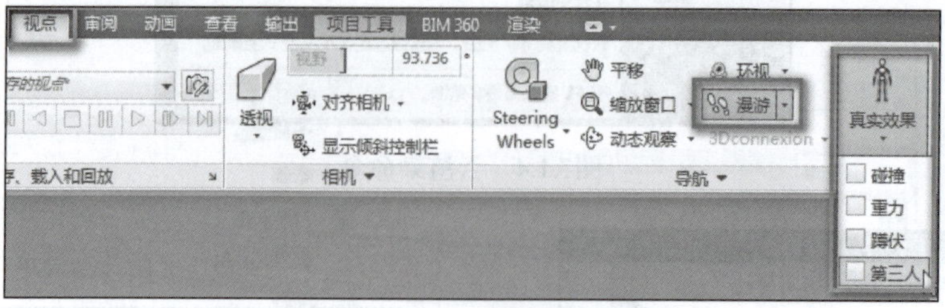

图7.1.8 漫游基本设置

（1）碰撞。勾选此复选框可在“漫游”模式和“飞行”模式下将观察者定义为碰撞量。此时观察者将获取某些体量，但无法在“场景视图”中穿越其他对象、点或线。

（2）重力。勾选此复选框可在“漫游”模式下为观察者提供一些重量，此选项可与“碰撞”一起使用。

（3）蹲伏。勾选此复选框可使观察者能够蹲伏在很低的对象之下，而在“漫游”模式下，因为这些对象过低，所以无法通过，此选项可与“碰撞”一起使用。

（4）第三人。勾选此复选框，根据实际需要，将人移动到地面，形成第三人视角，让第三人在项目中进行自由行走。

3. 漫游参数设置

在漫游功能打开状态下，在“视点”选项卡的“保存、载入和回放”面板中选择“编辑当前视点”命令，并在弹出的“编辑视点-当前视图”对话框中设置漫游参数，如图7.1.9所示。

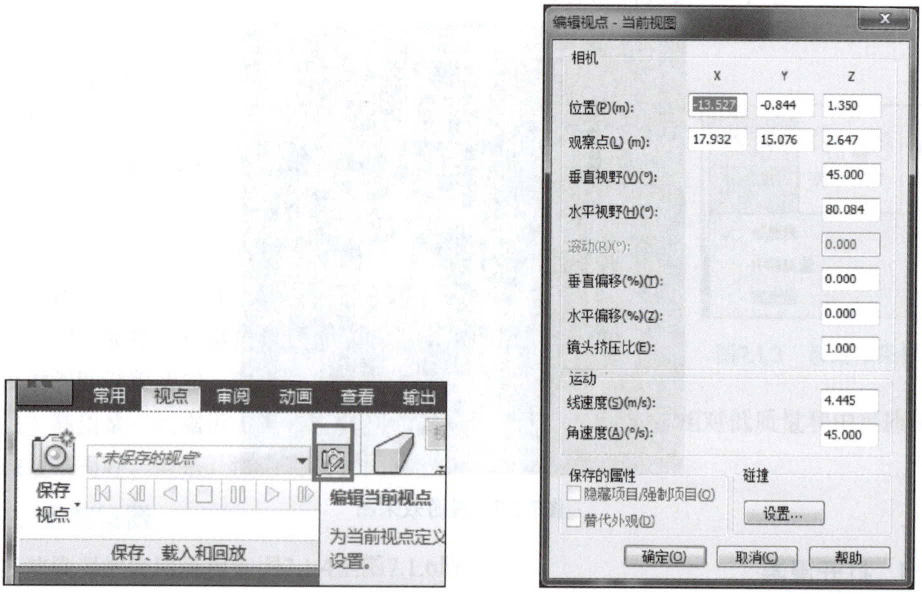

图7.1.9 漫游参数设置

学习笔记

技能训练

Navisworks软件操作快捷简单、出成果效率极高。正确选取Revit与Navisworks交互的方式是使数字模型获得模型集成与审阅、碰撞检测、施工模拟等应用的第一步，Navisworks载入Revit模型的具体步骤如下：

1. Revit 模型导出 NWC 格式

在Revit中打开模型，切换到三维视图，调整好视图模式和显示精度设置项，然后利用附加模块下方的“外部工具”命令，直接将模型导出为NWC格式，如图7.1.10所示。

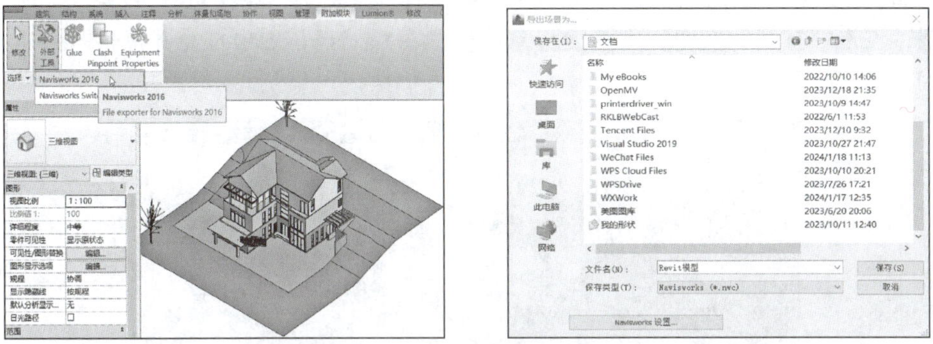

图7.1.10　Revit模型导出为NWC格式

2. Navisworks 导入 Revit 模型

（1）导入NWC格式模型。在Navisworks的“打开”对话框（见图7.1.11）中，选择NWC格式的Revit模型，单击“打开”按钮，则在Navisworks中正常打开Revit三维模型，如图7.1.12所示。

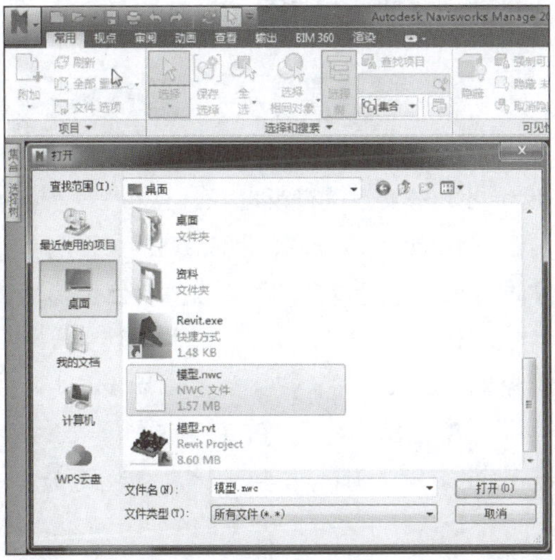

图7.1.11　Navisworks“打开”对话框

学习笔记

图7.1.12 Navisworks导入NWC格式三维模型

（2）导入RVT格式模型。在Navisworks“打开”对话框中，选择RVT格式的Revit模型，点击“打开”按钮，则直接将三维模型在Navisworks中打开并可进行编辑，如图7.1.13所示。

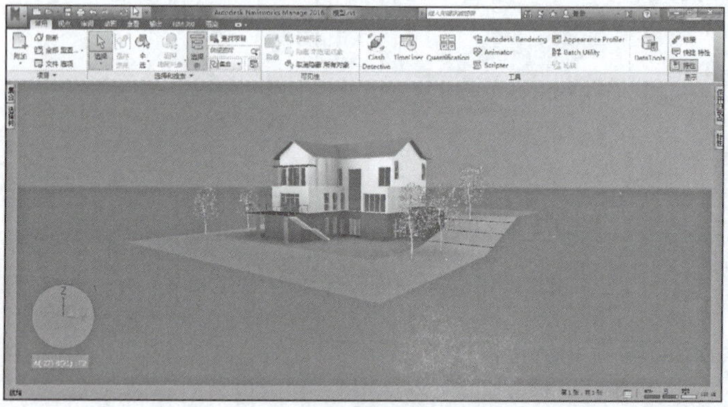

图7.1.13 Navisworks导入RVT格式三维模型

习题巩固

1. 在Navisworks中，以下（　　）光源类型可以模拟太阳光照效果。

A. 点　　B. 聚光灯　　C. 平行　　D. 区域

2. 使用Navisworks 漫游时，若要设置漫游路径，应在（　　）功能面板中操作。

A. 常用　　B. 动画　　C. 视图　　D. 渲染

3. 当在Navisworks中进行渲染时，以下（　　）参数主要影响图像的清晰程度。

A. 曝光度　　B. 分辨率　　C. 对比度　　D. 饱和度

4. 在Navisworks漫游模式下，按下（　　）键可以切换行走与飞行模式。

A.【W】　　B.【S】　　C.【F】　　D.【G】

5. 当在Navisworks 中渲染场景时，若要使材质表现更加真实，需要调整（　　）选项。

A. 光影类型　　B. 材质反射率　　C. 环境光颜色　　D. 以上都是

学习评价

<table>
<tr><td colspan="3">知识点：Navisworks</td><td colspan="2">日期：</td></tr>
<tr><td colspan="2">评价内容</td><td>学生自评</td><td>组内互评</td><td>教师评价</td></tr>
<tr><td>理论知识</td><td>1. 掌握Navisworks的功能及操作流程；
2. 掌握后期效果图的渲染方法</td><td></td><td></td><td></td></tr>
<tr><td>实践技能</td><td>1. 具有Navisworks软件渲染能力；
2. 能运用Navisworks创建漫游效果</td><td></td><td></td><td></td></tr>
<tr><td>学生提出的问题</td><td colspan="4"></td></tr>
<tr><td>教师答疑</td><td colspan="4"></td></tr>
<tr><td>总结收获</td><td colspan="4"></td></tr>
<tr><td>学生签字</td><td colspan="4"></td></tr>
</table>

学习笔记

学习笔记

7.2 Lumion概述

一、3D可视化软件Lumion基础概念

1. Lumion 介绍

视频

Lumion概述

Lumion属于渲染表现软件，可以将Revit制作的设计模型导入其中，并调节材质、光影等效果，最终达到用户满意的效果。通过Lumion可以快速地将设计模型转换为一张张漂亮的效果图，从而更好地诠释、展现设计方案。

Lumion本身包含了一个庞大而丰富的内容库，其中有建筑、汽车、人物、动物、街道、街饰、地表和石头等模型可供使用。现在通过插件可以直接将Revit模型进行导出并使用，也可以将Revit模型与Lumion场景连接，实现同步修改。

Lumion有三个显著特点，第一是操作简单，新手几乎不需要任何专业知识即可上手操作；第二是“所见即所得”，通过使用GPU渲染技术，操作时能够实时预览3D场景的最终效果；第三，不论是渲染高清影片还是效果图，速度都非常快。

2. Lumion 特点

（1）Lumion采用可视化图形界面，操作方法简单，刚接触Lumion的初学者上手极为快速。

（2）Lumion完美支持多种图片和视频格式，如常见的图片格式JPG、PSD、FBX等；常见的视频格式AVI、MP4等。

（3）Lumion软件内置众多花草植物、光线和云雾等真实世界的对象，综合运用并合理组合，就能便捷快速地营造出真实非凡的效果，触动观看者心弦，产生沉浸式效应。

（4）Lumion软件使用GPU加速渲染，对三维场景进行闪电渲染，节约大量渲染时间的同时，渲染的最终效果品质也能得到保证。

二、Lumion的操作界面

在导航栏选项中选择相应的场景，就会直接进入Lumion的操作界面（见图7.2.1），在操作界面中整体功能分为三个功能集：输入系统、输出系统和操作平面，如图7.2.2所示。

图7.2.1　Lumion操作界面

学习笔记

图7.2.2　Lumion功能集

1. 输入系统

该系统位于操作界面的左下角，可以完成天气等相关参数的设定，还可以对地形进行添加和参数调整或导入常用的物件，并能为对象添加材质。包括四个导航功能，自上而下分别为“天气”、“景观”、“材质”、“物体”。四款导航功能按钮都设置为弹出式按钮，当单击激活相应按钮时就会弹出对应的操作面板，通过调整不同参数进行设置。

（1）天气。单击“天气”按钮，弹出“天气”参数面板，调节该面板中的参数可以对场景中的天气进行细微的调整，其中包括太阳和月亮的位置、光线、云彩类型等，如图7.2.3所示。

图7.2.3　“天气”参数面板

在“天气”参数面板中，左侧“太阳方位”罗盘设定以地面为基准、以地面坐标轴为中心。用鼠标左键按住太阳指针不放，通过拖动调节太阳方向角。左侧“太阳高度”罗盘控制太阳的垂直高度，还可以进行昼夜的切换。用鼠标左键按住太阳指针不放，通过拖动调节太阳角度。

在“天气”参数面板中，所有参数均为滑动调节模式，滑动的同时配合【Shift】键可以进行微调。向左拖动为降低参数值，向右拖动为增大参数值。在拖动时，相应的参数会

学习笔记

以数字的形式在滑杆上显示，如图7.2.4所示。

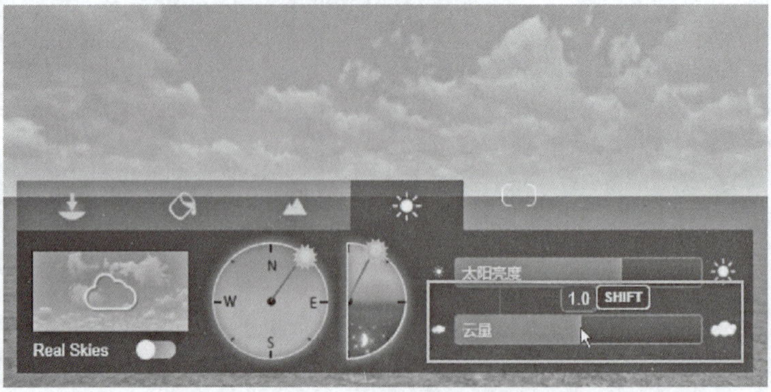

图7.2.4　滑动参数滑杆

在“天气”参数面板中，右侧“云彩类型”提供九种云彩类型供用户选择，如图7.2.5所示。

图7.2.5　云彩类型

（2）景观。单击“景观”按钮，弹出“景观”参数面板，调节该面板中的参数可以对场景中的地形、水面和大海进行细微的调整，其中包括地形修改、水体调整、海洋调整、材质设置等，如图7.2.6所示。

图7.2.6　“景观”参数面板

在“地形修改”参数面板中，可以通过“提升高度”按钮形成山体；通过“降低高度”按钮降低地面高度；通过“平整”按钮使地形高差向同一高度整平；通过“起伏”按钮使地面形成上下波动；通过“平滑”按钮使高差起伏的地面变为平滑，如图7.2.7所示。

学习笔记

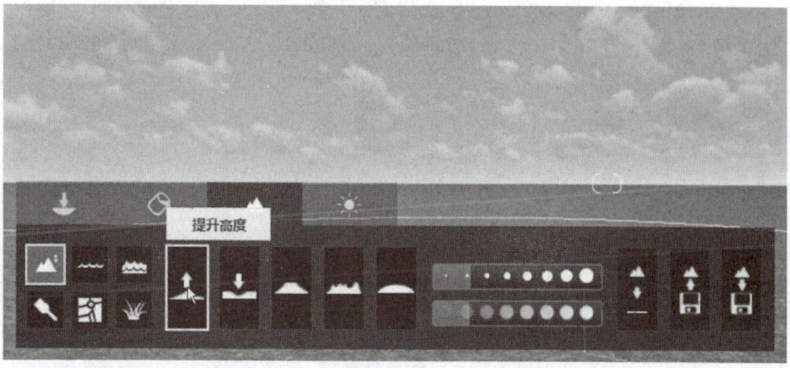

图7.2.7 “地形修改”参数面板

在“水体”参数面板中，可以通过“物体放置”按钮形成平面水体；通过“物体删除”按钮可以删除放置的物体；通过“物体调整”按钮调整物体的显示区域，如图7.2.8所示。

图7.2.8 “水体”参数面板

单击“物体放置”按钮，再在需要放置水体的区域单击，即可放置一个10 m × 10 m的正方形水体，如图7.2.9所示。

图7.2.9 “物体放置”功能

单击“物体删除”按钮，选中正方形水体，单击水体中间的原点即可删除水体，如图7.2.10所示。

学习笔记

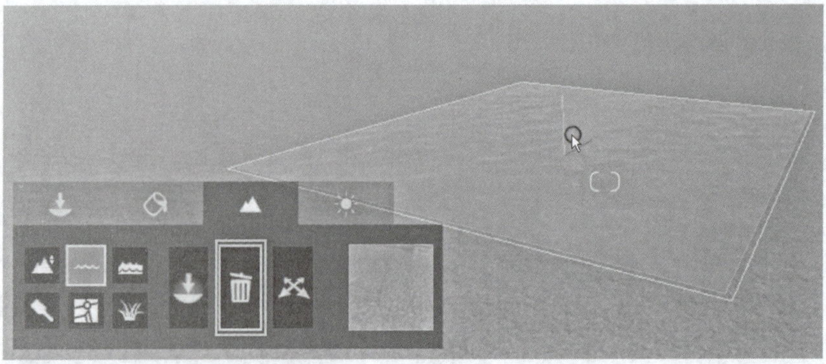

图7.2.10 “物体删除”功能

单击“物体调整”按钮，再单击选中水体，会出现拉伸和上下移动句柄，可分别调整区域面积或使水体上下移动，如图7.2.11所示。

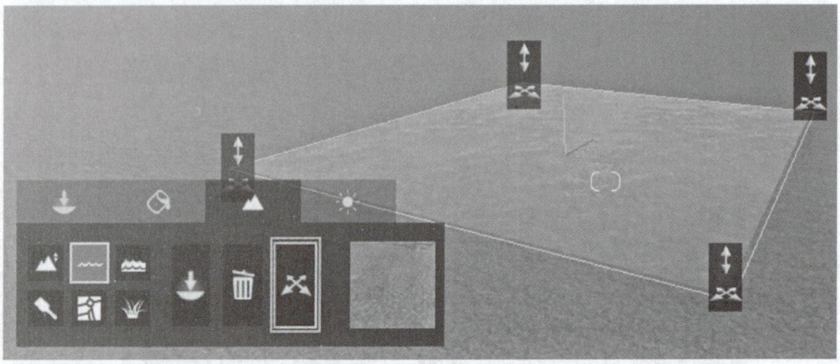

图7.2.11 “物体调整”功能

单击“水体类型”按钮可以选择水体的类型，供按需放置使用，如图7.2.12所示。

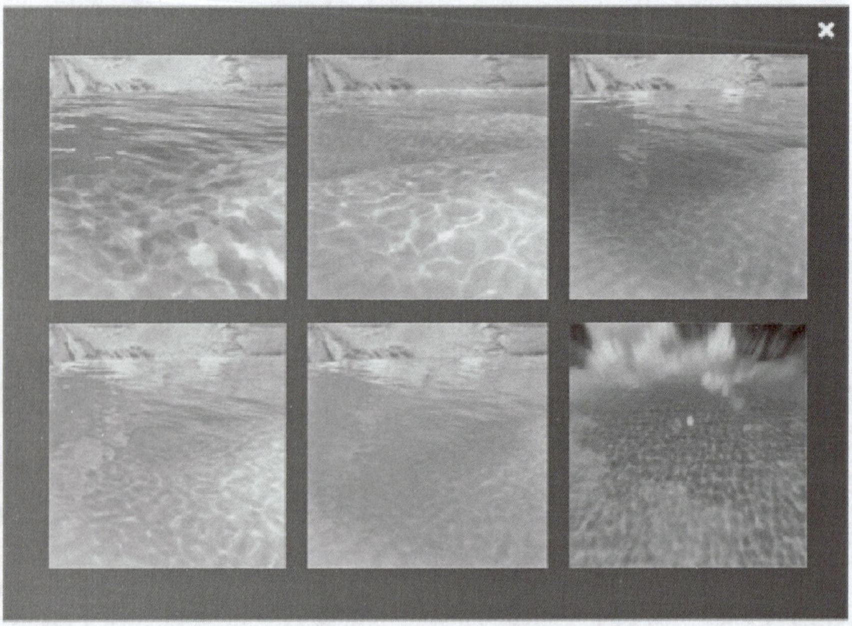

图7.2.12 “水体类型”功能

学习笔记

在“海洋”参数面板中，可以通过“海洋开关”按钮打开海洋参数设置子面板，此时地面将变成海洋，并会出现“波浪强度”“风速”“浑浊度”“高度”“风向”“颜色预设”“调色盘”等参数，可对海洋进行设置，如图7.2.13所示。

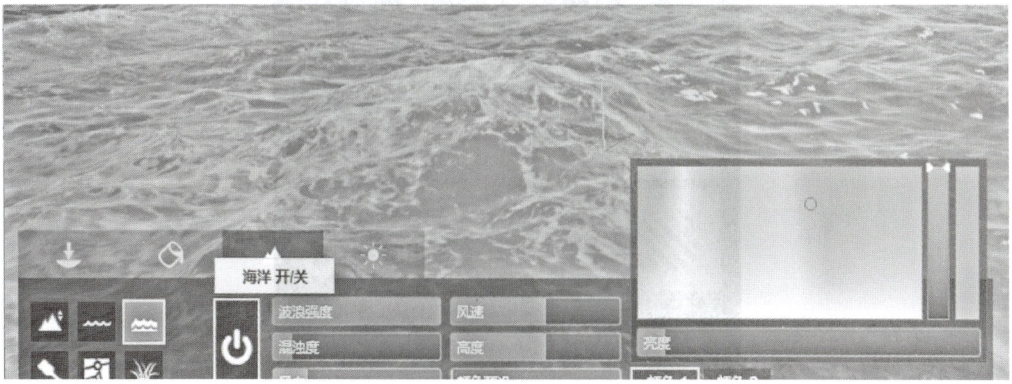

图7.2.13　“海洋”参数面板

“波浪强度”设置海浪的波动幅度，随着数值越大，海平面上的波浪强度增加；数值越小，海平面趋于平静。“风速”设置海浪推动的速度，随着数值越大，海浪移动速度加快；数值越小，海浪移动速度变慢。“浑浊度”设置海水浑浊的程度，随着数值越大，海水越浑浊；数值越小，海水越清澈。“高度”设置海平面的高程，随着数值越大，海平面越高；数值越小，海平面越低。“风向”设置风的方向。“颜色预设”设置颜色。“调色盘”用于调整海面的颜色，不同的数值代表不同的颜色。

“描绘”参数面板可调整地形材质，如图7.2.14所示。在一种地貌类型中最多只能添加四种材质，其方法为选择一种需要的材质，然后选择合适的笔刷和硬度，接着在场景的地形上刷出各种不同的材料。

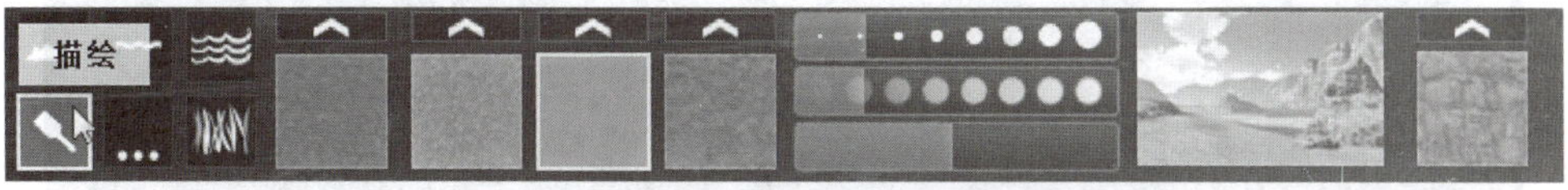

图7.2.14　“描绘”参数面板

“草丛”参数面板主要用于调整草地材质，如图7.2.15所示。单击“草丛”按钮，激活“草丛编辑”按钮，可以控制草丛高度、野性等参数，还可以在草丛中添加各类其他草丛元素。

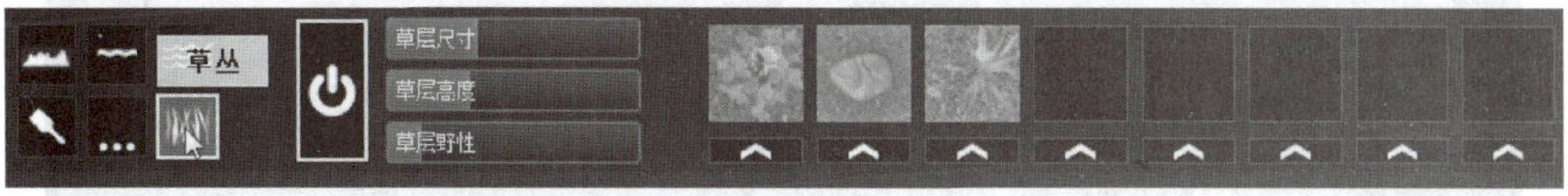

图7.2.15　“草丛”参数面板

（3）材质。用于编辑导入场景中模型的贴图及材质。单击“材质”按钮，然后单击需要更改材质的模型，即可激活“材质库”，通过“材质库”对贴图及材质进行编辑，如图7.2.16所示。

学习笔记

图7.2.21 “选择图片效果”界面

（2）预览窗口。预览窗口位于右侧，为编辑过程提供即做即看的实时预览功能，如图7.2.22所示。

图7.2.22 预览窗口

（3）页面窗口。页面窗口位于预览窗口的下方，在编辑过程中显示保存的页面内容，如图7.2.23所示。

图7.2.23 页面窗口

学习笔记

2）动画

单击“动画”按钮，打开“动画”参数面板，如图7.2.24所示，主要功能为将成品场景文件设置为走镜动画，并以MP4的格式输出为视频。

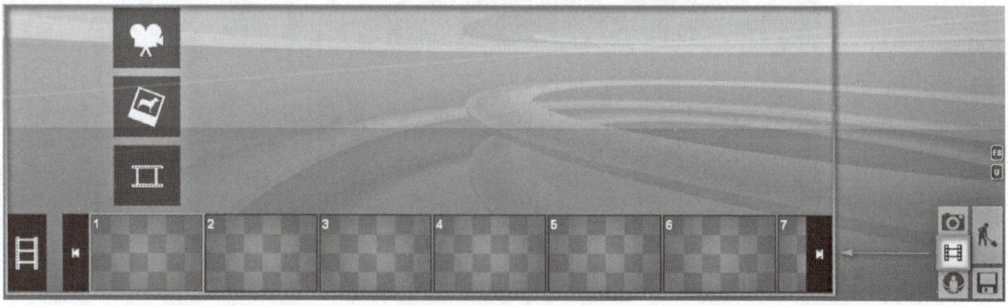

图7.2.24　“动画”参数面板

“动画”参数面板提供五大功能模块，包括动画编辑模块、控制播放模块、预览模块、特效模块和输出模块，如图7.2.25所示。

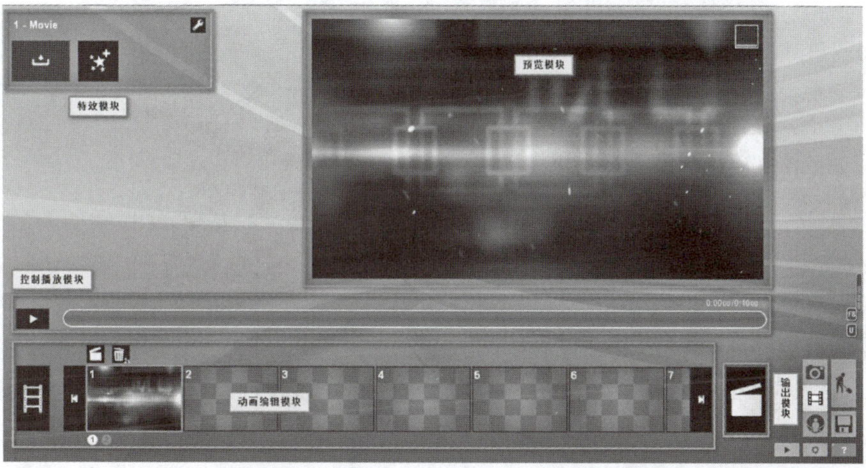

图7.2.25　“动画”参数面板功能模块

（1）动画编辑模块。提供视频分段增添、动画录制、图片增添等功能。在动画编辑模块中，单击“录制”按钮可以进行视频录制，可以转向、抬升和下降摄像头，录制关键帧，在各帧之间会自动补全成完整动画。单击“图像”按钮，弹出“打开”对话框，在其中选择JPG、PNG、BMP等图片格式，并将图片插入到视频序列中。单击“视频”按钮，弹出“打开”对话框，在其中选择MP4格式视频，并将一段视频插入到视频序列中。

（2）控制播放模块。对已录制好的动画进行分段，以及对成品动画进行播放，界面如图7.2.26所示。

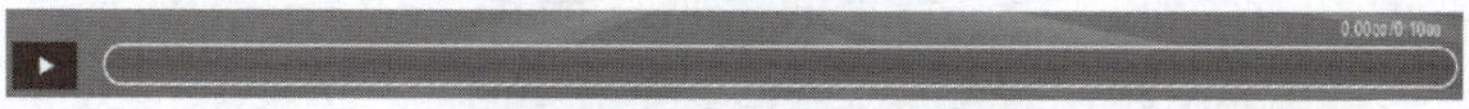

图7.2.26　控制播放界面

（3）预览模块。提供动画预览功能，如图7.2.27所示。

学习笔记

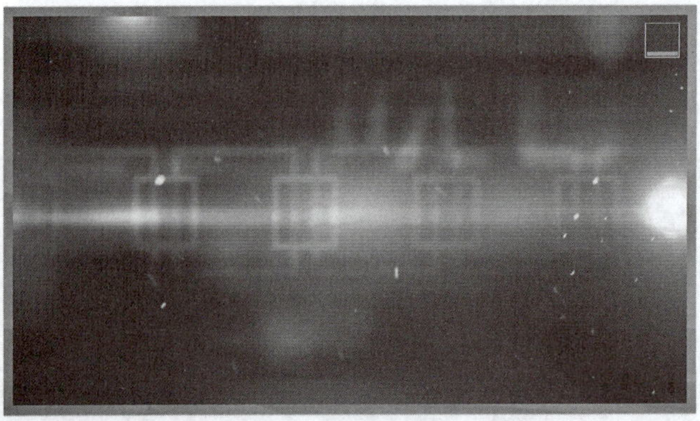

图7.2.27 预览模块

（4）特效模块。提供对已录制好的动画分段以及成品动画的特效增添功能。单击选择需要添加特效的动画分段，然后单击屏幕左上角的“新增特效”按钮，弹出“选择电影效果”列表，如图7.2.28所示。

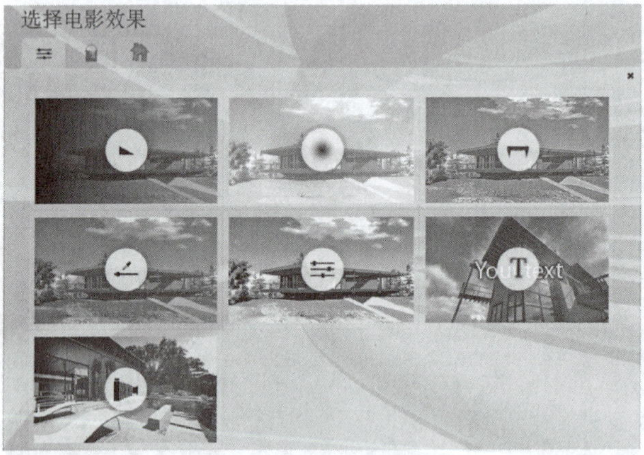

图7.2.28 “选择电影效果”列表

在“选择电影效果”列表中，选择任意一种场景特效，即可把选择的特效添加到当前动画分段上，并在“动画”参数面板界面左上角出现特效参数，通过设置参数，在视频上添加特殊效果或添加色彩校正效果，如图7.2.29所示。

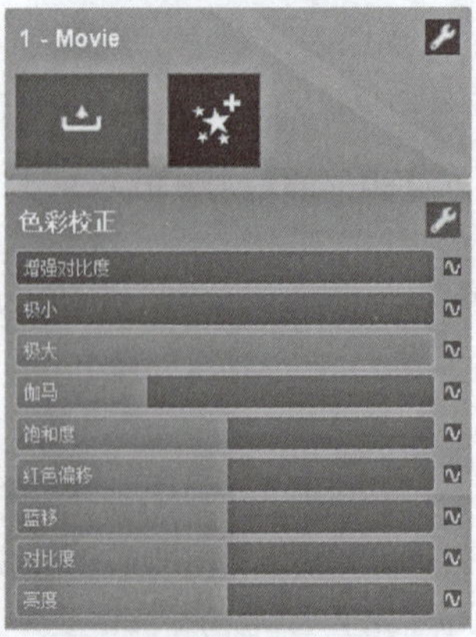

图7.2.29 色彩校正特效设定界面

学习笔记

（5）输出模块。该模块提供成品动画的输出功能。单击“保存视频”按钮，弹出“保存（渲染）整个动画”界面，可以对最终输出质量、每秒帧数和选择分辨率等参数进行自动或自定义设定，如图7.2.30所示。

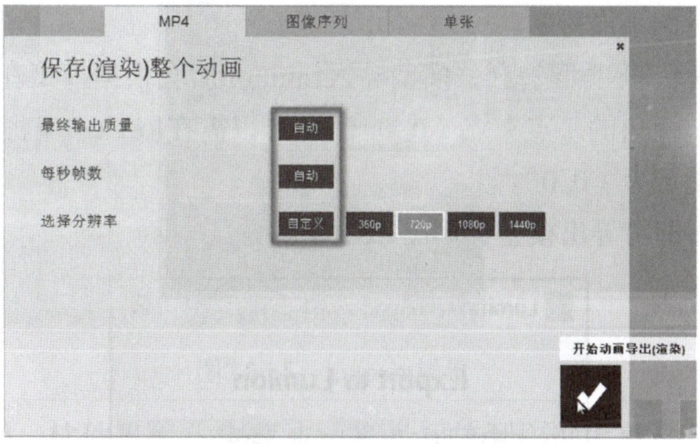

图7.2.30　“保存（渲染）整个动画”界面

设置好相应参数后，单击“开始动画导出（渲染）”按钮，弹出“另存为”对话框，输入文件名和类型，并选择保存路径，单击“保存”按钮后，在预览效果窗口中即可渲染出即时效果，如图7.2.31所示。

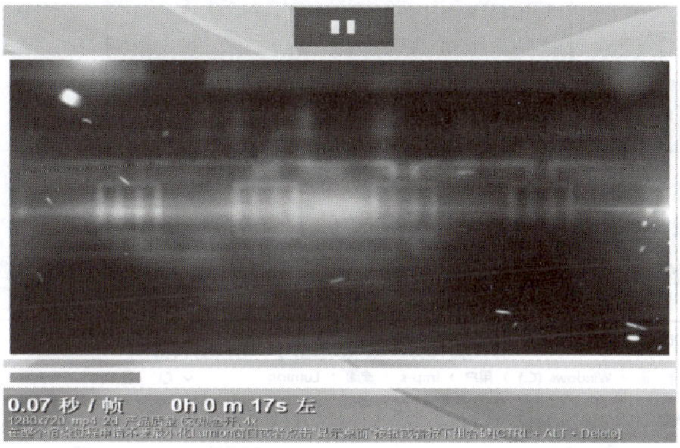

图7.2.31　动画渲染即时效果

技能训练

Lumion软件使用快捷简单、出成果效率极高。正确选取Revit与Lumion交互的方式是使数字模型获得更加逼真化的场景展示的第一步，在Lumion中导入Revit模型的具体步骤如下：

1. 安装插件

安装Revit转换Lumion插件，此时在Revit菜单栏上出现“Lumion®”选项卡，如图7.2.32所示。

图7.2.32　安装Lumion插件后的Revit菜单栏

学习笔记

学 习 评 价

知识点：Lumion				日期：
评价内容		学生自评	组内互评	教师评价
理论知识	1.掌握Lumion的操作方法及流程； 2.掌握后期效果图的渲染方法			
实践技能	1.具有Lumion软件的渲染能力； 2.能够运用Lumion创建漫游效果			
学生提出的问题				
教师答疑				
总结收获				
学生签字				